Émotion et sciences

Interactions

Droit privé et sciences criminelles

Collection dirigée par Yves Strickler

Créée fin 2011 par Yves Strickler et le *Centre d'études et de recherches en droit privé* (devenu le *Centre d'études et de recherches en droit des procédures* en 2013) de la Faculté de droit et science politique de Nice, la présente collection a pour vocation principale de publier des ouvrages en liaison avec le thème retenu pour dénomination de la collection. Cette dernière rassemble des recherches originales, tirées notamment de travaux de recherche, de manifestations scientifiques ainsi que d'ouvrages collectifs sur les interrogations actuelles que rencontre la science juridique, spécialement dans le domaine du droit privé et des sciences criminelles.

Parutions antérieures

L'action civile en droit pénal des affaires (dir. Coralie Ambroise-Castérot), août 2021, 140 pp
Les juridictions au cœur des interactions sociales. Approche franco-russe (dir. Xavier Latour et Anne-Sophie Siew-Guillemin), avril 2021, 184 pp
Le renouveau du droit des obligations. Perspectives franco-japonaises (dir. Gaël Chantepie, Mathias Latina, Aya Ohsawa), septembre 2020, 208 pp
Le droit et la science politique à l'épreuve des crises du XXIe siècle (dir. Nils Monnerie et Cloé Ponzo), juillet 2020, 192 pp
Nouvelles procédures civiles, nouvelles pratiques professionnelles ? Bilan et perspectives (dir. Natalie Fricero et Marie-Cécile Lasserre), juin 2020, 176 pp
Équilibre(s) et déséquilibres(s) en droit : regards croisés Droit et Gestion (dir. Anne-Sophie Siew-Guillemin, Alexandra Baile, Cédric Chapelle, Caroline Fabre), mai 2020, 260 pp
Les difficultés des petites entreprises : regards croisés Droit et Gestion (dir. Gulsen Yildirim et Alain Rivet.), mai 2020, 184 pp
Les sanctions de l'inexécution après la réforme du droit des contrats, Louise Bottin, mai 2020, 152 pp
Presse et procès pénal (dir. Christine Courtin, Fabienne Ghelfi et Cédric Porteron), février 2020, 280 pp
Université et prétoire, *Mélanges en l'honneur de Monsieur le Professeur Claude LIENHARD* (dir. Isabelle Corpart, Caroline Lacroix et Marie-France Steinlé-Feuerbach), janvier 2020, 422 pp
Défiance, doute, incertitude : quelle place pour la notion de confiance dans les sociétés modernes ? (dir. Julie Tribolo), août 2019, 90 pp.
L'enfant à l'épreuve de la séparation parentale (dir. Laetitia Antonini-Cochin et Marie-Cécile Lasserre), avril 2019, 126 pp
Les grands principes des répartitions dans les procédures collectives, Maxence Guastella, mars 2019, 300 pp
La cession de dette, Jean-Baptiste Bottin, mars 2019, 148 pp
Déclaration des droits de l'homme et du citoyen. Postérité et actualité (dir. Jimmy Meersman et Rémi Puigventos), février 2019, 238 pp
Médiation et entreprises. Regards croisés Droit et Gestion (dir. Gulsen Yildirim, Isabelle Sauviat et Romain Dumas), janvier 2019, 142 pp
La procédure (dir. Joanna Genovese et Giovanna Debernardi), octobre 2018, 138 pp

Techniques de critique d'une décision « définitive ». Imprécision sémantique et pérennité des décisions de justice en procédure civile, Tennessee Caen, juin 2018, 160 pp
Réforme de la prescription pénale (dir Christine Courtin et Jean-Raphaël Demarchi), juin 2018, 154 pp
Droit des sociétés et procédures collectives (dir. Laurence-Caroline Henry), janvier 2018, 207 pp
Le concept d'arbitrage (dir. Camille Leroy et Loïc Yboud), décembre 2017, 221 pp
Procédure civile et nouvelles technologies, Delphine de Lorgeril, septembre 2017, 164 pp
Mélanges en l'honneur du Doyen Roger Bernardini, « Parcours pénal » (dir. Christine Courtin, Marc Dalloz, Fabienne Ghelfi, Jean-François Renucci), mars 2017, 313 pp
Victor Hugo et les magistrats, Marcel Foulon, octobre 2016, 198 pp
Variations juridiques et sociologiques - Regards experts sur les grandes mutations du droit (dir. Marc Dalloz), septembre 2016, 141 pp
De la mobilisation du fait à la réalisation du droit (dir. Maxime Lei et Loïc Yboud), septembre 2016, 225 pp
Les enjeux patrimoniaux de la séparation - Questions récurrentes (dir. Laetitia Antonini-Cochin), juillet 2016, 112 pp
Les aspects procéduraux du dessaisissement, Benjamin Ferrari, février 2016, 192 pp
Le droit et les sentiments (dir. Laurie Bolleri-Schenique et Delphine Lanzara), décembre 2015, 219 pages
L'erreur judiciaire : Apprendre à douter pour lutter contre les erreurs judiciaires (dir. Xavier Pin), novembre 2015, 119 pp
Fonctionnaires et droit pénal. Des justiciables comme les autres ? (dir. Marc Dalloz et Christine Courtin), septembre 2015, 226 pp
L'expertise non judiciaire à l'aune des droits fondamentaux, Thibault Goujon-Bethan, janvier 2015, 196 pp
Un art, un droit, une question – Triptyque juridico-artistique (dir. Diane Boustani, Dalida Chabri, Marion Combe, Sarah Farhi, Marie-Cécile Lasserre), octobre 2014, 210 pp
Le paiement (dir. Marc Mignot et Jérôme Lasserre Capdeville), juillet 2014, 298 pp
Le vice de procédure. Réflexions désordonnées d'un artisan du droit sur l'article 2241, alinéa 2 du Code civil, Denys Mas, juin 2014, 137 pp
Le droit de l'exécution des peines. Espoirs ou désillusion ? (dir. Fabienne Ghelfi), juin 2014, 153 pp
Variations juridiques et politiques. Clés pour la compréhension du monde contemporain (dir. Yves Strickler), novembre 2013, 354 pp
Les infractions de harcèlement, Sylvana Paradiso, octobre 2013, 94 pp
Volonté et biens (dir. Yves Strickler et Fabrice Siiriainen), juillet 2013, 352 pp
La réforme de la garde à vue (dir. Christine Courtin), janvier 2013, 124 pp
L'arbitrage, questions contemporaines (dir. Yves Strickler et Jean-Baptiste Racine), juillet 2012, 224 pp
Le prix de la rupture. Au cœur des contentieux familiaux (dir. Laetitia Antonini-Cochin et Christine Courtin), mars 2012, 112 pp

5-7, rue de l'École-Polytechnique, 75005 Paris
http://www.editions-harmattan.fr
ISBN : 978-2-343-24454-9
EAN : 9782343244549

Sous la direction de
Yves STRICKLER
Jean-Sylvestre BERGÉ
Marc ORTOLANI

Émotion et sciences

Interactions

L'Harmattan

Liste des contributeurs (ordre alphabétique)

Jean-Sylvestre B*ERGÉ*, Professeur à l'Université Côte d'Azur, UCA, CNRS, GREDEG

Estelle B*LANQUET*, Maître de conférences en didactique des sciences, LACES, Université de Bordeaux, INSPE de l'Académie de Bordeaux

Gaël B*URRONI*, Doctorant contractuel chargé d'enseignement à l'Université Côte d'Azur, UCA, CNRS, GREDEG

Federica F*RATAGNOLI*, Maître de conférences en danse, Université Côte d'Azur, Centre Transdisciplinaire d'Épistémologie de la Littérature et des Arts vivants (CTEL-UCA) et Musidanse (Université Paris 8)

Odile G*ANNIER*, Professeur de littérature comparée, Membre du Centre transdisciplinaire d'épistémologie de la littérature et des arts vivants (CTEL), Université Côte d'Azur

Jean-Luc G*AUTERO*, Maître de conférences de philosophie des sciences, CRHI, Université Côte d'Azur

Auriane G*ROS*, Maître de conférences en Neurosciences Université Côté d'Azur, laboratoire CoBTeK/UFR Médecine, Directrice pédagogique du Département d'Orthophonie de Nice, orthophoniste CHU Nice

Eland G*UERRIER*, Docteur en droit public de l'Université Côte d'Azur, Chercheur associé au Laboratoire GREDEG, Enseignant-Chercheur à l'Institut des Sciences, des Technologies et des Études Avancées d'Haïti (ISTEAH) et à l'Institut Universitaire des Sciences (IUS)

Arnaud H*ALLOY*, Maître de Conférences en Ethnologie/Anthropologie, Co-responsable du master Anthropologie des Techniques et Innovation Sociale (ATIS), Laboratoire d'Anthropologie et de Psychologie Cognitives, Cliniques et Sociales (LAPCOS) - EA7278 ; ISHSN - SJA3, Université Côte d'Azur

Emmanuel Jeuland, Professeur à l'Université Paris I Panthéon-Sorbonne

Grégoire Leray, Professeur de droit privé et sciences criminelles, CERDP (EA 1201), Université Côte d'Azur

Denys Mas, Avocat au Barreau de Nice

Eva Mouial Bassilana, Professeure à l'Université Côte d'Azur, UCA, CNRS, GREDEG, Vice-Doyenne Pédagogie

Jérôme Palazzolo, Médecin psychiatre à Nice (France), Professeur de psychologie clinique et médicale au Département Santé de l'Université Internationale Senghor (Alexandrie, Egypte), Chercheur associé au Laboratoire d'Anthropologie et de Psychologie Cognitives et Sociales (LAPCOS) de Nice, et Chargé de cours à l'Université Côte d'Azur

Éric Picholle, CNRS Institut de Physique de Nice (INPHYNI)

Jean-Baptiste Pisano, Directeur d'Études, Master Management de l'Art et de la Culture, IAE Nice, Faculté des Lettres, Arts et Sciences Humaines, Université Côte d'Azur

Fabrice Siiriainen, Professeur à l'Université Côte d'Azur, UCA, CNRS, GREDEG

Yves Strickler, Professeur à l'Université Côte d'Azur, UCA, CERDP

Nadine Tournois, Professeur des Universités, Vice-Président Formation Continue - Université Côte d'Azur, Directeur IAE Nice

Sommaire

Avant-propos

Yves STRICKLER

Il y a plus de dix années, l'un de mes doctorants devenu depuis magistrat, en France, et qui intervenait en travaux dirigés alors que j'enseignais le droit pénal et la procédure pénale, était revenu de Suisse où il avait suivi un procès dont il venait me faire la synthèse. Il m'apprit, non sans émotion, avoir vu une avocate de la partie civile en larmes devant la juridiction saisie, et une présidente de tribunal qui a suspendu l'audience en disant, larmes aux yeux, qu'elle « se doutait que ce serait dur, mais pas à ce point ». L'influence de l'émotion sur la tenue de la procédure avait beaucoup perturbé mon thésard qui considérait que l'émotion n'avait pas et ne devait pas avoir sa place dans un procès, estimant que la juge et l'auxiliaire de justice avaient toutes deux manqué à leur mission et au professionnalisme que l'on pouvait attendre d'elles. Je lui répondis alors en commençant par citer ce mot de Baudelaire : « Il ne faut mépriser la sensibilité de personne ; la sensibilité de chacun, c'est son génie », puis en ajoutant que le trouble à l'ordre public génère une émotion ; que le dommage subi du fait de l'infraction génère lui aussi une émotion ; et qu'il y ait en conséquence de l'émotion dans un tribunal ne doit pas forcément être source de gêne pour autant – et c'est là le point essentiel me semble-t-il – que cette émotion ne vienne pas rompre de manière brutale l'équilibre souhaité entre l'accusation, la parte civile et la défense. C'est, du point de vue du procès, le risque d'une sacralisation à outrance de la victime qui peut le cas échéant créer la difficulté. Et j'ai terminé mon propos en ajoutant que la clé de cette relation triangulaire était sans doute à rechercher dans les armes de la procédure pour, précisément, venir gommer les effets de l'émotion et mieux encadrer la tenue de l'instance. Les échanges, toujours fructueux avec ce jeune juriste, ont débouché – ici comme sur d'autres thématiques – sur une recherche plus complète (*La place de la victime dans le procès pénal*, en partenariat avec le C.E.T.E.L. de l'Université de Genève, unité de recherches alors dirigée par mon ami et collègue, le Professeur Christian Nils ROBERT : publication aux éditions Bruylant, décembre 2009).

Mais lorsque l'émotion vous tient, elle ne s'évapore pas en un instant, surtout si elle vous paraît n'avoir pas révélé tous ses secrets. Et elle en conserve d'innombrables... C'est pourquoi, lorsqu'une dizaine d'années plus tard, sous d'autres cieux, nous avons décidé de faire tomber les barrières disciplinaires à Nice, entouré d'une équipe essentiellement composée des directeurs des unités de recherche réunies sur le Campus Trotabas, le projet né dans l'Institut fédératif de recherche « Interactions », s'est rapidement dessiné dans la perspective d'aller au-delà du champ des équipes présentes sur ce seul site de juristes et de voir comment l'émotion était perçue, ressentie, évaluée et traitée ailleurs.

Le choix de thème du colloque annuel de ce qui était alors un « Institut fédératif de recherches » et qui, depuis, s'est fondu dans le « R », de l'E.U.R. (école universitaire de recherche) *LexSociété*, a été l'occasion qui a produit les larrons, de sorte qu'avec mes compères de la direction de l'institut, Jean-Sylvestre BERGÉ et Marc ORTOLANI, nous avons sollicité toutes celles et tous ceux qui, intéressés dans leur domaine de recherche par la question de l'émotion, étaient prêts à croiser et à confronter les regards sur cette réalité humaine.

Le résultat est entre vos mains et s'il ne couvre pas tous les champs, c'est pour laisser place à d'autres initiatives et réflexions tant il est vrai que ce qui participe du plaisir de la vie est lié aux émotions. Car comme l'écrivait Hugo, « le plus lourd fardeau, c'est d'exister sans vivre » et vivre ne va pas sans passion. Je ne résiste pas à la tentation de copier ici ces passages de « Vivre » (Victor Hugo, *Les châtiments*, Livre IV « La religion est glorifiée », IX, nrf, Poésie/Gallimard, édition établie par R. Journet, 1977, pp. 143-144) :

Ceux qui vivent, ce sont ceux qui luttent ; ce sont
Ceux dont un dessein ferme emplit l'âme et le front,
Ceux qui d'un haut destin gravissent l'âpre cime,
Ceux qui marchent pensifs, épris d'un but sublime,
Ayant devant les yeux sans cesse, nuit et jour,
Ou quelque saint labeur ou quelque grand amour.
C'est le prophète saint prosterné devant l'arche,
C'est le travailleur, pâtre, ouvrier, patriarche ;
Ceux dont le cœur est bon, ceux dont les jours sont pleins,
Ceux-là vivent, Seigneur ! les autres, je les plains.
Car de son vague ennui le néant les enivre,

Car le plus lourd fardeau, c'est d'exister sans vivre.
Inutiles, épars, ils traînent ici-bas
Le sombre accablement d'être en ne pensant pas.
Ils s'appellent vulgus, plebs, la tourbe, la foule.
Ils sont ce qui murmure, applaudit, siffle, coule,
Bat des mains, foule au pieds, bâille, dit oui, dit non,
N'a jamais de figure et n'a jamais de nom ;
Troupeau qui va, revient, juge, absout, délibère,
Détruit, prêt à Marat comme prêt à Tibère,
Foule triste, joyeuse, habits dorés, bras nus,
Pêle-mêle, et poussée aux gouffres inconnus.
Ils sont les passants froids, sans but, sans nœud, sans âge.
Le bas du genre humain qui s'écroule en nuage ;
Ceux qu'on ne connaît pas, ceux qu'on ne compte pas,
Ceux qui perdent les mots, les volontés, les pas.
L'ombre obscure autour d'eux se prolonge et recule ;
Ils n'ont du plein midi qu'un lointain crépuscule,
Car jetant au hasard les cris, les voix, le bruit,
Ils errent près du bord sinistre de la nuit.

Quoi, ne point aimer ! suivre une morne carrière
Sans un songe en avant, sans un deuil en arrière !
Quoi ! marcher devant soi sans savoir où l'on va !
Rire de Jupiter sans croire à Jéhova !
Regarder sans respect l'astre, la fleur, la femme !
Toujours vouloir le corps, ne jamais rechercher l'âme !
Pour de vains résultats faire de vains efforts !
N'attendre rien d'en haut ! ciel ! oublier les morts !
Oh non, je ne suis point de ceux-là ! grands, prospères,
Fiers, puissants, ou cachés dans d'immondes repères,
Je les fuis, et je crains leurs sentiers détestés ;
Et j'aimerais mieux être, ô fourmis des cités,
Tourbe, foule, hommes faux, cœurs morts, races déchues,
Un arbre dans les bois qu'une âme en vos cohues ! »

Paris, décembre 1848

Pour le reste, le lecteur aura dans le plaisir de la découverte des pages qui suivent, l'illustration de déclinaisons de l'émotion dans diverses sciences et la manière tant de l'aborder que d'en apprécier les plaisirs ou, inversement, tenter d'en limiter les débordements toujours possibles. Bonne lecture !

Voir et ressentir, l'émotion en peinture

Jean-Baptiste PISANO

> Un être humain est une partie d'un tout que nous appelons Univers, une partie limitée dans le temps et l'espace. Il s'expérimente lui-même, ses pensées et ses émotions comme quelque chose qui est séparé du reste, une sorte d'illusion d'optique de la conscience. Cette illusion est une sorte de prison pour nous, nous restreignant à nos désirs personnels et à l'affection de quelques personnes proches de nous. Notre tâche doit être de nous libérer nous-mêmes de cette prison en étendant notre cercle de compassion pour embrasser toutes créatures vivantes et la nature entière dans sa beauté.
> Albert Einstein

Les arts, qu'il s'agisse de littérature, de musique, de cinéma… sont par essence le lieu de la manifestation des émotions. Ils participent à développer l'idée d'une expérience esthétique [1], ce moment particulier où les sens fonctionnant pleinement, l'individu s'inscrit dans l'instant présent, où l'esprit en éveil lui permet de tressaillir de ce qu'il est en train d'accomplir [2].

Ainsi sommes-nous capables d'éprouver la tristesse avec le deuil de Léopoldine au travers la lecture des *Contemplations* [3], de ressentir de la peur en entendant *Roméo et Juliette* de Berlioz [4], et de constater le mépris en regardant le film du même nom de Jean-Luc Godard [5].

---

[1] Jean-Pierre Cometti, « Art et expérience esthétique dans la tradition pragmatiste », dans *Aspects de l'esthétique américaine*, Revue française d'études américaines, année 2000, 86, pp. 25-36.

[2] « L'attitude de jouissance dont l'art implique la possibilité et qu'il provoque est le fondement même de l'expérience esthétique ; il est impossible d'en faire abstraction, il faut au contraire la reprendre comme objet de réflexion théorique, si nous voulons aujourd'hui défendre… la fonction sociale de l'art et des disciplines scientifiques qui sont à son service », dans Jauss H. R., *Pour une esthétique de la réception*, Paris, Gallimard, 1978.

[3] Victor Hugo, *Les Contemplations*, 1856.

[4] Hector Berlioz, *Roméo et Juliette*, 1839.

[5] Jean-Luc Godard, *Le Mépris*, 1963.

L'horizon de sens que le regard appréhende et qu'il peut transformer en sensation peut aussi s'apprécier dans l'espace public. Ainsi à Paris, sur l'Arc de triomphe, l'*Allégorie de la Victoire* [6] laisse transparaitre dans le visage de l'épouse du sculpteur Rude [7] toute la fureur et la colère des volontaires face aux armées coalisées.

On peut ainsi comprendre que la colère du mouvement des *Gilets jaunes* manifestants sur les Champs-Élysées, incarne une identique finalité narrative dans les dégradations mêmes qu'ils font subir au monument en décembre 2018.

Dès le XVIe les émotions ont une position centrale dans la théorie humaniste [8] de la peinture.
Obéissant à la formule célèbre d'Horace « *Ut pictura poesis* » [9], le poète doit faire en sorte que la puissance iconique du langage permette de visualiser la scène. Traditionnellement désigné par l'apophtegme emprunté au vers de *l'Art poétique*, et par le biais d'une inversion de la formule, la peinture à compter du XVIe siècle [10] se doit d'être comme la poésie.

En 1514 [11], Albrecht Dürer traduit dans sa gravure *Mélencolia* ce programme théorique, dont le cinéma, art tout entier élaboré sur la visualisation de scènes, reprend à son tour au XXIe le concept signifiant à défaut de sa transposition iconique [12].

---

[6] Elle fait partie du haut relief monumental intitulé *Le départ des volontaires de 1792*, ou *La Marseillaise,* surplombant de sa silhouette ailée les volontaires habillés à l'antique.

[7] C'est Sophie Frémiet, épouse de François Rude, artiste peintre elle-même, qui posa pour le visage sculpté par son époux entre 1833 et 1836.

[8] Un article fondateur dans Talon-Hugon Carole, "De la pathétique artistique à l'émotion esthétique", dans, Boquet D. et Piroska N. s. d., *Histoire intellectuelle des émotions, de l'Antiquité à nos jours*, 2016

[9] Horace, *De Arte poetica*, v. 361.

[10] Larue Anne, "De l'*Ut pictura poesis* à la fusion romantique des arts", dans Caullier Joëlle, *La Synthèse des arts*, Lille, Presses du Septentrion, Chapitre 3, 1998. hal-00560739.

[11] Dürer Albrecht, *Melencolia,* 1514, Gravure sur cuivre, 23,9 x 16,8 cm, MET, New-York.

[12] Chez Lars von Triers, c'est une photo en mariée de Kirsten Dunst dont se sert le cinéaste pour l'affiche de son film *Melancholia*, 2011, Film.

Ainsi la déclinaison artistique proposée par chacun des deux arts visuels diffère profondément. Et doit s'apprécier en regard de l'anthropologie culturelle du temps et de l'espace considéré.
Le thème du personnage mélancolique s'inscrit chez Dürer simplement en regard de la tradition chrétienne [13], faisant état de cet équilibre toujours fragile de l'individu occidental, conscient d'avoir été conçu à l'image de Dieu, et néanmoins écartelé entre l'Ange et la Bête. On retrouve l'attitude de son étrange androgyne ailé dans le Jean-Baptiste au désert du peintre flamand, Geertgen tot Sint Jans [14].
Le cinéaste scandinave emprunte lui aux préraphaélites anglais [15], l'image célèbre d'Ophélie. C'est là une traduction de l'émotion à l'image du « *plus ravissant paysage anglais hanté par le chagrin* » [16]. La représentation d'un mal de vivre cadrant bien avec la sensibilité du XIXe aux accent spleenétiques [17]. John Everett Millais recycle au milieu de ce siècle les détails iconographiques du mythe sur sa toile : un personnage étendu sur l'eau, flottant entre sommeil et mort, encadré par un paysage naturel et tenant à la main une guirlande de fleurs. Pour son affiche, Lars von Triers procède à un curieux amalgame entre la poésie de Verhaeren [18] évoquant Ophélie en deux vers, par la seule analogie avec les fleurs blanches [19], et la représentation picturale du personnage appréhendée dans sa conque de verdure.

---

[13] Dürer illustre par exemple la même année le thème de l'Apocalypse avec *Le Chevalier, la Mort et le Diable*, 1514, Gravure sur cuivre, 24,4 x 18,8 cm, National Gallery of Art, Washington.

[14] Gérard de Saint Jean, *Jean-Baptiste dans le désert,* vers 1485-1490, Huile sur bois, 42 x 28 cm, Gemäldegalerie, Berlin.

[15] John Everett Millais, *Ophélie*, 1851-1852, Huile sur toile, 76,2 x 111,8 cm, Tate Gallery, Londres.

[16] L'expression est empruntée au poète John Ruskin.

[17] Cousseau Anne, « Ophélie : histoire d'un mythe fin de siècle », *Revue d'histoire littéraire de la France*, 2001/1 Vol. 101, p. 105-122.

[18] Émile Verhaeren, Les Apparus dans mes chemins, "Celui du rien", in *Poèmes,* 1891, p. 115.

[19] « Et les mains d'Ophélie, au bord des havres, Sont ces deux fleurs blanches — moisies », dans, Émile Verhaeren, *op. cit.*

Si l'œuvre la plus célèbre de Munch traduit la peur [20], qu'il exprime dans la description de son tableau, au travers son Journal :

> « Je marchais le long d'un chemin avec deux amis. Le soleil se couchait. Soudain le ciel devint rouge sang. Je m'arrêtais, me sentant épuisé et je me penchais sur la rambarde. Il y avait du sang et des langues de feu au-dessus du fjord bleu-noir et la ville Mes amis marchait, et je me tenais là, tremblant d'anxiété. Et j'ai senti la nature traversée par un long cri infini. » [21]...

plusieurs de ses toiles expriment également la mélancolie [22].
À travers ses trois versions de Mélancolie réalisées entre 1891 et 1894, on perçoit combien les arts picturaux s'apprécient en rapport de ce qu'ils donnent à voir dans le but de faire ressentir.
La peinture circonscrit ainsi dans l'espace de la toile le lieu de la représentation des émotions… qui s'expriment par l'attitude du corps, le mouvement de la main, et les traits du visage, longtemps considéré comme le miroir de l'âme. Comme Munch s'efforce alors de le montrer dans des toiles qui lui sont inspirées par le désespoir amoureux de son ami le critique d'art Jappe Nilssen. Tout en même temps, le paysage où vient s'inscrire la silhouette assise face à la mer, apparaît particulièrement sombre et tourmenté, afin de refléter lui aussi l'état d'âme mélancolique du sujet. Munch traduit ce programme pictural, en mots écrivant alors : « Symbolisme - la nature est formée par l'état d'âme de l'observateur ».
C'est bien la vision de l'âme qui intéresse Munch, et non celle des yeux.

Ainsi la solitude d'un être saisit dans la contemplation de l'étendue maritime avec la *Nuit d'été* [23] de Munch encore, comme celle d'une mer de nuage chez Friedrich [24], nous incite à voir dans ce qui est contemplé,

---

[20] Munch Edvard, *Le cri*, 1893, Huile et tempera et pastel sur carton, 91 x 73 cm, National Gallery of Norway.
[21] Munch Edvard, *Journal*, 22 janvier 1892.
[22] Munch Edvard, *Mélancolie*, 1891, Huile sur toile, 81 x 105 cm, Musée des Beaux-Arts, Bergen, et *Mélancolie*, 1892, Huile sur toile, 64 x 96 cm, Musée National, Oslo, et encore en 1894, *Mélancolie*, 1894, Huile sur toile, 72 x 98 cm, Coll. Part.
[23] Munch Edvard, *Inger à la plage*, 1889, Huile sur toile, 126 x 161 cm, Musée des Beaux-Arts, Bergen. A l'origine le tableau est intitulé *Nuit d'été*, puis prend le nom de la sœur de Munch, protagoniste de la scène représentée.
[24] Friedrich Caspar David, *Le Voyageur contemplant une mer de nuages*, 1818. Huile sur toile, 74,8 x 94,8 cm, Kunsthalle, Hambourg.

le reflet de l'âme [25]. Cela n'est pas le propre de la peinture romantique, ni même symboliste, ou simplement celle du XIXe siècle. Nombre de peintres au XXe s'y efforcent encore : Hopper [26], Magritte [27]… s'appliquent à traduire dans leurs toiles ces métaphores suggestives du silence et de la solitude.
Depuis Diderot [28], l'émotion en peinture naît de la maîtrise du sentiment, du retrait en soi. Ce sont les préceptes que développent les théories artistiques de Winckelmann [29], selon lequel « Plus est calme l'attitude du corps et plus elle est apte à montrer le vrai caractère de l'âme. ». L'historien d'art allemand introduit la notion d'individualité et définit la grâce, comme ce qui amène le spectateur sur les voies du sensible au plus près de la beauté, dans l'adéquation entre attitudes des corps et élans de leur âme.

Au XIXe siècle, la singularité, la force de la beauté féminine peut ainsi conduire celui qui l'éprouve aux plus grandes profondeurs de l'âme [30]. La peinture figurative [31], au-delà de l'émotion esthétique fruit de l'agencement des couleurs et des formes, s'apprécie aussi au travers d'une dimension narrative, que le regard est capable d'appréhender dans l'instant immédiat [32] où il découvre l'œuvre peinte ou sculptée.

---

[25] En cela le peintre romantique allemand s'efforce de traduire en peinture la pensée du philosophe selon laquelle : « L'art est la belle représentation d'une chose et non la représentation d'une belle chose. » dans, Kant Emmanuel, *Critique de la faculté de juger*, I, § 48, 1790.

[26] Hopper Edvard, *Chambre sur la mer*, 1951, Huile sur toile, 74,3 x 101,6 cm, Yale University Art Gallery, New Haven.

[27] Magritte René, *L'embellie*, 1962, Huile sur toile, 65,1 x 44,3 cm, Coll. Part.

[28] Diderot Denis, *Ruines et paysages, Salon de 1767*, Paris, Hartmann, 1995.

[29] L'ouvrage est publié en 1755 à Dresde. Dans, Winckelmann Johann Joachim, *Réflexions sur l'imitation des œuvres grecques en peinture et en sculpture*, Paris, Aubier, 1990.

[30] Baudelaire interrogeant la beauté peut ainsi demander : « Viens-tu du ciel profond, ou sors-tu de l'abîme ? / O Beauté ! ton regard, infernal et divin," dans, "Hymne à la beauté", *Les fleurs du mal*, 1857.

[31] On pense en particulier aux portraits de femmes réalisés par les peintres de l'Europe du nord, à l'instar de Nonnenbruch Max, *Soirée au bord du lac*, s. d., Huile sur toile, Coll. Part., Ancher Peter Michael, *Jeune femme dans une robe rose*, 1914, Huile sur toile, Coll. Part., et encore Tuxen Laurits, *Nina sur la plage, la fille de l'artiste*, 1915, Huile sur toile, 84 x 54,5 cm, Coll. Part.

[32] Chaque genre, roman, théâtre… s'apprécie selon un système de référence particulier, dans Bolens Guillemette, « La narration des émotions et la réactivité du destinataire dans Les Contes de Canterbury de Geoffrey Chaucer », *Médiévales,*

Les peintres, en particulier, font valoir une parfaite maîtrise des enjeux à l'œuvre dans les constructions sociales des phénomènes cognitifs et corporels associés à ce qui est aujourd'hui couramment entendus comme émotions.
De façon générale, les émotions font appel à divers sens, la vue [33] certes, mais aussi l'ouïe, l'odorat… ce dont les publicitaires ont parfaitement conscience, mêlant habilement les uns aux autres afin que l'émotion permettent d'optimiser l'efficacité de leurs campagnes [34].
Les ressorts cachés de l'inconscient, associent alors ainsi la vision de l'odalisque – œuvre picturale [35] ou photographique [36] – à la sensation de ses parfums capiteux [37].

À rebours d'une esthétique qui se définit dans le dernier tiers du XIXe en refusant que les arts représentent des émotions, le peintre russe Répine [38], s'efforce lui de partager, à travers la représentation d'un couple affrontant main dans la main la montée d'une vague, la joie de ses personnages.

C'est encore la joie de l'enfant qui est peinte, quand l'art russe fonde son discours politique [39] sur le partage d'une émotion visible.

La chair des émotions. Pratiques et représentation corporelle de l'affectivité au Moyen Age, n° 61, automne 2011.

[33] Par exemple, pour l'expression faciale comme geste, voir K. Thomas dans son introduction à "A Cultural History of Gesture: langugesture includes any kind of bodily movement or posture (including facial expression) which transmits a message to the observer", dans J. Bremmer et H. Roodenburg éd., *A Cultural History of Gesture*, Ithaca, 1992, pp. 1-14.

[34] Colosimo Romain, « L'émotion : retour à l'essence même de la publicité », *L'observatoire Influencia*, 2 juin 2019.

[35] Ingres Jean-Auguste Dominique, *La grande Odalisque*, 1814, Huile sur toile, 91 x 162 cm, Louvre.

[36] Le photographe Gian Paolo Tomasi réinterprète *La grande Odalisque* en 2010 par le prisme de son appareil photographique.

[37] Le plus bel exemple avec le court métrage publicitaire de 2009, « La légende de Shalimar », avec Natalia Vodianova, pour le parfum *Shalimar* de Guerlain.

[38] Répine Ilia Iefimovitch, *Quelle liberté*, 1903, Huile sur toile, 179 x 284,5 cm, Musée Russe, Saint-Pétersbourg.

[39] C'est le cas en particulier du courant des *Peredvijniki*, « Les ambulants », réunion de peintres réalistes russes qui au XIXe organisèrent des expositions à travers la Russie, afin que l'art puisse participer ainsi à l'éducation du peuple.

Partout la vie selon la peinture de Iarochenko [40]… et ce même quand nous sommes confrontés aux condamnés en partance pour le bagne, massés derrière les barreaux de la fenêtre d'un wagon de prisonniers. Pour accentuer le réalisme de sa peinture, Nikolaï Iarochenko peint alors sa toile au format d'un wagon.

De cette œuvre émane une grande tension émotionnelle. Un soldat, un paysan, un artisan, une jeune mère avec son enfant. Il semble que la Russie entière soit enfermée dans ce wagon triste, dans ce tableau inspiré de la nouvelle de Tolstoï *De quoi vivent les hommes* [41].
Mais l'artiste traduit l'idée que là où sont les hommes, là réside l'essence même de la vie qui se manifeste au travers l'expression corporelle des émotions de chacun des protagonistes de l'œuvre :

- La bonté (le paysan barbu)
- La miséricorde (la mère)
- La camaraderie (le soldat et l'artisan)
- La joie (l'enfant).

Une émotion qui sied au réalisme de l'art magistralement exprimé par Répine qui peint les "bourlaki", *les haleurs de la Volga* [42], archétype de la malédiction du peuple russe.
Courbés comme des bêtes, sales et dépenaillés ces martyrs de la condition humaine laborieuse semblent tirer depuis des générations tout le fardeau de la nation.
Ce réalisme de la peinture russe de la fin du XIXe se traduit dans l'émoi suscité par la misère populaire [43], comme dans l'empathie à l'égard des opposants politiques [44].

---

[40] Iarochenko Nikolaï, *Partout la vie*, 1883, Huile sur toile, 212 x 106 cm, Galerie Tretiakov.

[41] Tolstoï Léon, "De quoi vivent les hommes", *Contes et nouvelles*, 1910.

[42] Répine Ilia Iefimovitch, *Les haleurs de la Volga*, 1870-1873, Huile sur toile, 131,5 x 281 cm, Musée Russe, Saint-Pétersbourg.

[43] On pense ici aussi bien à Perov qu'à Ivanov, dans, Perov Vassili, *Troïka, jeunes apprentis*, 1866, Huile sur toile, 51,5 x 65,8 cm, Galerie Tretiakov, Moscou et Ivanov Sergueï, *Sur la route, Mort d'un paysan migrant*, 1889, Huile sur toile, 71 x 122 cm, Galerie Tretiakov.

[44] Deux toiles de Répine l'illustrent, Répine Ilia Iefimovitch, *L'arrestation du propagandiste*, 1878-1892, Huile sur toile, 34,8 x 54,6 cm, Galerie Tretiakov et *Ils ne l'attendaient plus*, 1883-88, Huile sur toile, 160,5 x 167,5 cm, Galerie Tretiakov, Moscou.

Parfois, les Ambulants en appellent aussi à la beauté de la nature, venant à l'instar de Kouznetsov littéralement insérer leurs personnages dans un écrin qui tend à magnifier leur être [45].
Sans doute sensible à la formule magistrale de Dostoïevsky [46], Romain Gary aura ces mots qui illustrent l'œuvre créatrice de cette génération. « Il faut racheter le monde par la beauté : beauté du geste, de l'innocence, du sacrifice et de l'idéal. » [47]

Cette problématique, si empreinte d'émotion, semble être tout autant présente dans l'espace géographiquement opposé, puisque les peintres du Nouveau-Monde offrent aussi quelques scènes particulières où la beauté de la nature, de sa flore, sert métaphoriquement à illustrer celle des femmes représentées. *Les nénuphars* [48] peint en 1888 par le peintre américain Charles Courtney Curran offre un exemple incroyable de la symbiose entre femmes et végétaux [49], couleurs des robes, et celles des fleurs…

Ce rapport de l'homme à la nature, de la beauté de l'un par l'appréhension de l'autre s'apprécie tout autant même dans les cas où la présence de l'humain est à peine suggérée [50], et parfois même alors que son absence est avérée [51].

L'émotion peut naître aussi dans la tendresse du rapport aux autres êtres vivants.
Ainsi, et paradoxalement, là où la peinture fige la saisie du geste la photographie parfois permet d'en apprécier le mouvement, dans un

---

[45] Kouznetsov Nikolaï, *Jours de fête*, 1879-1881, Huile sur toile, 55 x 98 cm, Galerie Tretiakov, Moscou.
[46] Le héros du roman, le Prince Mychkine a cette formule : « La beauté sauvera le monde », dans Dostoïevski Fédor, *L'Idiot*, trad. fr. A. Mousset, Bibl. de la Pléiade, Gallimard, p. 464.
[47] Cité par François Cheng, dans Cheng François, *Cinq méditations sur la beauté,* Paris, Albin Michel, 2006, p. 81.
[48] Curran Charles Courtney, *Lotus Lilies, Nénuphars*, 1888, Huile sur toile, 45,7 x 81,3 cm, Terra Foundation for American Art, Chicago.
[49] Le roman de Didier Decoin s'y attache dans, Decoin Didier, *Je vois des jardins partout*, Paris, Lattès, 2012.
[50] Levitan Isaac, *Au-dessus du repos éternel*, 1894, Huile sur toile, 153 x 207,5 cm, Galerie Tretiakov.
[51] Edelfelt Albert, *Coucher de soleil à Kaukola*, 1889-90, Huile sur toile, 116,5 x 0,830 cm, Galerie nationale finlandaise, Helsinki Ateneum.

hymne à la beauté où se correspondent et se répondent Charles Courtney Curran [52] et Axelle de Russé [53]. La main qui se tend pour nourrir le moineau en vol dans le cadre du jardin du Luxembourg, dans le tout petit tableau du peintre américain, renvoie au flouté du pas effaçant la terrasse face à la baie d'Amalfi de la photographe parisienne. L'un comme l'autre exprime la même logique qui lie beauté et émotion [54]. Elle se détermine par une résonance exprimant le sentiment d'une relation à autre chose, presque transcendante, qui vient dilater, amplifier et approfondir la perception, et partant l'être au monde.

La création artistique offre enfin parfois quelques exemples où peinture et photographie renvoient au même : le regard du spectateur...
L'une comme l'autre finissant par traduire l'immersion fictionnelle, condition de l'émotion.
Anna Ancher et Marie Kroyer [55] sont ainsi photographiées par le peintre scandinave Krøyer lors de l'une de leurs promenades à la tombée du jour, sur la plage de Skagen.
Krøyer en reprend le cadrage pour l'élargir et en représenter la longue perspective, comme il l'a fait dans plusieurs tableaux [56], vers le nord ou vers le sud [57] avec ses personnages qui se promènent. Cette plage, qu'aucun rocher ou aucune végétation ne coupe, convient à une peinture, qui comme elle semble s'ouvrir vers des horizons lointains, toujours à la limite de l'inaccessible [58].

---

[52] Curran Charles Courtney, *Au Luxembourg,* 1889, Huile sur toile, 23,3x 31,1 cm, Terra Foundation for American Art, Chicago.

[53] De Russé Axelle, *La jeune fille au parapluie, Italie*, 2012, Photographie.

[54] « Une des preuves de l'existence de cette beauté virtuelle se trouve dans la création artistique même. Dans celle-ci la recherche de la beauté de la forme et du style -même si cette beauté, nécessaire, n'est jamais suffisante -est la marque qui distingue une œuvre d'art des autres productions humaines à but utilitaire. L'art authentique est en soi une conquête de l'esprit ; il élève l'homme à la dignité du Créateur, fait jaillir des ténèbres du destin un éclair d'émotion et de jouissance mémorable, une lueur de passion et de compassion partageable. », dans, Cheng François, *op. cit.*

[55] Krøyer Peder Severin, *Anna Ancher et Marie* Krøyer *sur la plage de Skagen*, fin XIXe, Photographie argentique.

[56] Krøyer Peder Severin, différentes versions de *Soir d'été sur la plage de Skagen,* des mois de juin et juillet 1893, et encore, *Etude d'Anna Ancher et Marie Kroyer*, 1893, Huile sur toile, 47,4 x 45,3 cm, Musée d'Art de Skagen.

[57] Krøyer Peder Severin, *Soir d'été sur la plage de Skagen, l'artiste et sa femme*, 1899, Huile sur toile et oxyde de zinc, 135 x 187 cm, Musée Hirschsprung, Copenhague.

[58] Krøyer Peder Severin, *Soir d'été sur la plage sud de Skagen, Anna Ancher et Marie Kroyer*, 8 juillet 1893, Huile sur toile, 27,8 x 45,8 cm, Musée Hirschsprung,

L'éclat des robes de dentelle dans la lueur du soleil couchant, les empreintes de pas sur le sable fin de la plage, les teintes iridescentes dans l'heure bleue de cet instant particulier des jours interminables à l'approche de la Saint Jean… participe à la singularité de l'émotion esthétique ressentie.

En conclusion, on ne peut réduire la fonction de l'art pictural à la seule naissance des émotions.
Néanmoins miroir du monde, il offre d'en percevoir ses merveilles.
Désormais la pensée du poète, selon laquelle « Chaque expérience de la beauté, si brève dans le temps, tout en transcendant le temps, nous restitue chaque fois la fraicheur du matin du monde » [59], s'harmonise avec le sentiment du photographe, résumé dans ce magnifique propos : « Le monde ne mourra pas par manque de merveilles mais par manque d'émerveillement » [60].
Le péril écologique que nous traversons, dont la crise sanitaire ne constitue que l'une des manifestations, est sans aucun doute aussi une crise de l'ordre du sensible matérialisée par l'amenuisement des capacités de perception, la perte de la relation aux multiples formes du vivant [61], l'appauvrissement du langage…
En ce sens, faire naître des émotions, comme le permet la beauté de la création picturale, contribue à bien des égards au bien-être de la société des hommes.

Copenhague et encore *Après-midi d'été sur la plage sud de Skagen, 1893,* Huile sur toile, 100 x 150 cm, Musée de Skagen.

[59] Dans, Cheng François, *op. cit.*

[60] Vincent Munier emprunte son propos à l'écrivain anglais Gilbert Keith Chesterton, dans l'interview donné pour l'émission, « Vincent Munier, l'éternel émerveillé », *Passe-moi les jumelles,* RTS, 8 novembre 2019.

[61] Le philosophe australien Glenn Albrecht étudie les liens entre écosystème et émotions, dont il propose la synthèse dans son livre, Albrecht Glenn, *Les Emotions de la Terre,* Les liens qui libèrent, 2020.

Les émotions dans les pratiques artistiques de l'Inde ou comment cultiver une « distance » envers les affects

Federica FRATAGNOLI

Encore aujourd'hui, dans les pratiques artistiques dites « classiques » de l'Inde, l'un des critères déterminant pour évaluer la bonne réussite d'une pièce de répertoire s'établit par la correcte représentation des émotions. Ces dernières soutiennent en effet l'élaboration et le déploiement d'une ambiance spécifique et permettent au spectateur d'éprouver la saveur (*rasa*) de l'œuvre, encourageant ainsi l'accomplissement de l'expérience esthétique.

Les pages de cet article souhaitent étudier ce phénomène, interrogeant notamment la manière dont les émotions sont représentées et mises en scène dans certaines formes de danse-théâtre « classique » de l'Inde. Elles privilégieront l'étude des pratiques corporelles et questionneront le degré d'implication physique, émotive et cognitive demandé aux interprètes lors de leurs performances publiques. Deux aspects, également fondamentaux dans la fabrication des émotions, à savoir la musique et le texte poétique, seront ici délaissés au profit de l'étude attentive de la corporéité de l'interprète. Nous avons conscience d'opérer un choix assez radical et insolite par rapport aux principes qui animent l'art indien, mais ce choix s'impose au vu de l'ampleur du sujet.

Pour introduire la spécificité de notre propos, nous aimerions évoquer une anecdote relative à une représentation de kathakali, une forme de théâtre dansé du Kerala, dans le sud de l'Inde, qui a eu lieu vers la fin des années 1970. Fabrizia Baldissera reporte à ce sujet : « [...] lors d'une représentation de Kathakali, le personnage de la nymphe Rambhā, joué par une jeune actrice, aurait dû refuser les avances érotiques du démon Rāvana, joué par le grand acteur Kunju Pillai. Les yeux de ce dernier, cependant, étaient si éloquemment amoureux « que la femme jouant Rambhā tomba dans ses bras, pour se remettre quelques instants plus tard et fuir la scène dans un embarras total »

(R. Puri, "The Dance in India", in *Journal of Arts and Ideas*, Vol. 3, April-June 1983, p. 31) » [1].

Bien que cette anecdote retrace un épisode extrêmement rare, il permet de saisir la manière dont l'interprète devrait se positionner face à la mise en scène des émotions selon les normes dramatiques indiennes. Tout en étant capable d'incorporer et de donner à voir au public les états émotionnels du personnage représenté, l'interprète ne devrait pas expérimenter directement ces états afin d'éviter de se laisser emporter par la charge émotionnelle de l'action dramatique [2], comme arrivé à la jeune actrice interprétant la nymphe Rambhā. Ainsi, comme le dit Fabrizia Baldissera « ces états devraient en fait leur apparaître [aux interprètes] comme des éléments d'une histoire ritualisée qu'ils n'ont qu'à jouer » [3].

C'est au regard de ces réflexions, qu'il nous a semblé intéressant d'orienter notre attention vers le jeu de l'interprète, en questionnant avant tout la ou les techniques utilisées par celui-ci, et la manière dont le savoir-faire acquis à la suite d'un long entrainement physique et

---

[1] Fabrizia Baldissera, "Emotions in indian dramas and dances", in Axel Michaels, Christoph Wulf (dir.), *Emotions in rituals and performances*, Routledge India, New Delhi, 2012, p. 361. "In the late 1970s, during a performance of Kathakali, the character of nymph Rambhā, played by a young actress, should have refused the erotic advances of demon Rāvana, played by the great actor Kunju Pillai. The latter's eyes, however, were so eloquently amorous "that the woman playing Rambhā fell into his arms, to recover a few moments later and flee from the stage in total embarrassment".

[2] Ces réflexions pourraient être élargies à d'autres contextes, dont celui de la danse occidentale, comme le démontre Fanny Fournié (*Danse, émotions et pensée en mouvement. Contribution à une sociologie des émotions. Les cas de Giselle et de MayB*, Thèse de doctorat soutenue à l'Université de Grenoble, 12 décembre 2012). S'appuyant sur une série d'entretiens, l'auteure démontre que la plupart des danseurs occidentaux interviewés se focalisent sur l'exécution d'actions corporelles pour créer et produire une émotion sur scène. D'après l'auteure le trajet action-émotion semble prépondérant dans le domaine de la danse : « Parmi les entretiens menés, la majorité des danseurs rencontrés ont mis en avant cette importance du corps pour faire jaillir l'émotion. À titre d'exemple, un danseur de MayB souligne « mieux vaut ne pas chercher à ressentir l'émotion que nous croyons générer {…} il faut parvenir à faire le vide, et se focaliser sur l'apprentissage des gestes : tout est mécanique, les comptes, les mouvements, le positionnement dans l'espace » (op. cité, p. 180).

[3] Fabrizia Baldissera, "Emotions in indian dramas and dances", in Axel Michaels, Christoph Wulf (dir.), *Emotions in rituals and performances*, Routledge India, New Delhi, 2012, p. 361. "these states should actually appear to them as elements of a ritualized story that they only have to enact".

d'une constante répétition, est incorporé et transposé sur scène. À la place d'étudier les théories esthétiques envisageant une assez complexe classification et structuration des émotions [4] ou même de tenter d'extrapoler une définition de la notion d'émotion dans le contexte indien, nous nous penchons sur l'observation du processus de représentation de l'émotion, à savoir la manière dont elle prend forme et se manifeste dans la corporéité de l'interprète. Rejoignant la pensée de Christine Roquet [5], nous éviterons ainsi de penser l'émotion en tant que forme substantivée, lui préférant une forme verbale, qui permet de mettre en avant l'action, le geste à l'œuvre, et orienter l'attention sur le « comment » de son déploiement.

Étant donné la haute diversité des techniques et des approches existantes au sein du contexte indien, nous sélectionnons ici une étude de cas circonscrite favorisant une lecture plus fine de notre propos : la technique d'expression des émotions utilisée au sein de la compagnie *Adishakti Laboratory for Theatre Art Research*, basée près de Pondichéry, en Inde. Cette technique, qui a été transmise aux membres de la compagnie par une danseuse de Koodiyattam, un théâtre dansé du Kerala, dans le sud de l'Inde, est devenue au fil du temps un outil fondamental dans la pratique théâtrale contemporaine de la compagnie. La spécificité de cette technique sera développée plus finement, après avoir donné quelques informations de base sur le jeu de l'acteur en Inde.

Le jeu de l'acteur en Inde

Dans la tradition indienne, le jeu de l'acteur et la représentation des émotions répondent à un certain nombre de codes expressifs, appliqués de façon plus ou moins rigoureuse en fonction du style de danse-théâtre et de la lignée du maître. Ces codes s'appliquent en premier lieu à l'expression du visage, qui est en effet l'élément le plus ostensible dans la représentation des émotions, et qui est généralement accompagné par l'utilisation de *mudras*, gestes de mains signifiant le déroulement de l'action et inscrivant les gestes de l'interprète dans un

---

[4] Pour approfondir cet aspect, nous renvoyons le lecteur au texte suivant : Lyne Bansat-Boudon,
Poétique du théâtre indien. Lectures du Nāṭyaśāstra, Paris, École Française d'Extrême-Orient « Publications de l'EFEO », 1992.
[5] Christine Roquet, *Vu du geste. Interpréter le mouvement dansé*, CN D, Pantin, 2019, pp. 182-183.

récit partagé. Ils arrivent que ces codes modifient l'émotion en un véritable masque, représentation stéréotypée des neuf émotions de base recensées par la tradition indienne, également connues sous le terme de *navarasa* [6]. Il suffirait à ce propos de repérer la quantité d'images et d'interprétations, qui circulent dans les livres ou bien sur les réseaux sociaux sous la catégorie de *navarasa*, et qui invitent immanquablement le lecteur à repérer la correspondance entre émotion et expression du visage.

La réalisation de ces codes demande à l'interprète une mobilisation spécifique de certains muscles du visage (muscles frontaux, temporaux, orbiculaires de l'œil et de la bouche, zygomatiques, etc.), qui différemment combinés donnent vie à l'apparition d'expressions faciales émotionnelles. En Inde, l'utilisation des muscles du visage constitue à proprement parler un savoir-faire. Il demande en effet un entrainement long et spécifique, visant à mobiliser finement ce que le *Natya Shastra* appelle les membres subsidiaires, ou *upanga* [7] (yeux, sourcils, paupières, globes oculaires, joues, nez, mâchoires, lèvre inférieure, dents, langue, menton et visage). La visée de ce type d'entrainement est d'apprendre à l'interprète à circonscrire et à dissocier la contraction des différents muscles ou chaines musculaires du visage, qui peuvent ainsi être sollicités de manière indépendante et volontaire. Bref, il s'agit d'acquérir une maitrise, voir une virtuosité, dans la modulation et la coordination de l'ensemble de ces muscles, qui, dans la vie courante, se fait de manière automatique et irréfléchie,

[6] Littéralement « neuf *rasa* ». Le *Natya Shastra,* ancien texte dramatique sanskrit, identifie huit rasa principaux : *shringara* (l'amoureux, le sensible), *hasya* (le comique), *karuna* (le compatissant), *raudra* (le furieux) *vira* (l'héroïque), *bhayanaka* (l'appréhension), *bibhatsa* (l'horrifiant, le repoussant), *adbhuta* (le merveilleux). Un neuvième rasa, *shanta* (le calme, l'apaisé) a été ajouté successivement, probablement entre le VIème et le Xème siècle, ce qui a déterminé l'entrée en vigueur de l'expression *navarasa.*

[7] Le *Natya Shastra* conçoit l'organisation du corps humain à partir de trois catégories : *anga, pratyanga* et *upanga. Anga* indique les membres majeurs, *pratyanga* les membres mineurs et *upanga* les membres subsidiaires. Ces deux derniers doivent se mouvoir en accord avec les membres majeurs. Le *Natya Shastra* accorde une forte importance à la classification des éléments et à leurs règles de combinaison, induisant une sorte de « saturation du savoir » (Légeret, 2001 : 23). Cette tendance taxonomique se retrouve non seulement dans la hiérarchisation des diverses parties du corps impliquées dans le mouvement et dans la classification minutieuse de tout mouvement possible, mais également dans la catégorisation des états émotionnels et leurs déclinaisons.

à partir des coordinations incorporées par imitation lors du développement sensori-moteur et affectif de l'individu.

Le canevas de gestes et micro-gestes prévus par la tradition, une fois bien maitrisé, offre à l'interprète un support indispensable à la représentation des neuf émotions stables ou 'de base', couramment appelées *sthayibhava* [8]. Un élément important doit être précisé à ce sujet. Comme expliqué dans le *Natya Shastra,* les *sthayibhava* sont le produit d'une combinaison de plusieurs éléments : les causes ou les facteurs qui induisent l'apparition d'une émotion, appelés « les déterminants » (*vibhava*) ; les symptômes et les expressions corporelles qui rendent les sentiments saisissables, appelés « les conséquents » (*anubhava*) ; et les émotions temporaires et transitoires, ou sentiments secondaires, qui contribuent à l'apparition de l'émotion de base, appelés « états psychologiques complémentaires » (*vyabhicari-bhava*). Grâce à ces précisions, on comprend que les pièces de répertoire, ne visent pas à montrer des émotions 'stables' mais plutôt, comme le dit Warder « leurs effets visibles et audibles, en relation avec une représentation de leurs causes » [9], privilégiant ainsi la suggestion à la dénotation. Ce point mérite précision car « les déterminants », « les conséquents » et les « états psychologiques complémentaires » sont à la base de la création de l'état émotionnel et constituent ce qu'on appelle couramment le *bhava* – de la racine sanskrite *bhu-*, « être », « devenir » –, à savoir le jeu corporel de l'interprète qui sera gouté et savouré par le spectateur.

En effet, c'est le spectateur qui d'après les théories esthétiques indiennes est censé vivre pleinement « l'expérience esthétique », ou « *rasa* », et accéder au véritable contenu de l'œuvre d'art. Le terme *rasa* – de la racine *ras*, goûter – est généralement traduit en français

[8] Les neuf émotions stables ou 'de base' sont : rati (amour), hasa (humour), soka (peine), krodha (colère), utsaha (courage), bhaya (peur), jugupsa (dégoût), vismaya (étonnement). Une neuvième émotion de base a été ajoutée à un stade successif, et a pris le nom de shanti (paix, apaisement). Chacun de ces éléments a son *rasa* correspondant, une émotion impersonnelle capable d'être comprise par d'autres personnes qui se trouvent dans le même état.

[9] Anatony Kennedy Warder, *Indian Kāvya Literature, Vol. 1*, Literary Criticism, 1972, p. 23, cité in Fabrizia Baldissera, "Emotions in indian dramas and dances", in Axel Michaels, Christoph Wulf (dir.), *Emotions in rituals and performances*, Routledge India, New Delhi, 2012, p. 346. "their visible and audible effects, in relation to a representation of their causes".

par *saveur* : il désigne donc ce qui est goûté et savouré par le spectateur lors de la rencontre avec l'œuvre. En Inde, l'expérience du *rasa*, est censée conduire, pour le dire avec les mots de Biardeau, à un état de « dépossession de soi, où le moi s'oublie dans la contemplation des émotions et des sentiments représentés sur la scène ou dans le poème [10] ». Ce point, que nous n'approfondirons pas ici car il nous éloignerait de notre sujet, est important dans la mesure où il permet de rendre compte de la nature « transcendantale » et « spirituelle » du phénomène de réception au sein de la culture indienne.

Du visage au souffle

Certes, l'expression du visage est le siège privilégié de la représentation des émotions car elle est le premier médiateur de la relation à autrui comme le dirait Lévinas. Cependant, il serait fort réducteur de réduire la représentation des émotions à cet aspect singulier. Si on regarde de plus près le travail de l'interprète indien, il apparaît clairement que la représentation des émotions ne se résout pas à une simple mobilisation des muscles du visage ni à la savante association de la mudra adéquate à l'action évoquée sur scène. Il s'agit au contraire d'engager « le sensible », par une légère réorganisation de la dynamique posturale, par la modulation du tonus corporel ou par le recours à un type de motricité singulière qui informe l'échange et l'incursion dans l'espace environnant.

L'exemple de la compagnie Adishakti et la technique utilisée par ses acteurs permettra d'étayer ce postulat et comprendre de quelle manière les techniques corporelles de l'Inde laissent interagir un apprentissage basé sur la normalisation des expressions du visage avec bien d'autres éléments dont la régulation du souffle.

Fondée par Veenapani Chawla [11] en 1981, la compagnie Adishakti se consacre à la création théâtrale contemporaine et vise à promouvoir l'exploration de nouvelles méthodologies de performance à partir de savoirs traditionnels indiens. Comme annoncé sur le site de la compagnie, Adishakti ambitionne de créer une esthétique hybride basée

---

[10] Madeleine Biardeau, *L'Hindouisme. Anthropologie d'une civilisation*, Flammarion, Paris, 1981, p. 141.

[11] Shanta Gokhale (dir.), *The Theatre of Veenapani Chawla. Theory, Practice, and Performance,* OUP India, 2014.

sur la rencontre et l'expérimentation. Ce n'est pas un hasard si sa fondatrice, Veenapani Chawla, a bénéficié d'une formation artistique tantôt en Europe, à la Royal Shakespeare Company et à l'Odin Teatret d'Eugenio Barba, tantôt en Inde, où elle a appris à côté de maîtres renommés différentes pratiques traditionnelles indiennes [12]. Ces expériences ont aiguisé sa vision du théâtre reposant sur la possibilité de « nourrir les anciennes connaissances tout en étant toujours pluraliste – sans être conditionné par des positions ou des idéologies » [13]. L'interaction entre savoirs traditionnels et expérimentation contemporaine est donc au cœur de son travail. C'est ainsi qu'une technique du contrôle du souffle propre au Koodiyattam [14] est venue informer sa pratique théâtrale contemporaine, devenant avec le temps l'une des marques constitutives de l'enseignement et des créations de la compagnie [15].

Les premiers acteurs d'Adishakti ont tous été initiés à cette technique par Usha Nangiar, une danseuse célèbre de Koodiyattam. La spécificité de cette technique est justement liée à l'utilisation du souffle. Consciemment dirigé, il accompagne la modification des états de corps et supporte l'apparition des expressions du visage correspondante à chaque émotion.

Il faut savoir qu'au cours d'une performance de danse indienne, le jeu des interprètes dans la représentation des émotions est naturellement accompagné et soutenu par un travail sur le souffle. Dans la plupart des cas, ce travail se fait de manière spontanée et l'interprète l'acquiert

---

[12] Elle a été formée au Chhau (art martial du Nord-Est de l'Inde), au Kalaripayattu (art martial du Kerala), au Koodiyattam (theatre dansé du Kerala) et au chant drhupad.

[13] Citation tirée de la vidéo : "Theatre: Classical meets Contemporary. Veenapani Chawla", IFA (India Foundation for the Arts), IFA Grant 1998. Dernière consultation : 1er juillet 2021 :
https://www.youtube.com/watch?v=We_ZRpDGd6E
"The answer is to be the hybrid; to nurture old knowledges but also to always be pluralistic – not to be conditioned by positions and ideologies".

[14] Il faut préciser que dans le Koodiyattam, style de théâtre danse du Kerala, dans le sud de l'Inde, qui est l'une des plus anciennes formes connues et encore vivantes de l'ancien théâtre sanskrit, l'aspect expressif est travaillé de manière très importante par rapport à d'autres styles « classiques » indiens.

[15] Veenapani Chawla est disparue en 2014. Vinay Kumar est le nouveau directeur de la compagnie Adishakti et continue le travail de création et de transmission initiés par Veenapani Chawla.

grâce à sa propre expérience physique. Or, dans le cas du Koodiyattam, ces savoirs ont été systématisés et ont font l'objet d'une normalisation et d'une conséquente transmission. Comme le rappelle Veenapani Chawla, il est préférable d'utiliser le terme « technique » car la respiration utilisée par le Koodiyattam, tel que transmis par Usha Nangiar, est bien différente de la respiration fonctionnelle qu'on utilise dans la vie courante, ne serait-ce parce qu'elle est conscientisée par un contrôle du geste respiratoire qui est à l'œuvre.

Rappelons que le lien entre émotion et souffle est loin d'être anodin. L'acte respiratoire entretient en effet des rapports étroits avec les états émotionnels et est à la base de la relation empathique [16], voire du partage d'un territoire affectif [17]. Comme le précise Hubert Godard, la respiration a une influence avérée non seulement sur le système postural, du fait de faibles variations du centre de gravité, mais également sur le système affectif de l'individu. Reprenant ses mots, « l'hyper ou l'hypoventilation, en variant l'acidité du sang, modifie le flux et la localisation dans le corps de la distribution sanguine, affectant ainsi le tonus postural et la montée des affects » [18]. C'est le système neuro-végétatif qui assure ce lien entre organique et affectif, transformant les décharges neuro-végétatives, qu'on nomme affects, en émotions. Étant donné l'étroite relation que la respiration entretient avec les affects, il n'est pas surprenant que le souffle soit considéré par cette pratique traditionnelle comme le lieu privilégié de la représentation des états psychologiques de l'interprète.

---

[16] Gérard Jorland, Bérangère Thirioux, « Note sur l'origine de l'empathie », *Revue de métaphysique et de morale*, 2008/2, n°58, pp. 269-280.

[17] Chantal Paccalin, Marc Jeannerod, "Changes in breathing during observation of effortfull actions", *Brain Res*, vol. 862, n° 1-2, 2000, pp. 194-200.

[18] Hubert Godard, « Le souffle, le lien », in Marsyas n° 32 – décembre 1994, p. 31.

L'exemple d'Adishakti

Pour saisir de manière concrète ce phénomène psychophysique il suffirait de regarder attentivement l'extrait de la vidéo « Theatre: Classical meets Contemporary. Veenapani Chawla » [19] où l'acteur principal de la compagnie Adishakti, Vinay Kumar, explique et montre en même temps l'utilisation du souffle dans la représentation d'états émotifs.

Il commence par expliquer les gestes respiratoires nécessaires pour donner à voir une personne triste, en train de pleurer. D'après ses mots, il faut d'abord prendre une longue inspiration et faire rentrer de l'air du bas ventre jusqu'au niveau du sternum. Par la suite, il faut produire une courte inspiration au niveau de la gorge, et pousser l'air vers le bas, de manière à qu'un clash se produise au niveau de la poitrine, résultat des deux actions opposées. Si ce contraste a tendance à générer une occlusion à ce même niveau tout en créant un manque d'oxygène, il va produire à son tour un certain état tonique et affectif. Au niveau physique, cette occlusion est accompagnée par l'apparition de quelque chose de lourd qui pèse sur la poitrine, sensation assez fréquente lors des états d'angoisse et de désespoir.
Cette mise en corps par le souffle, qui induit une réorganisation tonico-posturale de l'interprète aisément visible sur la vidéo, est accompagnée par des micromouvements au niveau du menton, des lèvres et des yeux et laisse apparaître une transformation du visage, qu'on dirait alors proche des larmes.

Vinay Kumar enchaine avec d'autres exemples, qui permettent de saisir la trajectoire respiratoire d'autres états émotionnels, dont la ligne de transition est très subtile : de son plus haut état d'inspiration, associé à l'état amoureux (*shringara*), il module le souffle pour donner à voir l'émerveillement (*adbhuta*), ensuite la compassion (*karuna*), et pour terminer le rire (*hasya*), qui se réalise à partir d'une subite expiration de l'air des poumons, depuis un état d'apnée.

---

[19] "Theatre: Classical meets Contemporary. Veenapani Chawla", IFA (India Foundation for the Arts), IFA Grant 1998.
En ligne : https://www.youtube.com/watch?v=We_ZRpDGd6E ; page consultée le 2 juillet 2021. L'extrait en question se trouve aux minutes 3:57 - 5:38 de la vidéo.

La vidéo permet de bien saisir la prise de conscience du rythme respiratoire ainsi que la tentative de maitriser son cheminement. Cela se traduit non seulement par une « at-tension » mentale et cognitive mais par une tension physique (qui affecte l'organisation neuro-musculaire de l'interprète) et une modulation de son état tonique (qui participe activement à la représentation des émotions). Lorsque Vinay Kumar utilise le souffle, ce n'est pas exclusivement pour animer le visage, mais pour créer *satvika*, à savoir l'état psychologique à partir duquel l'expression des émotions peut se réaliser. De cette manière, l'utilisation du souffle viendrait informer non seulement la manière dont l'artiste indien utilise le visage comme masque, en supportant l'expression donnée à voir, mais également la manière dont la corporéité se prédispose et se module en vue de l'action envisagée.

Conclusion

L'article a permis de montrer comment dans les formes de danse-théâtre indien l'émotion est véhiculée non seulement par un savant jeu de masque, à partir d'un travail musculaire très poussé, mais également par une utilisation très fine des dynamiques respiratoires et des états toniques de l'interprète. Il a également montré que la maîtrise de techniques corporelles liée à la représentation des motions invite l'interprète à établir une forme de « distance » vis-à-vis de ses propres états émotifs. Cette distance vise à écarter le poids du biographique et de l'histoire psychologique de l'individu pour ne pas appauvrir le jeu du travail proprioceptif, véritable créateur d'affects. La distance invite aussi à invalider le postulat qui conçoit l'émotion comme une réaction naturelle, authentique, irrationnelle et passive [20].
Nos constats semblent venir confirmer les intuitions d'Arjun Appadurai [21] selon lesquelles les émotions sont pensées dans la danse-théâtre indien comme un dispositif permettant la mise en place de conditions favorable à l'instauration d'une « communauté de sentiments ». De son point de vue, dans les pratiques artistiques indiennes l'émotion ne serait pas fondée sur l'expérience individuelle, mais résiderait plutôt dans la sphère du publique et du social. Une émotion correctement jouée, à partir d'un code impersonnel et publiquement partagé, permettrait de créer une « ambiance » généralisée qui unit l'interprète et les spectateurs dans un même « paysage émotionnel ». Pour cela, elle ne serait pas mesurable en termes de sentiments des parties, ni à l'aune de l'authenticité du lien entre l'émotion et son objet. Ainsi, l'objectif des spectacles indiens serait plutôt de « créer une chaine de communication de sentiments, non pas par une empathie directe entre les intériorités émotionnelles d'individus spécifiques, mais par le recours à un ensemble partagé et relativement fixe de gestes publics » [22]. On comprend alors que

[20] Le cas des émotions dans les pratiques artistiques indiennes semble opérer un renversement par rapport aux théories « physiologiques » sur les émotions, où l'apparition de l'émotion est directement reliée au corps et à ses manifestations physiologiques.

[21] Arjun Appadurai, "Thopographies of the self: praise and emotion in Hindu India", in C.Lutz et L.Abu-Lughod (dir.), *Language and the politics of emotions*, Cambridge, 1990, pp. 93-112.

[22] Arjun Appadurai, "Thopographies of the self: praise and emotion in Hindu India", in C. Lutz et L. Abu-Lughod (dir.), *Language and the politics of emotions*, Cambridge, 1990, p. 107. "the object is to create a chain of communications in

l'authenticité du lien entre les émotions privées de celui qui joue et l'objet de son jeu n'a pas d'importance. Finalement, il ne s'agit pas de partager des états internes, mais plutôt de mettre sous tension ces états internes.
Cela nous rappelle de manière évidente que notre vie émotionnelle est en même temps une organisation d'origine posturale, qui sollicite l'activité tonique et respiratoire de chacun d'entre nous, et le cœur de notre manière d'être avec les autres, l'altérité étant par excellence, depuis notre plus tendre enfance, le plus important lieu de régulation de soi.

feelings, not by unmediated empathy between the emotional interiors of specific individuals but by recourse to a shared, and relatively fixed set, of public gestures".

Bibliographie

Arjun Appadurai, “Thopographies of the self: praise and emotion in Hindu India”, in C. Lutz et L. Abu-Lughod (dir.), *Language and the politics of emotions*, Cambridge, 1990, pp. 93-112.

Fabrizia Baldissera, “Emotions in indian dramas and dances”, in Axel Michaels, Christoph Wulf (dir.), *Emotions in rituals and performances*, Routledge India, New Delhi, 2012, pp. 333-377.

Madeleine Biardeau, *L'Hindouisme. Anthropologie d'une civilisation*, Flammarion, Paris, 1981, p.141.

Philippe Bruguière, « La délectation du rasa. La tradition esthétique de l'Inde », *Cahiers d'ethnomusicologie*, 7, 1994, pp. 3-26.

Gilles Deleuze, Félix Guattari, *Qu'est-ce qu'est la philosophie*, Les éditions de minuit (1991), 2005.

Vinciane Despret, *Ces émotions qui nous fabriquent. Ethnopsychologie des émotions*, Les empêcheurs de penser en rond, Paris, 1999.

Fanny Fournié, *Danse, émotions et pensée en mouvement. Contribution à une sociologie des émotions. Les cas de Giselle et de MayB*, Thèse de doctorat soutenue à l'Université de Grenoble, 12 décembre 2012.

Hubert Godard, « Le souffle, le lien », in Marsyas, Institut de pédagogie musicale et chorégraphique, n° 32, décembre 1994, pp. 27-31.

Hubert Godard, *Une respiration*, Contredanse, Bruxelles, 2021.

Shanta Gokhale (dir.), *The Theatre of Veenapani Chawla. Theory, Practice, and Performance,* OUP India, 2014.

Gérard Jorland, Bérangère Thirioux, « Note sur l'origine de l'empathie », *Revue de métaphysique et de morale*, 2008/2, n°58, pp. 269-280.

Isabelle Launay, Claudia Gabler, « Composer des affects en danse », dans *Repères, cahier de danse*, La Briqueterie / CDC du Val-de-Marne, 2007/1 n° 19, pp. 21-24.

Katia Légeret, *Esthétique de la danse sacrée : Inde traditionnelle et art contemporain*, Ed. Geuthner, Paris, 2001.

Chantal Paccalin, Marc Jeannerod, “Changes in breathing during observation of effortfull actions”, *Brain Res*, vol. 862, n° 1-2, 2000, pp. 194-200.

Christine Roquet, *Vu du geste. Interpréter le mouvement dansé*, CN D, Pantin, 2019.

Pascal Sieger, « L'expression des émotions à l'aune de la contemporainté », in F. Fratagnoli et M. Lassibille, *Danser contemporain. Gestes croisés d'Afrique et d'Asie du Sud*, Deuxième époque, Montpellier, 2018, pp. 169-194.

Richard Schechner, “Rasaesthetic”, in *TDR/The Drama Review,* 2001, Vol. 45, Issue 3 (171), pp. 27-50.

Les émotions : un ressenti neuroscientifique

Auriane GROS

I. Les troubles émotionnels

Les compétences émotionnelles font partie d'un système multiple et multidimensionnel qui peut être lésé dans un grand nombre de pathologies. En effet, ces troubles peuvent se retrouver dans les pathologies psychiatriques comme neurologiques. Dans les troubles de l'humeur seront constatés un ressenti émotionnel exacerbé avec un défaut de régulation de ce ressenti (Houenou et al., 2011) ainsi qu'un déficit dans la reconnaissance des émotions (Demirel et al., 2014). Dans les pathologies neurologiques, et plus particulièrement dans la maladie de Parkinson, l'apathie a une prévalence allant de 17 à 70 % (Aarsland et al., 2009) qui est souvent difficile à diagnostiquer du fait du chevauchement avec des symptômes dépressifs (Pedersen et al., 2009). L'apathie se définit comme une perte ou réduction des comportements dirigés vers un but, des activités cognitives, des émotions ou des interactions sociales (Robert et al., 2011). Elle a donc comme particularité de pouvoir concerner différents aspects des émotions. Les interactions entre émotion et cognition font que l'apathie peut être en lien avec un dysfonctionnement au niveau exécutif (Rodriguez-Oroz et al., 2000) et avec une majoration des troubles mnésiques (Butterfield et al., 2010). Dans la maladie de Parkinson il peut être également constaté un déficit de reconnaissance des émotions que ce soit au niveau auditif (difficultés de reconnaissance de la prosodie émotionnelle) (Péron et al., 2014) ou au niveau visuel (reconnaissance de visages tristes ou peureux) (Ariatti et al., 2008). L'apathie est également fréquente suite à des accidents cérébraux puisqu'elle se situe entre 38 et 43 % post-AVC (Caeiro, 2012). Ces patients pourront également présenter des déficits dans la perception des émotions et pour réguler leur ressenti émotionnel (Cooper et al., 2015). Dans les tumeurs cérébrales, selon la localisation tumorale, il a également été démontré des défauts de reconnaissance des expressions faciales (Mu et al., 2012), des défauts dans les stratégies de régulation émotionnelle ou encore des difficultés de penser de manière spirituelle (Urgesi et al., 2010) ou une réduction des pulsions sexuelles (Surbeck et al., 2015).

À nouveau, des interactions entre cognition et émotion ont été retrouvées avec des liens notamment entre capacités émotionnelles et mémoire de travail (Mu et al., 2012).

Enfin, l'apathie est majeure dans la maladie d'Alzheimer et dans les troubles cognitifs légers et sa gravité est corrélée à celles des troubles cognitifs (Wadsworth, 2012). Au niveau émotionnel il est constaté également un déficit dans la reconnaissance des émotions et plus particulièrement dans les émotions dites discrètes, telles que l'intérêt (Torres et al., 2015) et cela majoritairement au niveau auditif (Templier et al., 2015). Au niveau visuel, il est souligné un biais de positivité avec une mémorisation meilleure pour les visages positifs que pour ceux exprimant la peur (Werheid et al., 2011). Concernant les capacités de régulation du ressenti émotionnel, elles apparaissent comme relativement préservées dans la maladie d'Alzheimer (Zhang et al., 2015). Il est également mis en évidence une interaction entre langage et émotion du fait d'une corrélation entre les capacités de régulation des émotions et la fluidité verbale (Gyurak et al., 2009). En résumé, moins le patient chercherait ses mots, plus il aurait de bonnes capacités de régulation de son ressenti émotionnel.

La diversité et fréquence des troubles émotionnels souligne deux points majeurs :

- la complexité du système émotionnel et de sa représentation au niveau cérébral ;
- les interactions multiples avec les autres systèmes cognitifs, mnésiques, exécutifs et langagiers.

Cela s'explique notamment par les différentes facettes composant l'émotion.

II. Les composantes émotionnelles

Si la définition des émotions a souvent fait débat, un consensus a tout de même émergé, définissant les émotions comme une synchronisation de trois composantes différentes que sont la composante physiologique, la composante cognitive et la composante expressive.

L'ensemble de ces composantes s'exprimant différemment et donc, par conséquent, s'évaluant également de manière différente. En revanche, bien qu'elles soient évaluées de manière indépendante, elles ont une action chacune l'une sur les autres et la composante cognitive et la composante physiologique de manière d'autant plus étroite.

A. LA COMPOSANTE PHYSIOLOGIQUE DES ÉMOTIONS

La composante physiologique des émotions comprend les activités cardiovasculaires, électrodermales et respiratoires. Ces activités seront d'autant plus majorées si l'intensité émotionnelle est forte. La réponse électrodermale, bien qu'ancienne, demeure encore très utilisée dans l'évaluation de la composante physiologique des émotions et les outils se sont perfectionnés au fil des décennies.

En effet, l'étude de la modification de l'activité cutanée semble remonter à la fin du XIXème siècle.
À l'époque, il a été décrit un réflexe enregistré par des mesures de la tension électrique sur la peau des mains qui fut nommée réflexe psychogalvanique. Le terme de réponse électrodermale l'a ensuite remplacé du fait que des réponses spécifiques (suite à une stimulation) mais également non spécifiques (réponses spontanées) pouvaient être toutes deux enregistrées.
Plusieurs mesures à partir de cette réponse ont été mises au point. La mesure de l'activité électrodermale est mesurée le plus souvent en micro Siemens (μS) et permet d'étudier l'activité des glandes sudoripares. Ces dernières sont particulièrement concentrées au niveau de la paume des mains et de la plante des pieds. Elles sont principalement activées par des stimulations émotionnelles.

Lorsque l'on évalue la composante physiologique des émotions, on peut étudier l'activité tonique et l'activité phasique. L'activité tonique se concentre sur les réponses spontanées non-spécifiques et donc le niveau de base, alors que l'activité phasique va, quant à elle, se concentrer sur les réponses spécifiques liées aux stimulations émotionnelles. On regardera dans ce cas l'amplitude de la réponse, c'est-à-dire la différence avec le niveau de base, et la durée de récupération, donc le temps mis pour revenir au niveau de base. L'amplitude de la réponse électrodermale est la mesure la plus fréquente. Le temps de récupération étant, selon les auteurs, davantage un indice de durée de dissipation de l'émotion, voire du reflet de capacité de désengagement attentionnel. Cette acticité électrodermale sera également différente selon la personnalité des individus. Ainsi, les sujets en recherche de nouveauté ont des réponses électrodermales et les sujets antisociaux des réponses électrodermales de moindre amplitude (Fowles, 2000).

B. LA COMPOSANTE COGNITIVE DES ÉMOTIONS

La composante cognitive des émotions comporte deux aspects :
- l'évaluation de son propre état émotionnel ;
- la régulation de ce dernier.

L'évaluation de son propre état émotionnel consiste en la capacité du sujet à reconnaitre l'état émotionnel dans lequel il se trouve et d'en avoir conscience. Cette évaluation est généralement réalisée via des questionnaires d'auto-évaluation.
Ils suivent généralement le même fonctionnement avec la proposition de différents adjectifs pour lesquels le sujet devra évaluer à quel degré il ressent l'une des émotions proposées. Ces tests peuvent contenir une approche dimensionnelle avec des notions liées au plaisir, l'activation et la dominance. La dimension de dominance renvoie à la sensation du sujet à pouvoir contrôler la situation.

Sur le versant de la régulation de l'état émotionnel, les questionnaires développés étudient la capacité du sujet à répondre à un évènement émotionnel proposé hors contexte, c'est-à-dire sans qu'il n'ait réellement ressenti l'émotion proposée. Dans ces tests des scènes de la vie quotidienne sont proposées et le sujet doit répondre le comportement qu'il aurait adopté face à ces dernières. Certains évalueront plus précisément les stratégies de régulation émotionnelle mises en place ainsi que leur type. On retrouve par exemple la notion de réévaluation cognitive et de suppression expressive selon si le sujet décide de reconsidérer la situation dans laquelle il se trouve, ou plutôt de fuir cette même situation.

L'ensemble de ces questionnaires ont néanmoins un biais important qui est propre au jugement social et qui peut inciter le sujet à répondre ce qui est attendu de lui plus que la réponse qu'il aurait réellement émise dans la situation donnée.

Pour parer à de tels biais, de nouveaux capteurs utilisant les nouvelles technologies apparaissent pouvant comprendre la régulation émotionnelle opérée en s'intéressant à l'activité du lobe frontal impliqué dans la régulation des émotions.
Les dispositifs encéphalographiques (EEG) portables permettent ainsi de mettre en place des conditions d'exploration en contexte et donc dynamiques. Ces dispositifs permettant un suivi en temps réel des données cérébrales au sein d'un environnement réaliste. Néanmoins, l'interprétation de ces résultats demeure spécifique et nécessite souvent une mesure simultanée de la réponse physiologique. En effet, afin de pouvoir juger de la régulation du ressenti émotionnel, l'analyse du ressenti en lui-même (composante physiologique émotionnelle) est nécessaire.
En ce sens, certains capteurs commencent à intégrer des dispositifs d'électroencéphalographie et d'électrophysiologie.

C. LA COMPOSANTE EXPRESSIVE DES ÉMOTIONS

La composante expressive des émotions est celle étant la plus visible car elle constitue la face visible des processus émotionnels. Si la voix fait partie de cette composante, il apparait que les humains font état de leurs émotions majoritairement à travers les expressions faciales et corporelles (Mehrabian, 1968).

Le premier à décrire les expressions faciales comme une composante expressive des émotions fut Duchenne de Boulogne. Ainsi, dès 1862, il décrira certains mécanismes physiologiques sous-jacents à l'expression faciale des émotions. Mais le premier test en tant que tel permettant de mesurer cette composante expressive faciale date lui de 1978 (Ekman, Friesen, 1978) et repose sur l'idée qu'une émotion se traduit par la contraction d'un ou de plusieurs muscles précis.
La majorité des nouveaux systèmes actuels d'analyse s'appuient toujours sur ce principe. Ils peuvent être placés sur le corps humain ou être non intrusifs c'est-à-dire basé sur des capteurs vidéo sans aucun port sur la peau du sujet.

Dans le cadre des capteurs vidéo, les capteurs RGB-D (Red Green Blue-Depth) restent les plus utilisés. Différentes techniques sont ensuite utilisées pour extraire la forme du visage. Par exemple une analyse par points caractéristiques peut être réalisée en identifiant différents points d'intérêts ou une technique de maillage, en utilisant un grand nombre de points sans localisation physique particulière ou encore une technique de formes géométriques qui consiste à définir la forme du visage par des forme simples.

La composante expressive des émotions peut être observée aussi au niveau des comportements non verbaux et de la gestuelle. Les capteurs vidéo sont également de plus en plus utilisés en recherche dans ce cadre. Néanmoins, en clinique les échelles d'évaluations demeurent les outils les d'évaluation les plus courants.

Les aspects comportementaux sont ainsi souvent évalués de manière globale par le biais d'échelles standardisés. Dans la dépression par exemple les échelles évalueront notamment les secousses musculaires et les agitations motrices.

En utilisant les capteurs vidéo, les capteurs environnementaux permettront également de représenter l'agitation motrice du sujet avec des capteurs simples, tels que des capteurs de présence ou d'ouverture et fermeture de porte. En effet, il sera ainsi possible de mesurer le nombre de fois où un sujet reste dans une pièce ou encore ouvre et ferme le réfrigérateur. Parmi les analyses émotionnelles plus complexes, on retrouve également celle des postures qui sera caractérisée par des angles de flexion et la structure spatio-temporelle des trajectoires des articulations (Roether et al., 2009).
Enfin, la vitesse de marche peut également être utilisée puisqu'elle a montré son intérêt dans l'interprétation des émotions propres à la colère ou encore à la peur.

III. Neurosciences et émotions

L'ensemble de ces composantes émotionnelles sont liées à des territoires cérébraux spécifiques et en interaction constante entre eux, voire avec d'autres fonctions cognitives spécifiques.

Parmi les zones cérébrales les plus reconnues dans le cadre des émotions, l'amygdale et le cortex préfrontal se détachent. Néanmoins les émotions ne peuvent être vues comme des fonctions séparées et individualisées selon leurs composantes et l'implication des faisceaux sous-corticaux est nécessaire au fonctionnement émotionnel.

Au niveau du ressenti émotionnel, et donc de la composante physiologique des émotions, une augmentation de l'activation amygdalienne a été mise en évidence lors de la présentation d'un stimulus émotionnel et quelle que soit la modalité de présentation (auditive, visuelle, tactile) (Phan et al., 2002). Cette activation amygdalienne sera néanmoins sensible à un effet d'accoutumance et aura donc tendance à être moins importante suite à une présentation répétée d'un même stimulus (Wright et al, 2001) mais il serait erroné de décrire la composante physiologique des émotions comme dépendante uniquement de l'activité amygdalienne. Les aspects attentionnels vont être déterminants quant au niveau d'engagement et donc de ressenti émotionnel mais l'intensité émotionnelle pourra également déplacer notre attention sur un type spécifique de stimuli. En effet, l'activation amygdalienne va se répercuter sur les aspects attentionnels en renforçant la représentation dans le cortex temporal des stimuli émotionnels (Blair et al, 2007).

En ce qui concerne la composante cognitive des émotions et plus spécifiquement la régulation du ressenti émotionnel le rôle de certaines régions spécifiques a également été mis en évidence au niveau frontal dont le cortex orbitofrontal (OFC) (Ochsner et al, 2002), le cortex préfrontal ventrolatéral (VLPFC) (Lévesque et al., 2003), le cortex préfrontal dorsolatéral (DLPFC) (Ochsner et al., 2004), le cortex préfrontal médiodorsal (DMPFC) et le cortex cingulaire antérieur (CCA).

Néanmoins, il serait également faux de croire que ces régions cérébrales fonctionnent de manière individualisée. En effet, il a été démontré que l'activation de ces régions était associée à une modulation de l'activité amygdalienne et donc que les zones attribuées au ressenti émotionnel étaient sans cesse en relation avec celles liées à la régulation émotionnelle. Le cortex préfrontal et l'amygdale interagiraient fonctionnellement via un réseau anatomique complexe de projections corticales et thalamiques récurrentes et via des microcircuits intra-amygdalien (John et al., 2013). En ce qui concerne les techniques de régulation émotionnelle, il a été mis en évidence que les mêmes zones n'étaient pas sollicitées selon les types de stratégie de régulation utilisées. Ainsi, la régulation par inhibition du ressenti émotionnel activerait le cortex préfrontal ventromédian (VMPFC), alors que les stratégies de régulation par réévaluation de la situation, activeraient également le cortex cingulaire antérieur et le cortex Insulaire (Diekhof et al., 2011).

IV. Apport d'une immersion sensori-virtuelle dans les troubles émotionnels

Les troubles anxieux font également partie des troubles émotionnels et comptent parmi les plus fréquents (Kessler et al., 2009). Dans le cadre de l'anxiété il a été mis en évidence une focalisation attentionnelle sur des stimuli menaçants (Peers et al., 2013). Ces troubles émotionnels directement reliés aux aspects attentionnels peuvent avoir des impacts sur l'ensemble des capacités cognitives telles que les capacités langagières ou mnésiques (Denkonva et al., 2015). La particularité du trouble anxieux tient au fait qu'il constitue un défaut à la fois de la composante émotionnelle physiologique avec un ressenti émotionnel exacerbé et de la composante cognitive des émotions avec un défaut de régulation de ce ressenti.

Afin de réguler le ressenti émotionnel des stratégies conscientes peuvent être mises en place mais des stratégies involontaires peuvent également se produire (Webb et al., 2012). En cas de troubles cognitifs les stratégies involontaires semblent à privilégier du fait de déficits du contrôle cognitif. Les techniques physio-relaxantes font partie des stratégies implicites. Elles sont externes à l'individu et sont modulables par le biais de stimulation extérieures. L'utilisation de la sensorialité a été mise en évidence comme particulièrement pertinente dans ce cadre (McKay et al., 2007), tout comme l'utilisation de la réalité virtuelle.

Dans ce cadre, notre équipe de recherche de l'Université Côte d'Azur (laboratoire CoBTeK) a mis en place une immersion sensori-virtuelle spécifique pour la prise en charge des troubles anxieux.

Une vidéo de neuf minutes a ainsi été développée via le logiciel Unity, plongeant le participant dans un univers en réalité virtuelle mêlant des stimulations olfactives et auditives.

Le système immersif que nous avions utilisé était un mur d'images stéréoscopique constitué de deux écrans LED Full HD de 70'' et accompagné de lunettes actives synchronisées pour la vision en 3D.

Le système bénéficiait aussi d'un son stéréoscopique grâce à deux enceintes disposées de part et d'autre de l'écran.

L'ensemble des stimulations visuelles, olfactives et auditives suivaient une séquence spécifique permettant une réduction de l'anxiété tout en conservant un niveau d'éveil nécessaire pour la passation des tests cognitifs à la fin de l'immersion.

Une première étude a été menée chez 52 patients âgés de 50 à 89 ans et présentant une anxiété dans le cadre de leur première consultation au sein du Centre Mémoire Ressources et Recherche de Nice (Gros et al., 2017).

Les résultats ont montré que l'immersion sensorielle développée avait permis une baisse significative de la Réponse électrodermale (RED) (p-valeur début/milieu= <0.001 ; p-valeur début/fin=<0.001) et donc une amélioration de la composante physiologique des émotions. Une amélioration de la composante cognitive des émotions a également été retrouvée avec une réduction significative des affects négatifs (p-valeur<0.001) au sein d'une échelle d'auto-évaluation validée. Enfin, l'étude en éléctroencéphalographie chez quatre des participants a retrouvé une augmentation de l'activité beta que ce soit au niveau préfrontal (AF) ou au niveau frontal (F). L'augmentation du ratio beta/theta allait dans le sens d'une augmentation de l'activité frontale et préfrontale au cours de l'immersion et était en accord avec l'hypothèse d'une mise en place d'une régulation émotionnelle inconsciente de la part des patients.

D'autres études ont suivi cette étude princeps et ont permis également de démontrer un effet de cette immersion sur les capacités langagières par une réduction significative, après immersion, des pauses remplies et une tendance à l'augmentation du temps de parole ainsi qu'une amélioration des fluences sémantiques (p= 0,042).

En conclusion, selon une vision neuroscientifique, nous ne pouvons interpréter les émotions de façon décomposée et les recherches vont dans la compréhension d'un processus dynamique et sans cesse en interaction.

Références bibliographiques

AARSLAND, Dag, MARSH, Laura et SCHRAG, Anette, 2009. Neuropsychiatric symptoms in Parkinson's disease. In: Movement Disorders. 15 novembre 2009. Vol. 24, n° 15, pp. 2175-2186. DOI 10.1002/mds.22589.

ARIATTI, Alessandra, BENUZZI, Francesca et NICHELLI, Paolo, 2008. Recognition of emotions from visual and prosodic cues in Parkinson's disease. In: Neurological Sciences: Official Journal of the Italian Neurological 244 Society and of the Italian Society of Clinical Neurophysiology. septembre 2008. Vol. 29, n° 4, p. 219-227.! DOI 10.1007/s10072a008a0971a9.

BLAIR, K. S., SMITH, B. W., MITCHELL, D. G. V., MORTON, J., VYTHILINGAM, M., PESSOA, L., FRIDBERG, D., ZAMETKIN, A., STURMAN, D., NELSON, E. E., DREVETS, W. C., PINE, D. S., MARTIN, A. et BLAIR, R. J. R., 2007. Modulation of emotion by cognition and cognition by emotion. In: NeuroImage. mars 2007. Vol. 35, n° 1, pp. 430-440.!DOI 10.1016/j.neuroimage.2006.11.048.

BUTTERFIELD, London C., CIMINO, Cynthia R., OELKE, Lynn E., HAUSER, Robert A. et SANCHEZ RAMOS, Juan, 2010. The independent influence of apathy and depression on cognitive functioning in Parkinson's disease. In: Neuropsychology. novembre 2010. Vol. 24, n° 6, pp. 721-730.!DOI 10.1037/a0019650.

CAEIRO, L., FERRO, J. M. et FIGUEIRA, M. L., 2012. Apathy in acute stroke patients: Apathy in acute stroke. In: European Journal of Neurology. février 2012. Vol. 19, n° 2, pp. 291-297. DOI 10.1111/j.1468-1331.2011.03508.x.

COOPER, Clare L., PHILLIPS, Louise H., JOHNSTON, Marie, WHYTE, Maggie et MACLEOD, Mary J., 2015. The role of emotion regulation on social participation following stroke. In: The British Journal of Clinical Psychology / the British Psychological Society. juin 2015. Vol. 54, n° 2, pp. 181-199.!DOI 10.1111/bjc.12068.

DEMIREL, Husrev, YESILBAS, Dilek, OZVER, Ismail, YUKSEK, Erhan, SAHIN, Feyzi, ALIUSTAOGLU, Suheyla et EMUL, Murat, 2014. Psychopathy and facial emotion recognition ability in patients with bipolar affective disorder with or without delinquent behaviors. In: Comprehensive Psychiatry. avril 2014. Vol. 55, n° 3, pp. 542-546.!DOI 10.1016/j.comppsych.2013.11.022.

DENKOVA, Ekaterina, DOLCOS, Sanda et DOLCOS, Florin, 2015. Neural correlates of « distracting » from emotion during autobiographical recollection. In: Social Cognitive and Affective Neuroscience. février 2015. Vol. 10, n° 2, pp. 219-230. DOI 10.1093/scan/nsu039.

DIEKHOF, Esther Kristina, GEIER, Katharina, FALKAI, Peter et GRUBER, Oliver, 2011. Fear is only as deep as the mind allows: a coordinate-based meta-analysis of neuroimaging studies on the regulation of negative affect. In:

NeuroImage. 1er septembre 2011. Vol. 58, n° 1, pp. 275-285.!DOI 10.1016/j.neuroimage.2011.05.073.
EKMAN, P., FRIESEN, W., The Facial Action Coding System. Palo Alto: Consulting Psychologists Press, 1978.
FOWLES, D. C., 2000. Electrodermal hyporeactivity and antisocial behavior: does anxiety mediate the relationship? In: Journal of Affective Disorders. décembre 2000. Vol. 61, n° 3, pp. 177-189.
GROS, Auriane, CHAPOULIE, Emmanuelle., RAMADOUR, Remy, ROBERT Vincent, DE STOUTZ, Julie, GUETIN, Stéphane., REGEARD, Yves, DAMOUN, Chaima, WYCKAERT, Emeline, MANERA, Valeria, ROBERT, Philippe & DAVID, Renaud. REL@X : SENSORY AND VIRTUAL IMMERSION TO REDUCE THE ANXIETY OF PATIENTS CONSULTING FOR THE FIRST TIME IN NICE MEMORY CENTER. Alzheimer's & Dementia, 13(7). 2017. P609-P610. https://doi.org/10.1016/j.jalz.2017.06.662
GYURAK, Anett, GOODKIND, Madeleine S., MADAN, Anita, KRAMER, Joel H., MILLER, Bruce L. et LEVENSON, Robert W., 2009. Do tests of executive functioning predict ability to downregulate emotions spontaneously and when instructed to suppress? In: Cognitive, Affective & Behavioral Neuroscience. juin 2009.
Vol. 9, n° 2, pp. 144-152. DOI 10.3758/CABN.9.2.144.
HOUENOU, Josselin, FROMMBERGER, Juliane, CARDE, Soufiane, GLASBRENNER, Manuela, DIENER, Carsten, LEBOYER, Marion et WESSA, Michèle, 2011. Neuroimaging-based markers of bipolar disorder: Evidence from two meta-analyses. In: Journal of Affective Disorders. août 2011. Vol. 132, n° 3, pp. 344-355. DOI 10.1016/j.jad.2011.03.016.
JOHN, Yohan J., BULLOCK, Daniel, ZIKOPOULOS, Basilis et BARBAS, Helen, 2013. Anatomy and computational modeling of networks underlying cognitive-emotional interaction. In: Frontiers in Human Neuroscience. 2013. Vol. 7, p. 101. DOI 10.3389/fnhum.2013.00101.
KESSLER, Ronald C., AGUILAR-GAXIOLA, Sergio, ALONSO, Jordi, CHATTERJI, Somnath, LEE, Sing, ORMEL, Johan, USTÜN, T. Bedirhan et WANG, Philip S., 2009. The global burden of mental disorders: an update from the WHO World Mental Health (WMH) surveys. In: Epidemiologia E Psichiatria Sociale. mars 2009. Vol. 18, n° 1, pp. 23-33.
LÉVESQUE, Johanne, EUGÈNE, Fanny, JOANETTE, Yves, PAQUETTE, Vincent, MENSOUR, Boualem, BEAUDOIN, Gilles, LEROUX, Jean-Maxime, BOURGOUIN, Pierre et BEAUREGARD, Mario, 2003. Neural circuitry underlying voluntary suppression of sadness. In: Biological Psychiatry. 15 mars 2003. Vol. 53, n° 6, pp. 502-510.
MCKAY, Ryan, LANGDON, Robyn et COLTHEART, Max, 2007. Models of misbelief: Integrating motivational and deficit theories of delusions. In: Consciousness and Cognition. décembre 2007. Vol. 16, n° 4, pp. 932-941. DOI 10.1016/j.concog.2007.01.003.

MEHRABIAN, A., 1968. Relationship of attitude to seated posture, orientation, and distance. In: Journal of Personality and Social Psychology. septembre 1968. Vol. 10, n° 1, pp. 26-30.
MU, Yong-Gao, HUANG, Ling-Juan, LI, Shi-Yun, KE, Chao, CHEN, Yu, JIN, Yu et CHEN, Zhong-Ping, 2012. Working memory and the identification of facial expression in patients with left frontal glioma. In: NeuroOncology. septembre 2012. Vol. 14 Suppl 4, p. iv81-89.!DOI 10.1093/neuonc/nos215.
OCHSNER, Kevin N., BUNGE, Silvia A., GROSS, James J. et GABRIELI, John D. E., 2002. Rethinking feelings: an FMRI study of the cognitive regulation of emotion. In: Journal of Cognitive Neuroscience. 15 novembre 2002. Vol. 14, n° 8, pp. 1215-1229.DOI 10.1162/089892902760807212.
OCHSNER, Kevin N., RAY, Rebecca D., COOPER, Jeffrey C., ROBERTSON, Elaine R., CHOPRA, Sita, GABRIELI, John D. E. et GROSS, James J., 2004. For better or for worse: neural systems supporting the cognitive down- and up-regulation of negative emotion. In: NeuroImage. octobre 2004. Vol. 23, n° 2, pp. 483-499.!DOI 10.1016/j.neuroimage.2004.06.030.
PEDERSEN, Kenn Freddy, LARSEN, Jan Petter, ALVES, Guido et AARSLAND, Dag, 2009. Prevalence and clinical correlates of apathy in Parkinson's disease: a community-based study. In: Parkinsonism & Related Disorders. mai 2009. Vol. 15, n° 4, pp. 295-299.!DOI 10.1016/j.parkreldis.2008.07.006.
PEERS, Polly V., SIMONS, Jon S. et LAWRENCE, Andrew D., 2013. Prefrontal control of attention to threat. In: Frontiers in Human Neuroscience [en ligne]. 2013. Vol. 7. [Consulté le 5 août 2017]. DOI 10.3389/fnhum.2013.00024. Disponible à l'adresse : http://journal.frontiersin.org/article/10.3389/fnhum.2013.00024/abstract.
PÉRON, Julie, GRANDJEAN, Didier, DRAPIER, Sophie et VÉRIN, Marc, 2014. Effect of dopamine therapy on nonverbal affect burst recognition in Parkinson's disease. In: PloS One. 2014. Vol. 9, n° 3, p. e90092. DOI 10.1371/journal.pone.0090092.
PHAN, K. Luan, WAGER, Tor, TAYLOR, Stephan F. et LIBERZON, Israel, 2002. Functional neuroanatomy of emotion: a meta-analysis of emotion activation studies in PET and fMRI. In: NeuroImage. juin 2002. Vol. 16, n° 2, pp. 331-348.!DOI 10.1006/nimg.2002.1087.
ROBERT, Philippe H., 2011. For a unified definition of apathy. In: Journal of Psychosomatic Research. septembre 2011. Vol. 71, n° 3, p. 197. DOI 10.1016/j.jpsychores.2011.03.001.
RODRIGUEZ-OROZ, Maria C., JAHANSHAHI, Marjan, KRACK, Paul, LITVAN, Irene, MACIAS, Raúl, BEZARD, Erwan et OBESO, José A., 2009. Initial clinical manifestations of Parkinson's disease: features and pathophysiological mechanisms. In: The Lancet. Neurology. décembre 2009. Vol. 8, n° 12, pp. 1128-1139.! DOI 10.1016/S1474a4422(09)70293a5.

ROETHER, C. L., OMLOR, L., CHRISTENSEN, A. et GIESE, M. A., 2009. Critical features for the perception of emotion from gait. In: Journal of Vision. 1 juin 2009. Vol. 9, n° 6, pp. 15-15. DOI 10.1167/9.6.15.
SURBECK, W., HERBET, G. et DUFFAU, H., 2015. Sexuality after surgery for diffuse low-grade glioma. In: Neuro-Oncology. 1 avril 2015. Vol. 17, n° 4, pp. 574-579. DOI 10.1093/neuonc/nou326.
TEMPLIER, Lorraine, CHETOUANI, Mohamed, PLAZA, Monique, BELOT, Zoé, BOCQUET, Patrick et CHABY, Laurence, 2015. Altered identification with relative preservation of emotional prosody production in patients with Alzheimer's disease. In: Geriatrie Et Psychologie Neuropsychiatrie Du Vieillissement. 1er mars 2015. Vol. 13, n° 1, pp. 106-115.!DOI 10.1684/pnv.2015.0524.
TORRES, Bianca, SANTOS, Raquel Luiza, SOUSA, Maria Fernanda Barroso de, SIMÕES NETO, José Pedro, NOGUEIRA, Marcela Moreira Lima, BELFORT, Tatiana T., DIAS, Rachel et DOURADO, Marcia Cristina Nascimento, 2015. Facial expression recognition in Alzheimer's disease: a longitudinal study. In: Arquivos De Neuro-Psiquiatria. mai 2015. Vol. 73, n° 5, pp. 383-389. DOI 10.1590/0004-282X20150009.
URGESI, Cosimo, AGLIOTI, Salvatore M., SKRAP, Miran et FABBRO, Franco, 2010. The spiritual brain: selective cortical lesions modulate human self-transcendence. In: Neuron. 11 février 2010. Vol. 65, n° 3, pp. 309-319.!DOI 10.1016/j.neuron.2010.01.026.
WADSWORTH, Lauren P., LORIUS, Natacha, DONOVAN, Nancy J., LOCASCIO, Joseph J., RENTZ, Dorene M., JOHNSON, Keith A., SPERLING, Reisa A. et MARSHALL, Gad A., 2012. Neuropsychiatric symptoms and global functional impairment along the Alzheimer's continuum. In: Dementia and Geriatric Cognitive Disorders. 2012. Vol. 34, n° 2, pp. 96-111.!DOI 000342119.
WEBB, Thomas L., MILES, Eleanor et SHEERAN, Paschal, 2012. Dealing with feeling: A meta-analysis of the effectiveness of strategies derived from the process model of emotion regulation. In: Psychological Bulletin. 2012. Vol. 138, n° 4, pp. 775-808. DOI 10.1037/a0027600
WERHEID, Katja, MCDONALD, Rebecca S., SIMMONS-STERN, Nicholas, ALLY, Brandon A. et BUDSON, Andrew E., 2011. Familiar smiling faces in Alzheimer's disease: understanding the positivity-related recognition bias. In: Neuropsychologia. août 2011. Vol. 49, n° 10, pp. 2935-2940.! DOI 10.1016/j.neuropsychologia.2011.06.022.
WRIGHT, C. I., FISCHER, H., WHALEN, P. J., MCINERNEY, S. C., SHIN, L. M. et RAUCH, S. L., 2001.
Differential prefrontal cortex and amygdala habituation to repeatedly presented emotional stimuli. In: Neuroreport. 12 février 2001. Vol. 12, n° 2, pp. 379-383.!
ZHANG, Fan, HO, YuanWan et FUNG*, Helene H., 2015. Learning from Normal Aging:Preserved Emotional Functioning Facilitates Adaptation

among Early Alzheimer's Disease Patients. In: Aging and Disease. 2015. Vol. 6, n° 3, p. 208. DOI 10.14336/AD.2014.0620.

Ce qui se joue émotionnellement… Une anthropologie des émotions

Arnaud HALLOY

Qu'est-ce qu'une émotion ? Question-piège. Non pas qu'il n'y ait pas de réponse possible, mais parce qu'il existe autant de réponses que d'approches disciplinaires des émotions, voire de courants ou d'écoles de pensée au sein des disciplines qui s'y intéressent [1]. Mais n'existe-t-il pas de consensus auquel se référer, un commun dénominateur aux études sur les émotions ? On pourrait mentionner l'approche par composantes (*componential approach*) (Scherer 1984 ; Sander et al. 2018), qui postule que toute émotion forme un système coordonné de 5 composantes ou dimensions : la dimension cognitive de l'émotion, qui correspond au sens qui lui est attribué ; la dimension physiologique de l'émotion, c'est-à-dire les réactions corporelles induites par le Système Nerveux Autonome ; la dimension expressive ou comportementale de l'émotion ; ladite « tendance à l'action » (*action tendency*) de l'émotion, qui désigne l'état motivationnel interne » (Sander et al. 2018 : 223) qui accompagne toute émotion, tel que s'approcher, éviter, être avec, dominer, se soumettre… ; et enfin la dimension subjective de l'émotion, qui se présente sous la forme d'une expérience intime informée, plus ou moins consciemment, par les autres dimensions de l'émotion [2].

L'intérêt de l'approche par composantes est qu'elle cherche à embrasser l'ensemble de l'expérience émotionnelle, chaque discipline étant susceptible de s'y retrouver. Ceci étant dit, peut-on définir un objet, en l'occurrence l'émotion, par ses composantes ? Et ces composantes font-elles véritablement le tour de notre question initiale : qu'est-ce qu'une émotion ?

---

[1] On appelle « sciences affectives » l'ensemble des disciplines engagées dans l'étude scientifique des émotions, parmi lesquelles les neurosciences, la psychologie, la sociologie, l'anthropologie, l'histoire, la philosophie et la linguistique.

[2] Un défi majeur des sciences affectives contemporaines consiste à décrire et modéliser les agencements complexes entre ces différentes dimensions émotionnelles.

Confrontée à de nombreuses théories vernaculaires des émotions, dans des cultures émotionnellement très différentes de la nôtre [3], l'anthropologie a appris à mettre en perspective *toute* théorie des émotions, théories savantes incluses, mais aussi à placer au cœur de son investigation des émotions une dimension qui, *a priori*, semble échapper à l'approche par composantes : la dimension culturelle des émotions. En vérité, à y regarder de plus près, la culture est aujourd'hui bien présente chez la plupart des spécialistes des émotions, neurosciences affectives incluses. Elle colore ou infuse à différents degrés chacune des composantes, avec une prédilection pour les dimensions cognitive et subjective des émotions [4]. Toutefois, on reste fermement campé sur une épistémologie darwinienne des émotions où la dimension culturelle reste, au final, très peu problématisée.

Dans le cadre de ce chapitre, je propose de prendre à bras le corps la problématisation de la culture lorsqu'elle s'applique au domaine des émotions. Mon objectif n'est pas de proposer une énième histoire de l'anthropologie des émotions, qui a déjà été brillamment décrite à plusieurs reprises (Lutz et White 1986, Leavitt 1996, Lindholm 2005), mais d'expliciter ce que cela signifie que de considérer la dimension culturelle des émotions. Mon objectif consiste à offrir *une* réponse à la question posée en ouverture de ce texte, depuis le point de vue de l'anthropologie.

Pour ce faire, j'ai choisi d'interroger ce que les cultures humaines font aux émotions [5]. J'ai restreint mon investigation à quatre dimensions particulièrement investies ethnographiquement, à savoir les manières de ressentir, d'exprimer, de parler et de catégoriser les émotions. Je reviens dans une première partie sur quelques apports conceptuels importants associés à chacune de ces quatre dimensions. Je m'attellerai ensuite à l'élaboration d'une définition du type de question que pose l'approche anthropologique des émotions. Mais avant d'aborder ces

---

[3] Où, parfois, le terme même d'« émotion » ou un équivalent n'existe pas (Lutz et White 1986).

[4] Principalement dans les « *appraisal theories* » (Scherer 1984), les « théories dimensionnelles » (Russell 1980) ou, plus récemment, les « théories constructivistes » (Barrett 2017), comme j'y reviens un peu plus loin.

[5] Dans un langage plus poétique, mais également plus fidèle à l'étymologie du terme « émotion », je dirais que ce chapitre porte sur ce que l'émotion met effectivement en mouvement dans les cultures humaines.

deux parties, une brève présentation de ce qui fait la singularité de la méthode et de l'objet anthropologique, à savoir, respectivement, l'ethnographie et la culture, me semble nécessaire.

Ethnographier les émotions

Peut-on observer une émotion ? Edward Evan Evans-Pritchard et Rodney Needham (1972) à sa suite avaient posé la même question à propos des « croyances », et leur réponse avait été négative. En tant qu'évènements mentaux, l'ethnographe n'a pas accès aux croyances des autres, mais à certaines de leurs manifestations publiques tels que des discours, des chants, des rituels, des objets de culte, qui traduisent ou actualisent ces croyances au travers de *pratiques*. En irait-il de même pour les émotions ? La réponse dépendra ici de ce que l'on entend par émotion. Elle pourrait être positive si l'on emprunte, temporairement, la définition qu'en donne l'anthropologue Michele Rosaldo : « *Feelings are not substances to be discovered in our blood but social practices organized by stories that we both enact and tell* (1997: 143) ».

Si l'on considère les émotions comme des pratiques sociales organisées par des histoires que les gens se racontent [6], il est effectivement possible à l'ethnographe d'y avoir accès. Comment, toutefois, s'y prend-t-il ? Un trait caractéristique de l'approche anthropologique des émotions tient dans sa méthodologie. L'engagement ethnographique du chercheur sur son « terrain » implique que l'ethnographe soit *nécessairement* partie prenante de son objet de recherche. Il occupe une position qui, le plus souvent, lui est assignée (Favret-Saada 1999) et à partir de laquelle il mènera ses observations et entretiens. Le caractère *situé* de toute démarche ethnographique requiert du chercheur de pouvoir clairement décrire d'où il pense, mais aussi comment il a été affecté au cours de son enquête. Une telle posture méthodologique, qui engage le corps du chercheur, ses affects et sa capacité empathique, s'avère déterminante dans la construction de son objet de recherche et exige de tout ethnographe de « cultiver assidument un certain type de soi » (Daston et Galison 2012 : 52), en l'occurrence un soi *réflexif* où il apprendra à reconnaître ses propres affects, ainsi qu'à identifier ce qui

[6] Une telle définition peut-elle toutefois être appliquée à *toutes* les émotions ? *Quid* également des émotions ressenties par les animaux ? Dans le cadre de ce chapitre, je laisserai de côté ces questions essentielles qui demanderaient de plus amples développements.

le rapproche et ce qui l'éloigne de ce qu'il perçoit des affects de ses hôtes (Halloy 2016).

En prise avec une vie émotionnelle différente de la sienne, l'ethnographe se voit par conséquent engagé, comme le rappelle à juste titre Vinciane Despret, dans un nécessaire exercice de traduction et de diplomatie :

> « Comment traduire pour nous ce qu'est le *metagu* des Ifaluk, la colère pour un Utku, l'*amae* pour un Japonais ; mais comment aussi traduire pour eux ce que nous cherchons, ce que nous appelons "émotion", et le sens que peut avoir pour nous, le sens que peut avoir pour eux, le fait que nous les interrogions ? Comment à la fois rendre compte de la singularité de leur savoir, et la rendre partageable pour ceux qui mandatent celui qui interroge. Comment trouver le juste équilibre entre ce qui est commun et ce qui paraît incommensurable, entre l'universalité qui réduit les différences et la multiplicité qui enferme les cultures dans l'exotisme et l'étrangeté ? » (2001 : 278-279).

Le figure de l'anthropologue se confond ici avec celle du diplomate, dont la mission consiste à « négocier les mondes possibles de partage » (*ibid.* : 281), à créer un *monde commun* où des sensibilités façonnées dans des univers distincts puissent se rencontrer.

Circonscrire un objet de recherche

Un second trait de l'approche anthropologique tient dans la singularité de son objet d'étude : la culture. Appliqué au domaine des émotions, cela signifie que l'anthropologie insiste sur la dimension potentiellement *partagée* de nos manières de ressentir, d'exprimer, de concevoir et de parler des émotions. L'accent est mis, d'une part, sur le *quoi* (des représentations, des mots, des comportements, …) et le *comment* (rituels, théâtre, médias, intimité, …) de ce partage émotionnel et, d'autre part, sur la diversité entre et au sein même des groupes culturels. La famille, le travail, l'école, les loisirs, la religion (…), pour prendre quelques exemples qui nous sont familiers, sont autant de « cultures émotionnelles », c'est-à-dire des lieux de socialisation de nos émotions. Les émotions, selon cette acception, ne sont « pas moins culturelles et pas plus privées que les croyances (…) [elles] ne sont pas des choses mais des *processus* qui demandent à être

compris en référence à des scenarios culturels et aux associations qu'ils évoquent. » (Rosaldo [1984]1997 : 141).
Je reviens plus loin sur cette idée, centrale, que les émotions « ne sont pas des choses mais des processus » à la lumière de la théorie des émotions construites (Barrett 2017). Voyons à présent comment peuvent être déclinés de tels « scénarios culturels » dans les manières de ressentir, d'exprimer, de parler et de catégoriser les émotions d'une culture à l'autre.

Ressentir et exprimer les émotions

DISPLAY RULES ET *FEELING RULES*

De tels « scénarios culturels » organisent et orientent ce qui est socialement attendu et désirable en termes de ressentis et d'expression émotionnelle. Marcel Mauss fit œuvre de pionnier, dès 1921, en mettant en évidence le caractère éminemment social de ce qu'il nomma « l'expression obligatoire des sentiments » :

> « Ce ne sont pas seulement les pleurs, mais toutes sortes d'expressions orales des sentiments qui sont essentiellement, non pas des phénomènes exclusivement psychologiques, ou physiologiques, mais des phénomènes sociaux, marqués éminemment du signe de la non-spontanéité, et de l'obligation la plus parfaite. » (1921 : 3)

Paul Ekman et Wallace Friesen (1969) contribuèrent à diffuser cette idée (sans toutefois mentionner Marcel Mauss) au sein des sciences affectives contemporaines avec la reconnaissance de différences culturelles dans ce qu'ils nommèrent les « normes d'expression » [*display rules*] des émotions, c'est-à-dire la reconnaissance d'une diversité culturelle dans les *circonstances* susceptibles de produire telle ou telle autre expression émotionnelle.

Dix ans plus tard, la sociologue américaine Arlie Hochschild (1979) allait montrer que de telles normes existent non seulement pour l'expression de émotions mais aussi pour leur ressenti. Elle les nomma « règles de sentiments » [*feeling rules*]. L'influence culturelle, pour le dire simplement, gagne ici en profondeur en s'instillant dans l'intimité du vécu émotionnel, lestant les « règles d'expression » d'une clause d'authenticité. Or, comme le rappelle fort justement Robert Solomon

(2006), ce qu'il nous est donné de ressentir est directement tributaire de ce que nous *devrions* ressentir, de ce que nous *aimerions* ressentir et de ce que nous nous *attendons* à ressentir. Les individus se voient par conséquent amenés à réguler leur expérience émotionnelle, à opérer ce que Hochschild (*ibid.*) appelle un « travail émotionnel » de manière à réduire la distance entre, d'une part, ce qu'ils ressentent effectivement et, d'autre part, les attentes culturelles et aspirations individuelles d'un idéal émotionnel. La temporalité jouerait, selon cette perspective, un rôle essentiel dans l'évolution de la régulation culturelle de l'expérience émotionnelle, que ce soit sur le long terme, comme par exemple dans le travail émotionnel effectué par des patients chroniques à travers leur cheminement avec la maladie (Lorig 1993), ou dans le feu de l'action, comme dans certaines situations extrêmes où la possibilité de régulation du comportement émotionnel semble directement contrainte par la temporalité de l'événement [7].

LES REGISTRES D'EXPRESSION ÉMOTIONNELLE

La situation se complexifie encore lorsqu'on prend en considération les différents registres d'expression émotionnelle. Comme en témoigne la remarquable étude du discours poétique chez les Bédouins arabes Awlad ʻAli par Abu-Lughod (2008), l'expression d'une émotion ne peut être appréhendée avec pour seule référence le contenu de ce qui est exprimé. L'expression d'un même ressenti émotionnel, comme par exemple la nostalgie d'une jeune épouse pour son mari absent, invite, pour celui qui en est témoin, à se montrer compatissant envers la jeune femme lorsqu'il est exprimé sous sa forme poétique [8] ou, au contraire, à fermement condamner l'atteinte au code de l'honneur et de la pudeur lorsqu'il est exprimé dans un discours ordinaire. Ainsi, le registre ou la forme d'expression d'une émotion invite à des interprétations différentes de ce qui est exprimé. Plusieurs registres peuvent par ailleurs être combinés au cours d'une même interaction ou dans une même situation. De nombreuses cultures, à titre d'exemple, ont recours

[7] Fray et al. (2010) soutiennent que les passagers du *Titanic*, qui a coulé en 2h40, ont eu un comportement émotionnel différent des passagers du *Lusitania* qui a coulé en 18'. Dans le premier cas, il semble qu'il y ait eu du temps pour une régulation culturelle de l'expérience émotionnelle, pas dans le second.

[8] Lorsque ce discours poétique est effectivement adressé aux personnes habilitées à le recevoir, c'est-à-dire, pour faire bref, les personnes du même sexe au statut social équivalent ou, exception notable, le prétendant dans le cadre d'une liaison amoureuse.

aux services de pleureuses lors de rites funéraires. Les pleureuses ne sont pas affectées par la mort du défunt de la même manière que les personnes endeuillées. Leurs pleurs ne peuvent toutefois pas être réduits à une simple performance théâtrale. Comme le suggèrent Marika Moisseeff et Michael Houseman (2020 : 163), ils correspondent à une « mutualisation des émotions », à savoir un comportement émotionnel prescrit susceptible de moduler l'intensité des expressions émotionnelles au cours de l'activité rituelle. Non pas, comme d'aucuns l'entendent depuis « l'effervescence collective » d'Émile Durkheim, une homogénéité des vécus émotionnels propres au rituel, mais plutôt une « orchestration rituelle du partage des émotions » (*ibid.* : 134).

Si l'on revient à l'expression de la nostalgie chez les Bédouins Awlad 'Ali, il semblerait, du moins à première vue, que le discours poétique soit le lieu d'une expression émotionnelle authentique et spontanée d'un « soi réel » face au discours ordinaire où se jouerait, *a contrario*, une mise en scène de soi régie par un code de la pudeur et de l'honneur particulièrement rigide. À y regarder de plus près, cependant, cette interprétation goffmanienne, comme le montre Abu-Lughod, passerait à côté ou sous-estimerait ce qui leur importe le plus, à savoir le respect des valeurs morales que sous-tend la conformité aux normes sociales d'expression des émotions. Pour un homme ou une femme Awlad 'Ali, ce qui se joue dans l'expression de la nostalgie n'est autre que « la substance même de la moralité personnelle » (*ibid.* : 321). En d'autres termes, l'adhésion aux règles d'expression émotionnelle ne serait pas régie par un simple souci de présentation de soi ou de conformité sociale mais par une quête de respectabilité où « l'intégration des vertus du code et l'amour-propre sont isomorphes. » (*ibid.*). La distinction tranchée entre authenticité du discours poétique et « attitude cynique » du discours ordinaire est également mise à mal par la forme « extrêmement conventionnelle et stéréotypée » de l'idiome poétique lui aussi contraint, et peut-être plus encore que le discours ordinaire, par la tradition : ses formes linguistiques [9] permettent ainsi aux personnes concernées de *voiler leurs sentiments* derrière le caractère impersonnel du poème.

---

[9] Usage des pronoms au pluriel, genre rarement indiqué, anonymat du poète et du destinataire du poème, dissimulation de la fin visée (ibid.).

L'existence même de divers registres d'expression émotionnelle [10], en introduisant du jeu dans la forme tout comme dans l'interprétation d'une émotion, en complexifie le contenu. L'opposition entre émotions authentiques et inauthentiques n'épuise pas les nombreuses nuances de ce qui est exprimé, ni la question de ce que ces formes d'expression font à la situation où elles sont mobilisées. Je reviens sur cette dimension performative de l'expression émotionnelle dans la dernière partie de ce chapitre. Retenons, en attendant, qu'il n'existe pas de rapport direct entre une émotion et son expression. Celle-ci est toujours prise dans une forme et médiée par des représentations et des valeurs dont la teneur et la richesse varient en fonction des idiomes disponibles de l'émotion.

Parler des émotions

Si la culture est à même de moduler les ressentis individuels ainsi que les formes et circonstances de leur expression, son influence se fait pleinement ressentir dans lesdits *idiomes* émotionnels, à savoir les manières de catégoriser, comprendre et parler des émotions. D'une culture à l'autre, certaines émotions peuvent jouir d'un discours élaboré tandis que d'autres auront du mal à être discriminées et catégorisées. On parlera alors, respectivement, d'émotion *hyper-* et *hypocognized* (Levy 1973). Dans notre société, la « colère » peut très certainement être qualifiée d'émotion *hypercognized* dans la mesure où nombre de théories psychanalytiques, psycho- et neuropsychologiques, mais aussi sociologiques ou encore spirituelles (par exemple d'inspiration New-Age) nous en expliquent la nature, les effets (sur le corps, sur les pensées, sur les autres) et ce qu'il faudrait en faire (règles d'expression, de sentiment et régulation émotionnelle). N'est-elle pas par ailleurs déclinée et exploitée à souhait par l'industrie du divertissement [11] tout comme du développement personnel (Marquis 2014), sans compter la préoccupation dont elle fait l'objet dans l'éducation émotionnelle de

---

[10] À titre d'exemples, mentionnons les formes d'expression émotionnelle poétique, musicale, théâtrale, rituelle, ludique, etc.

[11] Plusieurs figures de super-héros contemporains telles que Batman, The Punisher ou Wolverine ne sont-elles pas construites sur la colère vengeresse, salvatrice, voire transcendantale ?

nos bambins, que ce soit à l'école ou dans les familles [12]. À l'inverse, certaines émotions *hypocognized* ont du mal à être articulées dans un discours élaboré. Certaines cultures n'ont d'ailleurs pas de mot pour les désigner. C'est le cas, devenu emblématique, de la « tristesse » chez les tahitiens (Levy 1973) qui n'auraient pas de terme pour désigner les sentiments conséquents à la perte ou au départ d'un être cher. Ils utiliseront des expressions non spécifiques renvoyant d'abord à un désordre physiologique telles que « se sentir troublé », « ne pas se sentir d'enthousiasme (*inner push*) », « se sentir lourd ou fatigué ». Levy voyait dans l'absence d'un idiome (ou « doctrine ») de la tristesse chez les tahitiens – c'est-à-dire l'impossibilité de mettre en mots, voire en idées ce type d'expérience - une cause possible du haut taux de suicide dans cette population. Je reviens plus loin sur les rapports entre le mot et la chose dans le domaine des émotions à la lumière de la théorie des émotions construites.

Si certains discours ou « doctrines » émotionnelles s'avèrent plus ou moins élaborés d'une culture à l'autre, certains termes émotionnels sont spécifiques à certaines cultures. À titre d'exemple, les Utku, une population Inuit étudiée par Jean Briggs (1971) dans son remarquable ouvrage « Never in anger », possèdent de nombreux mots pour dénoter l'affection. J'en reprends ici trois à titre d'exemple.
Unga désigne le désir d'être avec un être aimé et n'est utilisé qu'au sein de la famille étendue, et le plus souvent entre parents et enfants. On dira d'un enfant qui rejoint la couche de ses parents la nuit qu'il a ressenti de l'*unga*. *Niviuq* renvoie au désir d'embrasser et de toucher un être aimé. Généralement, ce sentiment est inspiré par des bébés ainsi que des enfants et des animaux en bas âge. Il semblerait que la « petitesse » soit une caractéristique des personnes et autres êtres vivants (voire certains objets inanimés) qui inspirent cette émotion. Un enfant peut faire en sorte de susciter ce sentiment par des visages attendrissants, par exemple, mais il perdra cette qualité en grandissant. *Naklik*, par contre, traduit un désir de « protection », comme vouloir nourrir quelqu'un qui a faim, réchauffer quelqu'un qui a froid, protéger quelqu'un qui est face à un danger physique. L'émotion *naklik* est, chez les Utku, souvent évoquée lorsqu'elle fait défaut, comme par exemple pour décrire des

[12] Ajoutons à cela la dilution médiatique de la notion de colère. À lire les journaux, aujourd'hui, pour un oui ou pour un non, les « gens sont en colère » (commentaire personnel de Joël Candau).

comportements « antisociaux » - dont le pire serait la perte de sang-froid. Elle correspond à une valeur « universelle » pour les Inuits, applicable à tout le monde sans exception. Chacun est d'ailleurs jugé et apprécié à l'aune de sa capacité à démontrer du *naklik*. Les enfants sont censés développer ce sentiment en grandissant, semble-t-il parallèlement à l'acquisition d'*inhuma,* la maturité, qui s'exprime notamment dans le contrôle des émotions, et en particulier de la colère.
La retenue dans l'expression de sentiments perçus comme négatifs – tels que la tristesse chez les Utku – peut également être une preuve de *naklik* envers les êtres aimés : l'insistance à affirmer que « tout va bien », se retenir de pleurer devant un être cher qui quitte la famille (…) sont autant de manières de le préserver de ressentir de la tristesse.
Est-on capable, en tant qu'occidentaux, de ressentir les émotions de *unga*, de *niviuq* ou de *naklik* ? Pour Briggs, l'assimilation des concepts *et* de leur ressenti affectif ne peut se faire que par immersion dans la culture Utku, ainsi qu'à travers l'évocation et la combinaison de concepts émotionnels propres à *sa* culture affective, en l'occurrence, la culture américaine. Briggs dit avoir éprouvé beaucoup de difficultés non pas à comprendre, mais à ressentir et exprimer du *naklik*, une émotion peu cultivée dans sa culture d'origine. La combinaison conceptuelle est un puissant outil pour l'apprentissage émotionnel, mais elle reste bien moins efficace que d'avoir *un* mot pour nommer une émotion particulière. En bref, si on n'a pas besoin d'un terme émotionnel pour construire une instance de cette émotion, c'est plus facile si on en a un.
Ce qui nous amène à nous interroger, au-delà du vocabulaire et de l'idiome émotionnel, sur la manière dont nous catégorisons les émotions. Un détour par les neurosciences affectives contemporaines s'avère ici particulièrement éclairant.

Catégoriser les émotions

Les concepts, on le sait, sont indispensables pour catégoriser, percevoir et communiquer à propos du monde. Il en va de même pour les concepts émotionnels. Comme le suggère Lisa Feldman Barrett (2017), les concepts émotionnels gagneraient à être appréhendés comme des prototypes. Si je reprends l'exemple de la tristesse, je peux mobiliser ce prototype émotionnel en différentes occasions pour exprimer et/ou faire sens de ce que je ressens, par exemple à la suite du départ d'un être cher, d'une rupture amoureuse, d'un examen raté… La tristesse comme prototype me permet d'identifier des régularités ou ressemblances en fonction de *ce qui se joue* ici et maintenant dans la situation où je ressens de la « tristesse ». C'est pour cette raison que Lisa Barrett définit les émotions comme des « concepts orientés vers un but » (*goal-based concepts*) (*ibid.* : 90-94) Selon cette acception [13], les concepts émotionnels ne sont ni des entités statiques, ni des choses dans le monde, mais des *catégories* changeantes en fonction des contextes et situations, et notamment en fonction des buts poursuivis dans telle ou telle autre circonstance [14]. La variation réside également dans la manière d'exprimer un même concept émotionnel. Comme l'illustre Lisa Barrett à propos de la joie (*happiness*) :

> « Tu peux sourire de bonheur, sangloter de bonheur, crier de bonheur, lever les bras de bonheur, serrer les poings de bonheur, sauter de haut en bas en distribuant des « take five », ou même rester immobile, stupéfait de bonheur. Tes yeux peuvent être grand ouverts ou fermés, ta respiration rapide ou lente. Tu peux avoir le cœur qui bat la chamade, comme dans le bonheur de gagner à la loterie, ou vivre un bonheur calme étendu sur la natte d'un pique-nique avec ton amoureux (…) » (*ibid.* : 92, ma traduction).

[13] Cette conception est très proche de ce que le psychologue Richard Lazarus appelle, dès 1991, les schèmes relationnels de base (*core relationnal schemes*) des émotions.

[14] J'entends par « *catégorie* changeante » l'existence de variations dans l'écart vis-à-vis d'un prototype émotionnel. Si, par exemple, la « colère » est la catégorie émotionnelle prototypique, certaines situations vont provoquer chez nous de la rage, d'autres de l'exaspération, d'autres encore de l'animosité, du mécontentement, etc.

Malgré leurs différentes circonstances et formes d'expressions, les catégories émotionnelles de « tristesse » ou de « joie », par exemple, présentent de nombreuses variations tout en renvoyant à une catégorie émotionnelle prototypique. D'après Lisa Barrett, ces catégories seraient le fruit d'un apprentissage statistique (*statistical learning*), c'est-à-dire qu'elles seraient issues de notre capacité d'extraire des *patterns*, des *régularités* de notre environnement [15]. Une singularité de l'apprentissage émotionnel se doit toutefois d'être soulignée : ces probabilités portent sur la cooccurrence entre des événements extérieurs (des situations) et des événements intérieurs (des sensations intéroceptives, des images mentales). Notre cerveau apprendrait à classer un « océan de sensations vagues » en combinaisons (plus ou moins) régulières ou *patterns*. Et parmi ces régularités dignes d'intérêt, il y a les intentions (buts) et les émotions des gens autour de nous. D'où l'importance cruciale des concepts…Et des *mots !* Les mots *invitent* les enfants à former des concepts, préférentiellement lorsque les adultes s'adressent à eux avec une intention pédagogique (Gergely et Csibra 2005). Les mots, pour reprendre la métaphore de Lisa Barrett, agissent à l'instar d'une « *colle mentale pour concepts* » (*a mental glue for concepts*), encourageant les enfants (et les adultes) à rechercher des similarités au-delà des propriétés sensibles des objets, personnes et situations. Les mots confèrent à notre espèce un avantage non-négligeable vis-à-vis d'autres espèces qui n'ont pas accès au langage verbal : à partir d'un simple flux de sons, un mot est intégré dans les régularités de l'environnement pour former (et donc créer) des associations avec certains objets du monde à partir de *similarités mentales* et plus seulement physiques. Les mots permettent d'attribuer des propriétés/similarités « psychologiques » (et pas seulement physiques) à des objets, c'est-à-dire des régularités *qui ne peuvent être directement discernées par les sens.* Prenons comme exemple le concept « danger » ou « dangereux ». Un petit enfant apprend que des situations, des objets, des personnes, des animaux partagent une caractéristique « mentale » qui n'est pas (toujours) directement perceptible par les sens : ils sont « dangereux ». La similarité entre ces situations, objets, personnes et animaux est mise en évidence par le concept de « danger », traduit en l'occurrence dans un mot et ses

[15] Cette hypothèse est, faut-il le souligner, très différente de celle de la théorie des émotions de base qui postule qu'au moins six émotions relèveraient d'un héritage phylogénétique et, par conséquent, ne nécessiteraient aucun apprentissage culturel (Ekman 1992).

nombreuses déclinaisons. Dans cet exemple, l'acquisition du concept est indissociable non seulement de ses contextes d'acquisition, mais également des modalités d'engagement dans le monde qu'il implique, en l'occurrence ne pas prendre le couteau sur la table, ne pas s'approcher du chien, ne pas suivre cet inconnu… Le concept est à la fois associé à des situations et contextes (il est *embedded*) et littéralement incorporé (*embodied*) dans des actions et interactions, le plus souvent accompagnées de mots. C'est de cette manière que se construit une réalité sociale, c'est-à-dire que deux puis plusieurs personnes en viennent à partager une perception, compréhension et des sentiments similaires à l'égard d'une entité mentale, la dangerosité, qui *devient* leur réalité émotionnelle.

Le partage de concepts émotionnels au sein d'une population produit ce que Lisa Barrett appelle des « niches affectives », que nous pourrions traduire par « cultures émotionnelles » ou « cultures affectives ». En grandissant, les enfants en viennent à former un (plus ou moins large) système conceptuel pour les catégories émotionnelles, beaucoup d'entre elles ancrées par les mots qui nomment ces concepts. En bref, comme le formule Lisa Barrett avec la clarté qui la caractérise : une catégorie est une collection d'objets, d'événements ou d'actions regroupés ensemble comme équivalents à certaines fins ; un concept est la représentation mentale d'une catégorie et un mot le moyen de nommer un concept (*ibid.* : 87 *et suiv.*). Un point central de la théorie des émotions construites est que la régularité statistique des émotions au sein d'une culture émotionnelle proviendrait des mots eux-mêmes ! Ou, pour être plus précis, des pratiques et contextes dans lesquels ils sont effectivement mobilisés[16].

[16] Gardons toutefois à l'esprit que de nombreux concepts sont formés *sans* l'aide de mots. Le concept de « danger », par exemple, peut être transmis à un petit enfant par une expression faciale, vocale et/ou corporelle. Il peut également être acquis par confrontation directe avec la source du danger, comme se retrouver nez à nez avec un chien qui grogne en montrant les dents. L'existence d'un terme émotionnel n'est pas nécessaire à l'acquisition d'un concept émotionnel, mais il en *facilite* le partage tout en indexant des traits ou propriétés des objets, situations et personnes qui ne seraient pas directement repérables par nos sens.

Ce qui se joue émotionnellement

Nous sommes à présent mieux équipés conceptuellement pour proposer une définition anthropologique des émotions. Nous avons vu que notre manière de ressentir, d'exprimer, de parler et de catégoriser nos émotions [17] font l'objet d'une profonde *modulation culturelle*. Au moins deux leçons peuvent être tirées d'un tel constat. La première est que l'unité d'analyse pertinente pour une approche anthropologique des émotions n'est pas l'émotion en elle-même, mais la *situation émotionnelle* où elle se manifeste. Le contexte, pour faire court, est *constitutif* de l'expérience émotionnelle, c'est pourquoi les anthropologues considèrent d'abord les émotions *in situ* et dans la « vie réelle » [18]. La seconde leçon est, qu'à l'instar des actes de langage (Austin 1970), les émotions non seulement *disent* quelque chose de notre rapport au monde, « dans un langage d'avant les mots » [19], mais elles *font* quelque chose au monde en suscitant des réponses, des interprétations ainsi que, j'y reviendrai, des formes de « négociations » émotionnelles (Despret 2001). On retrouve ici, respectivement, les dimensions ou contenus sémantiques et pragmatiques de tout acte de langage. Le contenu sémantique de l'émotion renvoie à son sens, à ce qu'elle exprime [20], comme par exemple de la colère ou du désespoir. Quant au contenu pragmatique, il peut être décomposé entre ce que *je* fais – consciemment ou inconsciemment, implicitement ou explicitement – lorsque j'exprime de la colère ou du désespoir [21], comme par exemple interpeller, surprendre, interroger, mettre en garde, etc., et ce que mon émotion produit comme effet *chez autrui* au-delà de son expression [22], comme par exemple une prise de conscience, de l'empathie ou de l'hostilité à mon égard…En bref, une approche anthropologique des émotions porte sur *ce qui se joue émotionnellement dans une situation.*

---

[17] Ou du moins bon nombre d'entre elles…

[18] J'entends par là ce que les anglo-saxons nomment « *real life situations* », par contraste avec l'étude des émotions au travers de dispositifs expérimentaux.

[19] Jean-Claude Amezen, émission radio Sur les épaules de Darwin (26/11/2016).

[20] On parle alors de dimension « locutoire » du langage ou de l'émotion.

[21] On parle de dimension « illocutoire » du langage ou de l'émotion.

[22] On parle de dimension « perlocutoire » du langage ou de l'émotion.

Une émotion, selon cette perspective, peut être définie comme une *modalité d'engagement* dans le monde, tant au niveau sémantique que pragmatique [23]. D'un point de vue sémantique, les émotions agissent tels des « échos radars » de nos « jugements de valeurs », entendus ici comme des moyens d'explorer le terrain de ce qui nous importe (Livet 2002: 9), de ce qui compte pour nous, de ce dans quoi nous sommes pris affectivement. Dans un vocabulaire plus anthropologique, elles « manifestent l'état, la teneur et la tonalité d'une relation, et cela aussi bien pour autrui (dont l'anthropologue) que pour soi-même » (Bonhomme 2018: 135), c'est-à-dire la manière dont je suis affecté par le monde [24].

D'un point de vue pragmatique, l'engagement émotionnel s'exprime sous la forme de « révision » des dispositions, représentations et/ou des actions des personnes impliquées dans une situation émotionnelle (Livet 2002). Cette dimension *performative* des émotions a bien été mise en évidence en anthropologie des émotions, qui préfère quant à elle parler de *négociation* (Despret 2002). « Négocier », dans ce cas de figure, désigne la manière dont la manifestation d'une émotion affecte et, potentiellement, transforme la situation émotionnelle. On peut en effet être touché par l'émotion de l'autre, on peut s'en irriter, en être fier ou s'y identifier, etc., ce qui nous amène à réviser notre attitude et réorienter notre comportement envers autrui. C'est dans ce sens que l'émotion transforme la situation, qu'elle induit un processus de négociation *en réponse* à une manifestation émotionnelle. Ces

---

[23] Comme le rappelle Bogdanka Pavelin, les dimensions sémantiques et pragmatiques du langage sont « foncièrement imbriquées » (2001 : 116). Leur distinction reste cependant pertinente en termes analytiques.

[24] L'usage du terme « relation », qu'illustre parfaitement l'exemple donné par Julien Bonhomme, réfère à une relation virtuelle entre le consultant et un sorcier potentiel au cours du rite initiatique du *Bwete Misoko*, relation que le dispositif divinatoire « actualise » ou « réalise » à travers les pleurs du consultant. Le terme « relation », lorsqu'il est question d'émotions, ne peut toutefois être restreint aux seules relations interpersonnelles, qu'il s'agisse d'une personne ou de tout être doté d'une forme d'intentionnalité. Il demande à être entendu dans son sens le plus large d' « être en rapport avec » (CNRTL) et à inclure des entités plus abstraites telles que des objets, des institutions, des désirs, des valeurs ou normes, ou encore… des émotions. À titre d'exemple, je peux être submergé par une émotion intense face à un tableau de Van Gogh ou à la lecture d'une poésie, me sentir honteux de céder à la gourmandise (même si jamais personne n'en saura jamais rien), être irrité par mon incapacité à faire preuve de patience dans les tâches manuelles ou désespéré face à une crise sanitaire qui s'éternise ou encore attristé par la souffrance des habitants de pays qui manquent cruellement d'infrastructure pour y faire face, etc.

négociations portent autant sur les vécus émotionnels individuels que sur les conséquences ou effets engendrés par leur expression, et prennent (toujours) place en référence à un collectif, « non pas comme une adaptation obéissante à des règles qui transcendent [l'individu], mais par les contraintes qu'il reconnaît, qu'il accepte ou qu'il transgresse (…) » (*Ibid.* : 302). Il s'agit non pas, en l'occurrence, d'une « adaptation d'un soi singulier au social » [25], mais plutôt d'une « négociation de soi et des relations [aux autres] » (*ibid.*). Que serait mon émotion et celle de mon interlocuteur sans ce qu'il perçoit de mon ressenti et sans ce que je perçois du sien ? Comment décrire ce qui se joue émotionnellement sans prendre en compte son influence sur ce que je ressens et la manière dont je l'exprime et sans mon influence sur ce qu'il ressent et la manière dont il l'exprime ?

[25] Comme cela est présenté dans de nombreuses approches fonctionnalistes en sciences sociales…

Conclusion

À l'issue de ce rapide survol d'*une* approche anthropologique des émotions – celle que je me suis forgée au cours des dernières années –, la notion de *construction des émotions* prend ici tout son sens. Il ne s'agit pas de nier les déterminants biologiques de l'émotion : *Sapiens*, au même titre que d'autres animaux sociaux, a bénéficié des émotions comme outil adaptatif indispensable à sa survie en tant qu'espèce (Darwin 1872, Denton 2005). L'approche anthropologique des émotions présentée dans ce chapitre insiste quant à elle sur l'idée qu'une émotion, quelle que soit la part d'innéité des mécanismes biologiques qui la sous-tendent, se construit toujours, ne fût-ce qu'en partie, dans l'instant, en situation, au moment où les choses se passent. « *On the spot* », comme disent les anglo-saxons. Je veux dire par là que l'émotion n'est pas une simple *réaction* à une situation, résultant d'un héritage phylogénétique et/ou d'un apprentissage culturel, elle est toujours une élaboration *in situ*, elle est une *potentialité*, un acte créatif potentiellement disruptif susceptible de se transformer et de transformer la situation où elle s'exprime. L'émotion est à la fois la manifestation d'une réponse subjective à un état du monde – une « signification incarnée » (Rosaldo 1984) – et un *trigger* ou une commande adressée à autrui, comme l'avait bien compris Gregory Bateson (Servais 2007). La culture, selon cette conception, est à même d'orienter, cultiver et moduler nos manières de ressentir, d'exprimer, de parler et de catégoriser nos émotions. Elle n'est donc pas une sixième dimension de l'approche par composantes, mais une dimension *transversale* susceptible de marquer de son empreinte chacune des composantes ainsi que leur agencement toujours singulier dans les situations où elles surgissent.

Remerciements : Je remercie chaleureusement Joël Candau pour sa lecture attentive d'une première version de ce chapitre.

Bibliographie

Abu-Lughod, L. [1999] 2008, *Sentiments voilés*, Paris, Les empêcheurs de penser en rond.

Austin, J., [1962]1970, *Quand dire c'est faire*, Paris, Le Seuil.

Barrett, L.F., 2017, *How emotions are made? The secret Life of the Brain,* New-York, MacMillan.

Bonhomme, J., 2008, « Des pleurs et des coups. Affects et relations dans l'initiation au *Bwete Misoko (Gabon)* », *Systèmes de pensée en Afrique Noire,* 18, pp. 113-163.

Briggs, J., 1971, *Never in Anger. Portrait of an Eskimo Family*, Harvard, Harvard University Press.

Darwin, C., 1872, *The Expression of the Emotions in Man and Animals*, London, John Murray.

Daston L. & Galison, P., 2012, *Objectivité,* Paris, Les presses du réel.

Denton, D., 2005, *Les émotions primordiales et l'éveil de la conscience,* Paris, Flammarion.

Despret, V., 2001, *Ces émotions qui nous fabriquent. Ethnopsychologie des émotions*, Paris, Les empêcheurs de penser en rond.

Ekman, P., 1992, "Facial expressions of emotion: New findings, new questions", *Psychological Science*, 3, pp. 34-38.

Ekman, P. & Friesen, W., 1969, "The repertoire of nonverbal behavior: Categories, origins, usage, and coding", *Semiotica,* 1, pp. 49-98.

Evans-Pritchard, E.E., 1956, *Nuer religion,* Oxford, Clarendon Press.

Favret-Saada, J., [1977]1999. *Les mots, la mort, les sorts*, Paris, Gallimard.

Frey, B.S., Savage, D.A. & Torgler, B., 2010, "Interaction of natural survival instincts and internalized social norms exploring the Titanic and Lusitania disasters", *PNAS,* 107(11), pp. 4892-4865.

Gergely, G. & Csibra, G., 2005, "The social construction of the cultural mind. Imitative learning as a mechanism of human pedagogy", *Interaction* studies, 6(3), pp. 463-481.

Halloy, A., 2016, "Full Participation and Ethnographic Reflexivity. An Afro-Brazilian Case Study", *Journal for the Study of Religious Experience,* 2, pp. 7-24.

Hochschild, A.R., 1979, "Emotion Work, Feeling Rules, and Social Structure", *American Journal of Sociology*, 85(3), pp. 551-575.

Lazarus, R.S., 1991, *Emotion and adaptation*, Oxford, Oxford University Press.

Leavitt, J., 1996, "Meaning and Feeling in the Anthropology of Emotions", *American Ethnologist*, 23(3), pp. 514-539.

Levy, R.I., 1973, *Tahitians: Mind and Experience in the Society Islands*, Chicago, Chicago, University of Chicago Press.

Lindholm, C., 2005, "An Anthropology of Emotion", in Casey, C. & Edgerton, R.B. (eds), A *Companion to Psychological Anthropology.*

Livet, P., 2002, *Emotions et rationalité morale*, Paris, PUF.
Lorig, K., 1993, "Self-management of chronic illness: a model for the future", *Generations*, 17, pp. 11-16.
Lutz, C. & White, G.M., 1986, "The Anthropology of Emotions", *Annual Review of Anthropology*, 15, pp. 405-436.
Marquis, N., 2014, *Du bien-être au marché du malaise. La société du développement personnel,* Paris, PUF.
Mauss, M., 1921, « L'expression obligatoire des sentiments (rituels oraux funéraires australiens) », *Journal de psychologie*, 18, pp. 425-434.
Moisseeff, M. et Houseman, M. 2020, « L'orchestration rituelle du partage des émotions et ses ressorts interactionnels », in Kaufmann L. et Quéré, L. (dir.), *Les émotions collectives. En quête d'un « objet » impossible,* Paris, Editions EHESS.
Needham, R., 1972, *Belief, language, and experience,* Oxford, Basil Blackwell.
Pavelin, B., 2001, « Actes locutoires, illocutoires et perlocutoires », *Studia romanica et anglica zagrabiensia*, 45-46, pp. 109-117.
Rosaldo, M., 1984, "Toward an anthropology of self and feeling", in Shweder, R.A. & LeVine, R.A., *Culture Theory. Essays on Mind, Self, and Emotions,* Cambridge, Cambridge University Press.
Russell, J., 1980, "A circumplex model of affect", *Journal of Personality and Social Psychology,* 39, pp. 1161-1178.
Sander, D, Grandjean, D., et Scherer, K.R., 2018, "An Appraisal-Driven Componential Approach to the Emotional Brain", *Emotion Review,* 10(3), pp. 219-231.
Scherer, K. R., 1984, "On the nature and function of emotion: A component process approach", in: Scherer K.R. & Ekman, P. (Eds.), *Approaches to emotion*, Hillsdale, Lawrence Erlbaum Associates, pp. 293-317.
Servais, V., 2007, "The report and the command. The case for a relational perspective in the study of human and animal communication", *Intellectica*, 2-3(46-47), pp. 85-104.

Tenir compte des émotions et en générer : un enjeu pour l'enseignement des sciences ?

Estelle BLANQUET [1]

L'enseignement est, par sa nature même, riche de moments de découverte de concepts nouveaux. Ceux-ci peuvent s'accompagner d'émotions intenses. En sciences, en particulier, la remise en cause des systèmes explicatifs, voire des certitudes, à propos de phénomènes qu'on croyait bien connaître déclenche même parfois des réactions de malaise et de colère. Les enseignants de biologie l'observent régulièrement lorsqu'ils abordent par exemple la théorie de l'évolution. Même la physique n'est pas exempte d'éléments sensibles. Ainsi, on observe encore aujourd'hui des cicatrices émotionnelles de conflits parfois très anciens comme, quatre siècles et demi après Copernic, la querelle de l'héliocentrisme.

« *Évidemment, c'est la Terre qui tourne autour du Soleil et non l'inverse* » répondent la quasi-totalité des personnes interrogées sur cette question [2] dans un monde occidental largement dominé par le paradigme copernicien. Remettre en question cette apparente évidence, c'est les toucher profondément. Les démarches d'investigation qui travaillent le principe de relativité [3] peuvent donc donner lieu à l'expression d'émotions très vives, parfois même à un blocage et un rejet des conclusions logiques inévitables que le meneur de jeu souhaite amener : la description du mouvement dépend du référentiel choisi et tous les référentiels sont légitimes.
Le dépassement d'un tel préjugé pré-galiléen passe en effet par un processus cognitif complexe, et encore assez mal compris, un « pas de

---

[1] Cet article a été publié pour la première fois sous le titre « La Démarche d'investigation, un générateur d'émotions », dans les actes *Les Émotions,* collection Sciences et Fictions à Peyresq, U. Bellagamba, E. Blanquet, É. Picholle & D. Tron (dir.), éditions du Somnium, 2018, pp. 123-135.

[2] Blanquet, E. & Picholle, É. (2018). Démarche d'investigation, pédagogie frontale et principe d'autorité : l'exemple du système héliocentrique. *In Recherches en Éducation,* n° 34, pp. 62-74. Dossier *Éducation scientifique et émancipation,* dir. Denise Orange. Accessible en ligne :
http://www.recherches-en-education.net/spip.php?article381

[3] Même au sens de la relativité galiléenne, près de quatre siècles encore après Galilée...

côté » permettant de remettre en cause des idées rarement interrogées. Or provoquer chez leurs lecteurs un tel pas de côté pour les faire réfléchir à des idées qui, dans un contexte familier, seraient trop choquantes pour pouvoir être abordées de façon rationnelle est l'un des jeux favoris de beaucoup d'auteurs de science-fiction. Pour y parvenir, ils ont développé diverses stratégies narratives tirant parti de processus cognitifs spécifiques comme la distanciation et le dépaysement [4].

Celles-ci peuvent-elles s'appliquer à l'enseignement des sciences et contribuer, en réduisant l'émergence d'émotions déclenchant leur rejet, à l'acceptation de concepts pour lesquels le paradigme dominant est un obstacle ?

I. La démarche d'investigation, une approche pour l'enseignement des sciences

La démarche d'investigation est l'approche de l'enseignement des sciences recommandée depuis 2002 par les programmes français de l'école primaire. Elle est désormais utilisée plus largement, y compris pour l'enseignement des sciences au collège et au lycée. C'est avant tout une façon d'induire le questionnement et de le laisser se développer, spontanément mais dans un cadre soigneusement chorégraphié, en encourageant tout à la fois la discussion entre pairs, pour élaborer les réponses, et le recours aussi systématique que possible à l'expérience pour éprouver les réponses des uns et des autres. Le meneur de jeu se fait donc guide et accoucheur, plutôt que figure d'autorité détentrice du savoir [5].

---

[4] Darko Suvin, *Pour une poétique de la science-fiction*, Presses Un. Québec, 1977 ; Irène Langlet, *La Science-fiction. Lecture et poétique d'un genre littéraire,* Paris, Armand Colin éd., 2006.

[5] Estelle Blanquet, La Construction de critères de scientificité pour la démarche d'investigation : une approche pragmatique pour l'enseignement de la physique à l'école primaire, thèse de doctorat, Univ. Nice & Genève, 2014, p. 120. Accessible en ligne : https://archive-ouverte.unige.ch/unige:42783

Le déroulement d'une démarche d'investigation (DI) consiste typiquement en une situation de départ intrigante, un questionnement provoqué par la situation de départ, une émission d'idées, d'hypothèses, plusieurs expérimentations pour les tester, une mise en commun des résultats et pour finir l'élaboration d'une réponse.
Le meneur de jeu encourage l'émergence de questions et la recherche de réponses en groupe de travail, avec le matériel disponible.

La situation initiale a pour objectif de soulever des interrogations et de motiver la recherche, typiquement en suscitant le désir de comprendre le phénomène ou en mettant en évidence des désaccords sur son explication. Après un lancement réussi, le rôle du meneur de jeu consiste à réguler les activités de réflexion au sein de chaque groupe, à « titiller » les affirmations trop vite lancées ou les expérimentations trop approximatives. Une démarche d'investigation s'achève le plus souvent par un retour collectif sur les résultats de chacun et la formulation d'une réponse commune.

Pour le didacticien des sciences, une DI efficace est avant tout celle qui permet aux participants d'acquérir de nouvelles connaissances notionnelles ou méthodologiques, les émotions dégagées par cette approche étant souvent utilisées pour motiver l'apprentissage.

II. La DI, un générateur d'émotions positives ?

« *Ça s'est bien passé, les enfants ont aimé* » est l'un des retours les plus fréquents des enseignants soulagés après avoir mis en place pour la première fois une démarche d'investigation, correctement chorégraphiée, dans leur classe. « *Formidable, mais qu'ont-ils appris ?* » demande inévitablement le formateur rabat-joie. Au-delà de la caricature facile, la capacité des élèves à s'impliquer dans le travail donné contribue à la réussite d'un apprentissage. Une DI bien conçue fait donc la part du plaisir. Pour cela, elle peut viser à susciter l'émerveillement ou un effet de surprise. Au cours du travail en groupe, l'émulation peut déclencher des discussions animées où la conviction des uns se frotte à celle des autres et où l'excitation de savoir qui a raison motive la mise en place de l'expérimentation. Lors des nombreuses phases d'essais-erreurs, les participants vont passer de l'éclat de rire provoqué par la tentative qui rate et éclabousse tout le groupe à la frustration d'un montage qui se désagrège ou se grippe, en passant par la fierté d'avoir construit une machine qui répond à leurs attentes... quitte à jeter un coup d'œil par-dessus l'épaule du groupe voisin pour emprunter quelques solutions prometteuses.

Vivre une démarche d'investigation suscite donc de nombreuses émotions positives chez les participants ; mais d'autres également, qui le sont moins. Certains individus timides peuvent ne pas oser s'exprimer ; d'autres se mettent en position d'observateur plutôt que d'acteur ou se laissent déborder par quelques membres du groupe qui ont préempté le matériel ; d'autres encore, anxieux, préféreraient qu'on leur fournisse la bonne réponse plutôt que d'avoir à la chercher ; les moments de discussion et de réalisation des expériences peuvent créer des conflits, des participants peuvent être frustrés que leurs idées n'aient pas été écoutées, la présentation des résultats par un membre du groupe peut susciter une inquiétude liée à la prise de parole devant toute la classe. Le rôle du meneur de jeu dans ces moments délicats est crucial : à lui d'aider chacun à se sentir à l'aise, de percevoir les tensions et de contribuer à les aplanir.

D'une façon générale, il doit être très attentif aux émotions individuelles et collectives, afin de les canaliser au besoin. La plupart des réactions, même si elles s'avèrent parfois plus fortes que dans d'autres types d'enseignements (*e. g.* exclamation de plaisir et ou surprise dans la classe), se maintiennent dans le cadre de ce qu'un enseignant est habitué à gérer dans une classe. Nous qualifierons de « normales » les DI qui génèrent ce type d'émotions : elles remettent en cause les idées préconçues, les conceptions initiales des participants et les éventuelles reconfigurations de leur système explicatif qu'elles peuvent imposer se réalisent sans trop de douleur, dans un environnement propice avec des situations conçues pour y contribuer.

Mais il arrive qu'une DI génère un trop-plein d'émotions, jusqu'à ce que celles-ci deviennent un obstacle à l'apprentissage.

III. Paradigme dominant et physique contemporaine : le choc des idées

Revenons plus en détail sur la thématique de la relativité du mouvement, et plus spécifiquement de la supposée vérité du modèle héliocentrique. L'appropriation de la notion de relativité du mouvement n'est pas aussi simple que sa notoriété pourrait le suggérer. Des exemples utilisés pour ancrer la notion sont le mouvement relatif de deux personnes assises l'une dans un train, l'autre sur le quai ; ou d'un enfant installé sur un tourniquet et de sa mère assise sur un banc ; ou encore, pour montrer l'universalité du concept, un exemple tiré de l'astronomie, la description du mouvement de Mars ou de Vénus par rapport au Soleil et à la Terre. Il n'y a pas *une* description unique du mouvement ou plutôt, il est nécessaire de préciser un observateur, un référentiel pour décrire un mouvement de façon non ambiguë. Cette description dépend du référentiel, de l'observateur choisi. On pourrait même résumer le principe de relativité par l'égale légitimité de principe de tous les référentiels (pour autant, tous ne sont pas équivalents ; en particulier, telle loi pourra admettre une formulation particulièrement simple et élégante dans un certain référentiel et apparaître affreusement compliquée dans un autre — et vice versa pour un autre calcul…).

La lecture du précédent paragraphe n'a *a priori* rien de choquant. Mais lorsqu'on demande à des lycéens, des étudiants ou des adultes de réagir à l'affirmation d'une personne qui, après avoir observé le déplacement des ombres d'un bâton sur le sol au cours d'une journée, affirme que « le Soleil tourne autour de la Terre en vingt-quatre heures », les réactions sont quasi-unanimes : c'est la Terre qui tourne sur elle-même et autour du Soleil *et non l'inverse*. Exceptionnelles sont les réponses mobilisant la notion de relativité du mouvement ; même lorsque celle-ci est citée, une part importante des réponses invoque un référentiel privilégié. Or, en science, une loi, un concept ou un principe n'acceptent aucune exception dans la limite de leur champ d'application.

Plus troublant encore : lorsqu'on sonde des étudiants sortant de Terminale scientifique en introduisant cette question dans un questionnaire plus étendu, il apparaît qu'ils connaissent et acceptent par ailleurs la notion de relativité du mouvement dans son expression canonique et sont capables de l'appliquer dans l'exemple classique du tourniquet. La situation Terre/Soleil aurait alors valeur d'exception. Ou, plutôt, tout se passe comme si, dans ce cas particulier, une intense pression paradigmatique [6, 7, 8] conduisait les personnes interrogées à donner la primauté à l'autorité du paradigme copernicien dominant et balayait ce qu'ils ont appris, déconnectant leur esprit critique.

Comment contourner cette difficulté et neutraliser les émotions qui semblent susciter de tels blocages ? Une première façon de faire évoluer la situation consiste à raconter les raisons pour lesquelles le principe de relativité du mouvement est un pilier de la physique actuelle, en s'appuyant sur l'histoire des sciences et en passant par Aristarque, Ptolémée, Copernic, Galilée, Newton et Einstein, etc. Elle revient alors de fait, pour le formateur, à se retrancher derrière sa propre autorité et celle de noms bien connus pour contrer l'autorité du paradigme copernicien (Albert Einstein *vs.* Nicolas Copernic).

Mais si cette approche peut effectivement fonctionner, elle laisse un goût un peu amer au formateur qui, lui, sait bien qu'au cœur de la méthode scientifique, il y a tout au contraire le refus de l'argument d'autorité. Le risque que la conviction qui en résulte ne soit qu'éphémère est d'autant plus fort qu'on ne compte plus le nombre d'autorités scientifiques présumées qui n'hésitent pas à affirmer que, depuis Galilée, on *sait* que c'est la Terre qui tourne autour du Soleil et non l'inverse.

---

[6] C'est à dire l'ensemble des influences de toute nature – sociologiques, psychologiques, langagières, etc. – liées à la participation ou non à un paradigme particulier.

[7] Éric Picholle (2018). Concepts scientifiques dérangeants et émotions négatives in *Les Émotions*, Journées Sciences et Fiction à Peyresq, U. Bellagamba, E. Blanquet, É. Picholle & D. Tron (dir.), Éditions du Somnium, pp. 207-227.

[8] Estelle Blanquet & Éric Picholle (2021, soumis). Emergence of Conformist Thinking Under Strong Paradigmatic Pressure: The Case of (Galilean) Relativity. https://arxiv.org/abs/1912.04110.

IV. *Il doit bien y avoir un moyen de savoir qui tourne autour de qui !*

Une solution plus exigeante consiste à élaborer une démarche d'investigation conduisant à s'approprier l'idée que, *même pour la Terre et le Soleil*, la notion de relativité du mouvement s'applique.

Pour cela, un formateur s'appuie sur la connaissance de son public, des difficultés qu'il risque de rencontrer à ses idées préconçues les plus probables (que les didacticiens nomment *conceptions initiales*). Ici, on combine des difficultés d'ordre mathématique, liées aux changements de référentiel, à une autre d'ordre épistémologique, liée à la possibilité d'une égale légitimité de tous les référentiels [9].

Un premier travail purement géométrique sur les changements de référentiel, de niveau collège, s'avère donc nécessaire pour lever les conceptions erronées suivant lesquelles un Soleil mobile ne permettrait pas d'expliquer les observations courantes (alternance jour/nuit, saisons, phases de la Lune...). On propose typiquement aux participants d'identifier autant de façons que possible d'en rendre compte, en représentant la Terre à l'aide d'une boule de polystyrène fixée sur un bâtonnet et d'une ampoule figurant le Soleil (Fig. 1).

Figure 1. Dispositif pour interpréter les phénomènes d'alternance jour/nuit et des

saisons utilisé en classe de CM1 avec la Terre au centre et le Soleil mobile

[9] Estelle Blanquet & Éric Picholle (2011). Challenging pre-Galilean misconceptions through alternative visualizations. ESERA, sept. 2011, Lyon, France.

Lorsqu'une modélisation ne permet plus de rendre compte d'un phénomène supplémentaire, elle est éliminée. Cette approche demande aux participants de « sortir du cadre » et les invite à imaginer des modèles où le Soleil peut se déplacer.

Alors qu'elle suscite de l'enthousiasme chez certains, ravis de rejouer la querelle des anciens et des modernes, d'autres ne voient pas l'intérêt de construire « de faux modèles » et répugnent à faire tourner le « Soleil » autour de la « Terre ». Ils partagent toutefois la même surprise en réalisant qu'il n'est pas aussi facile qu'ils le pensaient d'éliminer les modèles géocentriques. Ils s'attendent alors à ce que le meneur de jeu sorte de son chapeau le nouveau phénomène qui permettra d'éliminer ces modèles parasites. Ce moment ne vient pas et, lorsque ce dernier arrête le jeu en expliquant qu'on pourrait continuer encore longtemps sans y parvenir (si ce n'est par les limites du matériel mis à disposition), l'émotion dominante est la frustration, mêlée d'incrédulité.

Il s'avère souvent nécessaire de calmer le jeu rapidement, certains participants partant alors très facilement dans des discours enflammés sur Copernic et Galilée, héros de la science qui ont « prouvé que la Terre tourne », même s'ils reconnaissent tout ignorer de ces preuves supposées. On observe parfois même une forme de colère, comme en réponse à un sacrilège ou à une agression, et il faut prendre le temps de revenir sur les équivalences géométriques et la notion de changement de référentiel pour apaiser les esprits. Pour d'autres en revanche, comprendre qu'il est légitime de dire que le Soleil tourne autour de la Terre, *du point de vue d'un observateur terrestre*, les soulage d'un malaise qu'ils ressentaient en affirmant à leurs élèves que le Soleil est immobile après avoir observé sa course dans le ciel.

Des émotions aussi fortes, inhabituelles dans le cadre d'une DI, peuvent s'expliquer quand on analyse plus finement les enjeux de l'investigation : il s'agit moins de remettre en cause un système explicatif que le sentiment d'appartenance à une culture « moderne ».

L'affirmation que la Terre tourne autour du Soleil apparaît presque comme une forme d' « incantation », symbole d'intégration. Mieux : la représentation classique de Galilée défiant l'autorité et la puissance de l'Église fait de l'adhésion au copernicanisme un signe de reconnaissance à bon marché des esprits se voulant libres, et sachant dépasser les apparences. Il est sans doute significatif que ces émotions dérivent de la difficulté d'ordre épistémologique, non de celles d'ordre mathématique.

V. De Kepler à Manchu : les stratégies science-fictionnelles au service de la DI ?

On retrouve ici une situation bien connue des auteurs de science-fiction qui souhaitent faire réfléchir leurs lecteurs sur des sujets d'actualité trop brûlants pour être abordés de front sans déclencher de bouffées d'émotions qui empêcheraient l'analyse rationnelle des problèmes. On peut donc être tenté d'adopter certaines de leurs stratégies classiques, et en particulier de dépayser la problématique, de l'extraire du contexte miné Terre/Soleil pour éviter de déclencher prématurément des émotions contre-productives, tout en en restant suffisamment proche pour que le lien puisse être fait facilement.

La difficulté est similaire à celle qu'ont rencontrée les premiers coperniciens dans un monde très largement dominé par le paradigme ptoléméen : il s'agissait alors de légitimer le point de vue héliocentrique. C'est en particulier l'un des objectifs explicites du court récit intitulé *Le Songe ou Astronomie lunaire* [10]. Kepler y utilise délibérément distanciation cognitive et dépaysement :

> *« Le but de mon Songe est de donner un argument en faveur du mouvement de la Terre ou, plutôt, d'utiliser l'exemple de la Lune pour mettre fin aux objections formulées par l'humanité dans son ensemble, qui refuse de l'admettre. Je pensais que cette vieille ignorance était bien morte, et que les hommes intelligents l'avaient arrachée de leurs mémoires, mais elle vit toujours, et cette vieille dame survit dans nos Universités. »*

Kepler y envoie sur la Lune un narrateur (qui parle à la première personne) et lui permet de contempler la Terre, ses mouvements et ses

[10] Johannes Kepler, *Le Songe ou Astronomie lunaire* (*Somnium, sive opus posthumum de astronomia lunaris*, 1634), trad. Michèle Ducos, Presses Un. Nancy, 1984.

phases, *vus de la Lune*. Il proposait ainsi à ses lecteurs un point de vue radicalement étranger, non géocentrique, mais peu parasité par des querelles religieuses. Une fois passée l'idée que l'on peut regarder le monde d'un point de vue autre que terrestre, il n'y a plus qu'à substituer au point de vue lunaire le point de vue solaire. La Lune sert en quelque sorte d' « objet de transition » rendant possible et légitime, parce qu'il n'est plus terrestre, le choix d'un autre point de vue non terrestre et plus sensible, le point de vue solaire. S'il reste malheureusement difficile d'expédier physiquement des étudiants sur la Lune, le dépaysement provoqué par une telle projection est probablement moins fort aujourd'hui que pour les contemporains de Kepler.

Plutôt que de s'appuyer directement sur le texte du *Songe*, dont on pourrait interroger chaque observation décrite et vérifier sa plausibilité en construisant des modèles analogiques, nous avons fait le choix d'un tableau de Manchu, « La Terre encadrée » où des personnages visiblement situés sur la Lune observent à travers un cadre gigantesque un premier quartier de Terre (Fig. 2).

Figure 2 : La Terre encadrée, tableau de Manchu

Comme précédemment, des boules de polystyrène jouent le rôle de la Terre et de la Lune et une ampoule est utilisée pour le Soleil quand cela

s'avère nécessaire [11]. Les questions posées par le meneur de jeu permettent aux participants de réaliser que l'on ne décrit pas les mouvements de la même façon du point de vue de la Terre et de la Lune et, typiquement, qu'un observateur lunaire regardant la Terre la verra tourner sur elle-même tout en restant immobile dans le ciel tandis qu'un observateur terrestre voit toujours la même face d'une Lune qui se déplace dans le ciel. Tout au long du processus, les participants naviguent entre les deux points de vue et sont amenés pour communiquer efficacement à préciser l'endroit où ils se placent pour décrire les mouvements.
Contrairement à la précédente, cette investigation ne suscite pas d'émotions intenses et se range parmi les DI normales. Une raison probable en est que les participants ne réalisent pas les conséquences potentiellement révolutionnaires de ce qu'ils viennent de vivre. Cette séquence, qui travaille pourtant directement sur la navigation entre points de vue, est à elle seule insuffisante pour permettre la mobilisation de celle-ci dans le contexte Terre/Soleil.

Il n'en va pas de même de la combinaison de ces deux séquences. Si l'on prolonge la séquence « Manchu » par la séquence « géométrie », la conclusion de ce dernier exercice prend moins les participants par surprise et, surtout, permet de les renvoyer aux conclusions de la première investigation : « expliquez-moi pourquoi, après avoir affirmé sans problème tout à l'heure que, vue de la Lune, la Terre ne se déplace pas dans le ciel, vous refuseriez maintenant d'affirmer que l'on puisse décrire le mouvement du Soleil vu de la Terre ? ».

Rappeler qu'ils ne trouvaient rien à redire au fait de se placer sur la Lune pour décrire le mouvement de la Terre leur permet alors de prendre conscience du caractère irrationnel de la gêne voire du malaise qu'ils éprouvent à refuser le point de vue terrestre comme légitime. Une remise en contexte historique les aide enfin à réaliser qu'ils sont sous influence du paradigme copernicien alors qu'aujourd'hui les physiciens évoluent dans le paradigme einsteinien. Si les difficultés qu'ils éprouvent et les arguments qu'ils mobilisent au cours des discussions qui s'engagent restent très proches de ce qu'il se produisait

---

[11] Estelle Blanquet (2011). Astronomie et mouvement relatif : sortir du cadre, in *Science et fictions à l'école : un outil transdisciplinaire pour l'investigation ?* Nice, éd. Somnium, pp. 149-177.

précédemment, l'atmosphère dans laquelle se déroulent les échanges, et plus généralement les émotions suscitées apparaissent très différentes. On rencontre moins d'attitudes défensives (voire parfois agressives) et la frustration vient plutôt de la volonté de comprendre « *pourquoi on ne nous a rien dit avant* ». Les enseignants réalisent qu'ils ont transmis involontairement des conceptions erronées et sont avant tout en demande de solutions pour introduire la notion de relativité du mouvement auprès de leurs élèves sans générer de tensions excessives avec les parents.

Lorsque le temps manque, on peut directement expliquer aux participants les motivations de l'investigation. Ils s'avèrent curieux de découvrir que l'investigation s'inspire d'une nouvelle de Kepler et souvent admiratifs de la stratégie qu'il a développé pour convaincre ses contemporains que le point de vue du Soleil est tout aussi légitime que le point de vue terrestre. Il en faut peu pour qu'ils déduisent que l'enjeu du travail avec eux s'apparentait à celui de Kepler, même si ce n'est plus le point de vue du Soleil qu'il faut légitimer mais le point de vue terrestre. Même si certains sont parfois un peu vexés d'être comparés aux contemporains de Kepler, ils sont souvent beaux joueurs. L'introduction de la notion de relativité du mouvement et son application aux mouvements de la Terre et du Soleil ne suscitent alors que peu de réactions virulentes, les participants étant avant tout surpris qu'on ne leur ait pas expliqué tout cela plus tôt. Un inconvénient de cette solution rapide pourrait être qu'il leur faut « croire sur parole » le formateur sur le fait que changer de référentiel et décrire les mouvements du Soleil vus de la Terre explique tout aussi bien les phénomènes d'alternance du jour et de la nuit, des saisons etc. que le modèle héliocentrique. L'expérience montre que ces questions ne sont pas soulevées par les participants.

VI. « Intéressée, amusée, dans le doute, rassurée, en accord »

Lorsqu'on demande aux participants d'exprimer les sentiments par lesquels ils sont passés, ce sont majoritairement les sentiments de doute et de remise en question qui sont cités, c'est « *perturbant* », avec pour beaucoup de l'amusement et de l'étonnement : « *Le sentiment agréable de comprendre certaines choses et mettre un sens derrière tout ça.* », « *Habituellement on ne « déconstruit » pas ce que l'on pense vrai mais aujourd'hui, si.* », « *Satisfaite finalement de voir que ma réponse à la première question n'était pas si à côté de la plaque [si c'est un élève de cycle 3, je lui rappellerai peut-être que c'est la Terre qui tourne sur elle-même et autour du Soleil mais de notre point de vue sur Terre, il a raison]* ».

Plusieurs citent également la joie parmi les sentiments ressentis, un participant parle de « *libération* », un autre de « *jubilation à jouer avec des idées que l'on connaît et que l'on voit d'une autre façon* », un autre encore de « *soulagement* ». Seuls trois participants sur les soixante-dix-huit sondés sont passés par des sentiments négatifs qui dépassent l'inconfort du doute et de la remise en question : le premier a le « *sentiment d'être pris en otage mais c'est intéressant, c'est de la philo plutôt que des sciences* », le second « *a été rapidement agacé par les convictions affirmées haut et fort remettant en cause les faits scientifiques* » et pour le troisième, plutôt que l'expression de sentiment, il y a l'affirmation que « *le paradigme se défend toujours en ne se plaçant nulle part, juste dans l'espace, une étoile au centre et des planètes en orbite autour* ».

Lorsqu'il leur est demandé s'ils sont passés par des émotions plus intenses que celles éprouvées habituellement dans une formation, les réponses souvent en forme de boutade (« *Oui parce que je me suis bien amusé* », « *Je ne me suis pas endormi contrairement à souvent en formation d'enseignants* ») ou mettant en avant des spécificités de la démarche d'investigation (e.g. : « *oui parce qu'on agit, qu'on réfléchit* ») sont révélatrices d'une démarche d'investigation normale, avec son lot d'émotions habituelles plutôt que d'une démarche ayant provoqué un choc violent. Le contenu de ces réponses coïncide bien avec la perception du déroulement de la séance par le formateur.
Si les didacticiens des sciences commencent à bien cerner les obstacles épistémologiques à l'appropriation de certains concepts par les élèves,

d'autres freins à l'apprentissage semblent prendre une importance croissante dans une culture de plus en plus dominée par les émotions et dans laquelle les raisonnements rationnels traditionnels peinent à être entendus. L'identification de ces nouveaux obstacles (ou sont-ils seulement devenus plus visibles ?) de nature émotionnelle devient donc un enjeu majeur pour l'enseignement des sciences.

L'exemple présenté ici confirme que certaines notions sont susceptibles de susciter des émotions fortes compliquant les apprentissages, mais aussi qu'il est possible de concevoir des stratégies pédagogiques permettant de les contourner ou de les atténuer. Une étude plus systématique, portant sur toutes sortes d'autres notions, serait toutefois nécessaire avant de prétendre généraliser cette approche.

Les émotions et les sciences de gestion ou le pouvoir des émotions

Nadine TOURNOIS

Notre civilisation occidentale s'est construite autour de l'idée selon laquelle il faut considérer d'un côté la raison et de l'autre les émotions. Les émotions nous permettraient de ressentir des sensations tandis que la raison se chargerait des facultés cognitives « supérieures » (déduction, raisonnement, intellect, abstraction…). Les deux territoires sont bien distincts. Les émotions étant vues comme ayant un rôle négatif, brouillant la lucidité et entravant la prise de décision « rationnelle ».
Cette analyse est un des fondements de notre civilisation. Platon lui-même considérait que les passions étaient le siège de la démesure voire de la folie.
Plus tard au XVIIème siècle pour Descartes, seule la raison peut permettre de comprendre le monde. Ce qui n'est pas raison, n'a pas sa place. « Je pense donc je suis » résume cette philosophie, en ne laissant aucune place au ressenti.
Enfin en 1994, Antonio Damasio, professeur de psychologie et de neurologie à l'Université de Californie du Sud, publie un ouvrage « l'Erreur de Descartes ». Le chercheur constate que certains patients incapables de ressentir certaines émotions à la suite d'accidents cérébraux sont également incapables de prendre des décisions rationnelles. Il en conclut que « sans émotions, nos raisonnements sont biaisés et nos choix les plus simples peuvent déboucher sur des décisions aberrantes ».

L'histoire de la place des émotions dans les Sciences de Gestion

Pas d'exception en Sciences de gestion, où on a très longtemps ignoré le concept même d'émotion, ou tout au moins a-t-il ressurgi épisodiquement, et presque accessoirement dans divers courants de recherche. Le constat est le même quelle que soit la discipline concernée, qu'il s'agisse du marketing, de la communication, du management, de la finance ou encore des travaux sur le leadership.

Le premier grand courant en management, le taylorisme et son *homo economicus,* dont le comportement est fondé sur le concept de rationalité économique évacue purement et simplement la notion même d'émotion. C'est le cas pour Weber dans son ouvrage sur *la bureaucratie,* comme pour Taylor et *l'Organisation Scientifique du Travail.* Son rôle est considéré si ce n'est comme perturbateur et tout état de cause comme non constructif (Hebb, 1949).

Puis, malgré les travaux de Roethlisberger (1939), d'Elton Mayo (1928-1932) avec l'Ecole des Relations Humaines développant l'idée selon laquelle *la logique des sentiments* animait les agents économiques, et mettant en exergue l'importance des valeurs dans les relations humaines (Chanlat, 2003), l'attention reste le plus souvent centrée sur les coûts et les prix qui ont retenu l'attention de tous.
Pourtant dans le même temps, d'autres chercheurs comme K. Lewin avec ses études sur la dynamique des groupes ou encore JL Moreno en créant la sociométrie démontrent bien l'importance de ces variables cognitives.
En effet, c'est à cette époque qu'émerge l'étude des émotions sur le lieu de travail « en tant que concept scientifique dans les années 1930 » (Tran, 2014). Les émotions sont alors abordées sous plusieurs vocables : sentiments, ambiance, moral…

Malgré ces diverses recherches, la question des émotions demeure négligée. Seule la rationalité économique reste considérée comme un facteur de performance, alors que les émotions sont vues comme négatives et *irrationnelles.*

Pendant les 30 glorieuses, l'attention se tourne vers l'analyse des motivations au travail. Puis dans les années 70, ce sont des aspects cognitifs qui sont mis en exergue. L'émotion est alors davantage perçue comme une imperfection (Scherer, 1984). L'accent est mis sur l'information, la décision, et ignore toujours la variable affective.
À cette époque, seules la satisfaction au travail (Herzberg, 1959) et la motivation intéressent les chercheurs. Ces études vont constituer la base des recherches sur les émotions, puisque comme le dit Tran (2014), c'est Edwin Locke (1969) qui souligne que la satisfaction comme l'insatisfaction sont *des réactions émotionnelles complexes.*
Apparaissent ensuite dans les années 80 de nombreuses études sur le leadership, et avec elles la redécouverte des aspects affectifs. On parle ainsi de plaisir au travail (Abramis, 1987), de joie ou encore de bonheur.

L'émergence du concept d'intelligence émotionnelle (IE)

Mais ce n'est que dans les années 90, avec le débat sur les théories de la décision que le concept d'*intelligence émotionnelle* va émerger, avec l'attention portée aux aspects affectifs du comportement, et l'utilisation de nouvelles approches (IRM) en théorie de la décision.
Ce sont Salovey et Mayer (1990), qui définissent l'Intelligence Émotionnelle comme « *une forme d'intelligence sociale qui implique l'aptitude à contrôler ses propres émotions et celles des autres, à discriminer entre elles et à utiliser cette information pour guider à la fois sa pensée et son action* ».
La lecture même des travaux de March et Simon (1958) évolue considérablement. Ainsi Gond en 2005 affirme qu'en prenant en compte l'être humain ces derniers ont ouvert le champ de l'organisation aux phénomènes émotionnels et qu'ils ont permis à la recherche de se pencher sur la question du rôle des émotions dans les organisations, au travers de maints processus différents tels que l'apprentissage. Sans doute l'émergence de ce nouvel intérêt pour les émotions est-il lié à l'épuisement académique comme opérationnel de celui de rationalité économique.

Cette posture vis à vis du concept d'émotion constitue une véritable révolution dans les sciences de gestion. En effet, reconnaître l'importance des émotions dans l'attitude et le comportement des agents économiques (cadre, employé, consommateur…) c'est accepter leur expression, jusqu'alors vue comme un signe de faiblesse. Bien entendu, le « refus » d'expression des émotions est autant personnel que culturel, on peut à titre d'exemple opposer les pays latins, aux pays asiatiques ou à la Grande-Bretagne par exemple.
On peut citer également les travaux d'Hochschild (1983), qui initie un nouveau courant de recherches centrées sur les notions de « normes émotionnelles et de « travail émotif ». Ces notions sont la base de sa théorie des *feeling rules.*
À partir de là, d'autres chercheurs lui emboîtent les pas, dans différents champs de recherche intégrant tous le facteur émotionnel (Peters & Austin, 1985 ; Rafaeli &Sutton, 1987 ; Eiglier & Langeard, 1987 ; Van Maanen & Kunda, 1989).

Vers le pouvoir des émotions

Accepter l'importance des émotions, c'est également accepter que les émotions détiennent un certain « pouvoir », c'est-à-dire que leur connaissance permet d'expliquer le pourquoi d'une action ou d'une réaction de la part d'un individu qui les ressent.
Dès lors, l'émotion devient *vertueuse, elle est reconnue comme une qualité.* Il ne s'agit plus de l'ignorer, il ne s'agit plus de la cacher, il s'agit de l'utiliser, de jouer avec pour obtenir une action, ou une réaction. C'est en cela que les émotions sont détentrices d'un véritable pouvoir, celui d'avoir une influence sur les attitudes et le comportement des individus, en situation de travail comme de consommation.

On pourrait donc, en *jouant avec les émotions,* améliorer les performances des organisations, accroître des ventes, améliorer une image de marque, etc.
Les émotions seraient donc *une certaine façon d'appréhender le monde* (JP Sartre, 1938).

C'est dans cette perspective que nombre de chercheurs ont analysé l'influence des émotions sur la joie au travail (Chanlat, 2003) et par là même sur les performances tant organisationnelles que personnelles (George & Bettenhausen, 1990), sur le milieu organisationnel (Weiss & Cropanzano, 1996), sur le changement (Huy, 1999), sur la participation des salariés au-travers des relations amoureuses au travail (Pierce, 1998), sur la satisfaction au travail (Mignonac, Herrbach & Gónd, 2004), …
Mais c'est en 1995 que Daniel Goleman, psychologue et journaliste au *New York Times,* consacre la légitimité de la place des émotions dans l'entreprise, grâce à son ouvrage de vulgarisation *L'intelligence émotionnelle.* Face au succès de l'ouvrage, Tran (2014) parle alors de changement de paradigme.

Bien que les propos de Goleman n'aient pas eu le même succès dans les milieux académiques que dans le grand public (Bobot, 2010), et qu'ils soient même remis en cause, lorsque par exemple il affirme que l'Intelligence émotionnelle (IE) conférerait un « *avantage dans n'importe quel domaine de la vie, que ce soit dans les relations amoureuses et intimes ou dans l'acquisition des règles tacites qui régissent les succès en politique organisationnelle* ».

Émergence du concept de quotient émotionnel (QE) en management

De façon générale selon Goleman, qui est à l'origine de la prise en compte de l'intelligence émotionnelle dans les sciences de gestion, celle-ci désigne la capacité à reconnaître et à maîtriser ses propres émotions et celles des autres. C'est ainsi qu'émerge le concept de QE (quotient émotionnel) qui petit à petit vient compléter voire se substitue au QI de Binet, même si l'on est en droit de se poser la question de savoir si l'on peut réellement parler de compétence au sens de Le Boterf qui déclare qu'*il n'existe pas de compétences sans individus,* ou simplement d'un trait de caractère.
Ces compétences émotionnelles sont même considérées comme fondamentales par Lisa Bellinghausen (2009) pour tous les professionnels qui ont de plus en plus besoin de capacités d'adaptation sur-développées dans le contexte actuel et futur.
Selon elle, il s'agit d'être capable de traiter les émotions ou « les informations émotionnelles » en général. Dès lors l'intelligence émotionnelle peut être schématisée de la façon suivante :

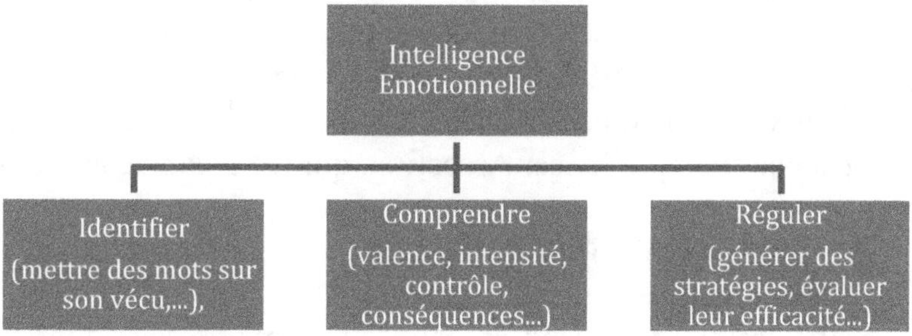

Source : Lisa Bellinghausen *in* « Compétences émotionnelles dans le management », 2009.
Cette approche positionne l'IE au centre de l'action quotidienne du manager. Ceci n'est pas sans rappeler les propos de Mintzberg selon lesquels de nombreuses compétences relationnelles sont au cœur de la pratique managériale. Ce sont ces mêmes compétences qui deviennent centrales dans des organisations où la culture dominante est basée sur l'acceptation de la différence et la gestion de la diversité.
De plus, il est clair que les émotions ne peuvent être évitées sur le lieu de travail, il convient donc de les comprendre pour pouvoir les gérer. C'est dans cette logique qu'est né le concept de manager transformationnel, dont les compétences émotionnelles expliqueraient

mieux leur succès que leurs compétences cognitives (Mayer & Salovey, 1990 ; Goleman, 2002).
De même dans le domaine de la négociation la place des émotions est centrale. En effet dans un processus de négociation il est fondamental de pouvoir contrôler et analyser les situations de communication, autrement dit de saisir et de comprendre les émotions qui peuvent avoir un rôle négatif ou positif sur le processus. Leur compréhension permet au négociateur de s'adapter à la situation, d'être créatif, de s'adapter verbalement et en termes de raisonnement à son interlocuteur (Bobot, 2010).

L'intelligence émotionnelle (IE) et la GRH

Enfin, le concept d'intelligence émotionnelle a très vite été adopté par les DRH lors du recrutement de leurs personnels, complétant voire se substituant aux tests de quotient intellectuel.
Dès lors il fut impératif de définir les compétences émotionnelles constitutives de l'IE. Ces compétences font référence à la capacité de gestion des émotions. Même si les propositions des chercheurs diffèrent, on peut considérer que selon ces auteurs, c'est autour de ces compétences émotionnelles qui constituent le « noyau dur » de l'IE que toutes les autres compétences (non émotionnelles) s'organisent.
Quant aux dimensions retenues, on peut citer divers tests, parmi lesquels par exemple le test Assesfirst, qui les organise autour de deux axes :

- Connaissance des autres / de soi ;
- Gestion des autres / de soi.

Le profil émotionnel idéal est celui qui comporte ces dimensions de façon équilibrée.

D'autres recherches proposent d'autres mesures, basées pour certaine par exemple sur l'empathie (D. Goleman), pour d'autres sur divers indicateurs (Cooper & Sawaf, 1998).

À partir de ces diverses études, on a assisté à l'émergence de systèmes de *management émotionnel* (Bellinghausen, 2014 ; Goleman, 1999 ; etc.), de *leadership émotionnel* (A. Chader, 2019).

Selon la même logique, d'autres disciplines des Sciences de Gestion, comme le marketing s'approprient le concept d'émotion.

Les émotions et le marketing

Ainsi, des chercheurs (Hollbrook et Hirshman,1982 ; Chuang, 2007) étudient l'influence des émotions sur le comportement des consommateurs.
En effet, on considère aujourd'hui à l'instar de Lichtlé et Plichon (2014) que l'explication du comportement du consommateur doit faire référence aux émotions qui sont *« impliquées dans les processus cognitifs, la prise de décision et la performance »*.

On est passé progressivement du modèle « stimulus – réponse » de Skinner que l'on peut schématiser de la façon suivante :

dans lequel, à l'origine du processus, on a un stimulus (telle que l'attitude d'un tiers). La boîte noire représente alors le psyché de l'individu concerné, et la réponse est l'émotion ressentie (colère, joie, dégoût…).

Dans la nouvelle approche, telle qu'utilisée en marketing (notamment), le modèle diffère :

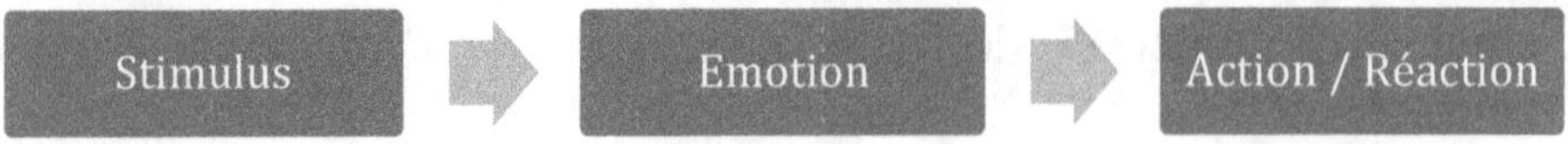

L'émotion apparaît comme un élément central de la boîte noire, source d'action ou de réaction de la part (ici) du consommateur.

Dès lors, on comprend aisément que l'émotion provoquée par une communication publicitaire ou par un achat ou une consommation devient une clé, pour provoquer un type de comportement tel que l'achat, le ré-achat voire la fidélité.
On peut citer à titre d'exemple les communications faites sur la sécurité routière, qui provoquent de vives émotions de peur, d'effroi, de façon à provoquer une prise de conscience du danger omniprésent sur les routes. On peut également citer, à l'opposé, des communications publicitaires comme celle de Coca-Cola « avec Coke, y a d'la joie » ou encore le Club Med qui nous promet des *bonheurs.*

Les émotions ou *l'enchantement du client*

On parle alors *d'enchantement du client*, niveau ultime de l'expérience client (L. Body & C. Le Tallec ; 2016).

Source : L. Body et C. Letellec (2016).

Comme on le voit sur ce schéma, l'enchantement correspond au niveau ultime de l'expérience satisfaisante du client.

Le premier niveau correspond à la satisfaction en termes de proposition de valeur centrale pour le client.
Le second niveau est centré sur la qualité du produit (ou du service fourni). Il s'agit alors de satisfaire le client, de réduire ses insatisfactions en lien avec l'expérience souhaitée.
Enfin le troisième et dernier niveau consiste à délivrer l'expérience souhaitée, qui inclut l'ensemble des besoins émotionnels.

Ceci atteste de l'importance accordée aujourd'hui à la dimension émotionnelle dans l'expérience et donc dans la relation avec le client. Et si cette approche nous semble familière, il ne faut pas oublier qu'elle fut bien longue à émerger.
En effet, dès l'origine l'approche cognitive a dominé les recherches sur le comportement du consommateur. Il est vrai que les règles du marché ont été fondamentalement modifiées avec la mondialisation, Internet, l'accélération de l'innovation notamment technologique, et une concurrence accrue. Dans le même temps, de nouveaux comportements de consommation sont apparus en étroite relation avec l'évolution des valeurs et donc des attentes. Les consommateurs sont aujourd'hui surinformés, et de moins en moins fidèles aux marques.
L'impact de ce contexte se traduit notamment par une place plus grande accordée à l'affect et aux émotions. En effet, dans la mesure où le marché est inondé de produits à peu près similaires quel que soit le secteur d'activité concerné, il devient de plus en plus difficile de capter l'attention du consommateur et de provoquer son attachement à la marque. Il faut trouver une façon de retenir l'attention du consommateur.

Dès lors, les émotions sont instrumentalisées de manière à impliquer davantage les consommateurs. A cet égard certains chercheurs se sont donc intéressés aux relations qui peuvent exister entre le cognitif, l'affectif et le comportement (Derbaix, Zajonc, Batra et Ray, ...) dès les années 80.

Cependant différentes « écoles » s'opposent sur le sujet du rôle et de la place des émotions dans le comportement du consommateur. Pour certains, l'émotion surgit après un traitement cognitif des informations dont le consommateur dispose, pour d'autres il y a interaction entre le cognitif et l'affectif, et enfin pour d'autres encore, les émotions dépendent à la fois de la cognition et de la raison (L. Graillot, 1998).

Par ailleurs, les émotions peuvent intervenir à tous les stades de la consommation : avant, pendant et après. Avant, ce pourra être le cas d'une publicité déclenchant une émotion négative, comme l'effroi (conduite imprudente), la peur (arrêter de fumer), la colère…

De même, pendant la consommation, on peut penser à une expérience de convivialité comme celle que veut provoquer Starbuck Café, ou encore la fierté (marque de luxe). Ce sont alors des émotions positives qui sont mobilisées.

Enfin cela peut-être le cas après la consommation (souvenir de vacances au Club-Med). Ces dernières sont directement liées aux émotions positives ressenties par le consommateur et participant ainsi à sa satisfaction.

Les émotions et la publicité

Par ailleurs, les émotions ne reposent pas sur les mêmes processus psychologiques dans la mesure où contrairement à la cognition, elles sont spontanées et ne nécessitent aucun traitement de l'information disponible. Elles ont un rôle médiateur dans le domaine publicitaire. Pour certains ce rôle est direct, tandis que pour d'autres il est indirect, dans la mesure où les émotions ressenties vont impacter le traitement

cognitif du message publicitaire (de Barnier, 2002 ; Holbrook et Batra, 1986 ; Moore et Hutchinson, 1983 ; Edell et Burk, 1987 ; …). En clair donc, les émotions ressenties lors de l'exposition au message publicitaire ont un impact sur l'attitude envers la marque par un processus d'assimilation ou un effet indirect en facilitant la mémorisation du nom de marque ou la persuasion (Moore & Hutchinson, 1983). Enfin, Leavitt, Chi et Thorson (1992) ont montré qu'un message publicitaire créant une émotion chez le consommateur est mieux mémorisée qu'une publicité neutre émotionnellement.
Le rôle des émotions dans la publicité n'est donc pas négligeable. Il continue à faire l'objet de nombreuses études, notamment par exemple en ce qui concerne la place et le rôle de la *surprise* dans la publicité (M. Dridi & M. Makhlouf, 2014).
De même certaines études (M. Ibraheem & N. Tournois, 2019) montrent que les émotions provoquées grâce à un environnement donné dans un hôtel ont une influence sur la qualité perçue des prestations, et donc sur la fidélité *via* la satisfaction du client.
Les émotions sont par exemple aujourd'hui considérées comme fondamentales pour celui qui veut faire de sa publicité un message viral de grande envergure. Le degré « de viralité potentielle » apparaissant comme lié au contenu mobilisant ou non les émotions des consommateurs. Là encore, d'autres problèmes demeurent, comme celui de la capacité à prévoir des émotions, à les mesurer, ou encore à les normer (problème déjà posé par Ashforth & Humphrey en 1995), même si les typologies des émotions se sont multipliées au fil des ans.

Les émotions par la place qu'on leur a accordée constituent donc un réel dépassement du contenu de marque (*brand centent*). Les communications publicitaires ne promeuvent plus seulement des produits ou services, elles produisent « un contenu » qui doit toucher le public.
Les marques que nous avons citées plus haut (Club Med, Starbuck) ou d'autres comme Redbull illustrent particulièrement bien ce propos.
Si l'on pense à Redbull, cette marque allie à la fois l'imaginaire collectif des produits énergisants aux sports extrêmes, au dépassement de soi.

De façon générale, comme nous l'avons dit plus haut, une émotion ressentie se traduit généralement par une action/réaction plus ou moins impulsive.

On pourrait citer d'autres domaines des Sciences de Gestion, comme la finance qui aujourd'hui font la part belle aux émotions, au-travers de que l'on appelle la « finance comportementale ».

Intelligence émotionnelle et *data* émotionnelle

En tout état de cause, une nouvelle révolution se fait jour en matière d'intelligence émotionnelle : la data émotionnelle. Par exemple, l'insertion de la *data* émotionnelle dans le brand content devrait permettre de produire des contenus plus personnalisés et correspondant aux émotions du récepteur.
Les données-consommateur collectées peuvent aussi bien être de nature biologique que psychologique : les pulsations cardiaques, la pression artérielle, les changements hormonaux, le ton de la voix devant permettre de comprendre l'état émotionnel de l'émetteur... bref tout ce qui doit permettre de décoder les réactions humaines. Ces *data* sont déjà utilisées par les professionnels du sport, et leur utilisation s'est développée avec l'apparition de tous les produits de *fitness*, permettant de contrôler les calories consommées, l'effort physique... par le biais de capteurs insérés dans des bracelets électroniques (ex la gamme Fitbit).

L'utilisation de l'ensemble de ces données devrait selon les spécialistes du marketing émotionnel permettre de mieux cerner l'état d'esprit du consommateur, de savoir ce qui est source de joie, de plaisir, ou de crainte et de tristesse.
En clair, il s'agit donc de décrypter les émotions du public pour mieux cibler les campagnes de communication. Intégrer des données émotionnelles pour faire vivre des expériences uniques au consommateur. Le concept même de *brand content* s'en trouve donc modifié.
On peut à titre d'exemple citer diverses compagnies qui ont adopté cette stratégie marketing : Redbull, Apple, Nokia...

- Dans le cas de **Redbull**, son unité consacrée au *brand content* est en cours d'expérimentation. Les athlètes de ses publicités sont équipés de capteurs sensoriels, et leurs réactions sont enregistrées lors de leurs efforts (rythme cardiaque, activité de leur cerveau...). L'idée poursuivie est de tenter de faire ressentir au spectateur (consommateur) ce que ressent le sportif lorsqu'il est en plein effort (descente d'un skieur, saut...). Il s'agirait d'ajouter ces dimensions émotionnelles aux dimensions sensorielles classiques aux vidéos de la marque.

- De même **Nokia** fait des recherches pour parvenir à partir de capteurs auditifs et de température, à retranscrire les émotions des photos.
- Quant à **Apple**, dès 2014 il a déposé un brevet pour pouvoir collecter les données physiologiques de ses utilisateurs de façon à mieux cerner leur état émotionnel. Son laboratoire de recherche en utilisant toutes ses données a créé un service publicitaire breveté qui propose « de déduire l'humeur d'un utilisateur sur la base de données caractéristique et de groupe ». À partir de ces données (pression artérielle, pulsations cardiaques, niveau d'adrénaline…) et de données sociologiques, Apple est capable d'affiner le profil de l'utilisateur et ainsi d'optimiser le ciblage publicitaire.
  Apple apparaît aujourd'hui comme l'innovateur clé du *brand content*, grâce à l'exploitation des émotions de leurs consommateurs.

Il est néanmoins difficile aujourd'hui de savoir comment ces émotions pourront être transmises au sein du public. Il est cependant tout aussi clair qu'il s'agit là du nouvel enjeu du marketing alliant *brand content* et *data* émotionnelle. Sans doute même, le raisonnement peut-il se généraliser à l'ensemble des disciplines des Sciences de Gestion.

Assez paradoxalement, l'Intelligence Artificielle *a priori* si éloignée de l'Intelligence Emotionnelle pourrait bien dans les prochaines années l'intégrer et ce faisant l'IA se rapprocherait dangereusement de l'homme !

Références

Abramis, D.J. (1987), *Fun at work: Does it matter*?", papier présenté à la 95ème Convention Annuelle de l'*American Psychological Association.*

Ashforth B.E & Humphrey R.H (1995), *Emotion in the workplace: a reappraisal,* Vol 48, N°2, 97-125.

Batra R., & Ray M.-L. (1986), *Affective Responses Mediating Acceptance of Advertising*, Journal of Consumer Research, 13, 2, 234–249.

Bellinghaussen L. (2009), *Compétences émotionnelles dans le management,* Thèse de doctorat en Psychologie, Paris V.

Bobot, L. (2010). *L'intelligence émotionnelle est-elle un atout en négociation commerciale ?* Management & avenir (1), 407-430.

Body L. & Tallec C., *L'expérience client,* Eyrolles Ed.

Chader A. (2019). *Le leadership émotionnel : les compétences émotionnelles au service du leadership.* Thèse Sciences de gestion, Université Paul Valéry Montpellier 3.

Chanlat, J. (2003). *Émotions, organisation et management : une réflexion critique sur la notion d'intelligence émotionnelle.* Travailler, 9, (1), 113-132.

Cooper, R. K., Sawaf, A., Labovitz, G. H., & Rosansky, V. (1997). *Executive EQ.* Audio-Tech Business Book Summaries.

Chuang SC et Lin HM (2007) The effect of induced positive and negative emotion and openness-to-feeling in student's consumer decision making. *Journal of Business and Psychology* 22(1): 65–78.

Damasio, A. (2006) ; *L'erreur de Descartes : la raison des émotions,* 1994, 2de éd, Odile Jacob.

de Barnier V. (2002), *Le rôle des émotions sur l'attitude envers la marque (Ab) : pour une médiation totale de l'attitude envers le message (Aad),* Recherche et Applications en Marketing, Vol 17 (Septembre).

Derbaix C., & Poncin I. (2005), *La mesure des réa ctions affectives en marketing : évaluation des principaux outils,* Recherche et Applications en Marketing, Vol 20 (Février).

Dridi M. & Makhlouf M. (2014), *Affect, émotion et surprise dans la persuasion publicitaire,* British Journal of Marketing Studies, Vol. 2, N°3 (July), 68-89.

Edell, Julie A. & Burk M. Chapman (1987), *The power of feelings in understanding advertising effects,* Journal of Consumer Research 14 (December): 421-433.

Eiglier P. & Langeard E. (1987), *Servuction. Le Marketing des services,* McGraw Hill.

George J.M. & Bettenhausen K. (1990), « Understanding prosocial behavior, sales performance, and turnover: a group-level analysis in a service context », *Journal of Applied Psychology*, 75, pp. 698–709.

Goleman, D. (1995). *Emotional intelligence.* New York, NY, England.

Goleman, D., Boyatzis, R. E., & McKee, A. (2002). *Primal leadership: Realizing the power of emotional intelligence*. Boston, MA: Harvard Business School.
Goleman, D., Boyatzis, R. E., & McKee, A. (2002). *The new leaders: Transforming the art of leadership into the science of results* (p. 14). London: Little, Brown.
Gond J.-P., Herrbach O. & Mignonac K. (2005), « Rationalités et émotions dans les organisations. Une relecture de l'oeuvre de James March », *Revue Française de Gestion*, pp. 41-62.
Graillot L. (1998), *Emotions et comportement du consommateur,* Recherche et Applications en Marketing, Vol 13 (Mars).
Hebb, D.O. (1949), *The organization of behavior: A neurophysiological approach*; Ed Wiley &Sons, New-York.
Herzberg, F. (1959). *The motivation to work.* New-York: Wiley.
Holbrook M.B. & Hirschman E.C. (1982), « The experiential aspects of consumption: consumer fantasies, feelings, and fun », *Journal of Consumer Research*, 9 (2), pp. 132-140.
Holbrook, Morris B., & Batra R. (1986), *Assessing the role of emotions as mediators of consumer responses to advertising,* Journal of Consumer Research 14: 404-420.
Hochschild A.R. (1983). *The Managed Heart: Commercialization of Human Feelings*. Berkeley: University of California Press.
Huy Q.N. (1999), « Emotional capability, emotional intelligence and radical change », *The Academy of Management Review*, 24 (2), pp. 325-345.
Ibraheem M. & Tournois N. (2019), *Influence of service environment on client loyalty in luxury hotels: a test of the cognition emotion approach,* Journal of Marketing Trends, Vol5, N1, 75-90.
Le Boterf G. (2011), *Ingénierie et évaluation des compétences,* EO.
Lewin, K. (1951). *Field Theory in Social Science. Selected Theoretical Papers,* Harper Torchbooks.
Lichtlé, M. C., & Plichon, V. (2014). Les émotions ressenties dans un point de vente : Proposition d'une échelle de mesure. *Recherche et Applications en Marketing (French Edition)*, *29*(1), 3-26.
Locke, E. A. (1969). What is job satisfaction?, *Organizational behavior and human performance*, *4*(4), 309-336.
March J. & Simon H.A. (1958), *Organizations*, Wiley, New York.
Mayo E. (1933), *The Human Problems of an Industrial Civilisation*, N.Y., Mc Millan Co, 2003.
Mayo E. (1945), *The Social Problems of an Industrial Civilisation*, Boston, Division of Research, Harvard Graduate School of business administration.
Mignonac, K., Herrbach, O., & Gond, J. P. (2003). L'intelligence émotionnelle en question. *La Revue des Sciences de Gestion : Direction et Gestion,* 38(201-202), 83.

Moore D.L. & Hutchinson J. (1983), *The effects of ad affect on advertising affectiveness,* ACR North American Advances, Vol 10, 526-531.
Peters T. & Austin N. (1985), *A passion for excellence: The leadership difference.* Grand Central Püblishing,
Pierce C. A., 1998, « Factors Associated with Participating in a Romantic Relationship in a Work Environment », *Journal of Applied Social Psychology, 28,* pp. 1712-1730.
Rafaeli A. & Sutton R. (1987), « The expression of emotion as part of the work role », *Academy of Management Review*, 12 (1), pp. 23-37.
Roethlisberger F.J. & Dickson W.J. (1939), *Management and the Worker*, Cambridge, Mass, Harvard University Press.
Salovey, P., & Mayer, J. D. (1990). Emotional intelligence. *Imagination, cognition and personality*, *9*(3), 185-211.
Sartre J.P. (1938), *Esquisse d'une théorie des émotions,* Hermann, Paris.
Scherer K.R., Ladd D.R., Silverman K.E.A. (1984). « Vocal cues to speaker affect – Testing 2 models ». *Journal of the Acoustical Society of America, 76* (5), 1346-1356.
Thorson E., Chi A., Leavitt C. (1992), *Attention, memory, attitude and conation: a test of the advertising hierarchy,* ACR Vol 19, 366-379.
Tran, V. (2014). Chapitre 11. Les émotions dans le monde de l'entreprise et du travail. Dans *Traité de psychologie des émotions : Traité de psychologie des émotions* (pp. 344-368). Paris: Dunod.
Van Maanen J. (1979), « Reclaiming qualitative methods for organizational research; a preface », *Administrative Science Quarterly*, 24(4), 520-526.
Weiss H.M. & Cropanzano R. (1996), « Affective events theory: a theoretical discussion of the structure, causes and consequences of affective experiences at work », *Research of Organizational Behavior*, 18, pp. 1-74.
Zajonc R.B. (1998), *Emotions,* in *The handbook of Social Psychology,* Eds. D.T. Gilbert, S.T. Fiske, and G. Lindzey. Boston, McGraw-Hill, 591-632.
Zajonc R.B., &Hazel M. (1982), *Affective and cognitive factors in preferences,* Journal of Consumer Research 9 (September): 123-131.

L'émotion, source d'évolution du droit de l'environnement

Grégoire LERAY

Seveso, Bhôpal, le Rana Plaza, AZF, l'Erika… La litanie pourrait être poursuivie, tant les catastrophes industrielles jalonnent l'Histoire contemporaine[1]. Leurs conséquences sont si sérieuses que les pères fondateurs du droit de l'environnement perçoivent dans ces éléments les mouvements matriciels de la matière. Les catastrophes constitueraient autant d'étapes dans la construction du droit de l'environnement.

Michel Prieur en est convaincu : « Les lacunes dans le droit de l'environnement tendent petit à petit à se combler avec les ans et les catastrophes, signal d'alarme pour créer du droit nouveau »[2]. Pour sa part, Jacqueline Morand-Deviller souligne que « Le droit de l'environnement se nourrit de grandes peurs quant à la survie de l'homme »[3]. Avant de présenter la nécessité du droit de l'environnement, Martine Remond-Gouilloud dressait un sombre tableau : « les barrages cèdent, les lacs acides se dépeuplent, les forêts meurent, les marées noires engluent les côtes, les glaces fondent sous l'effet du réchauffement de l'atmosphère et le ciel, dans sa couche d'ozone, se déchire. Les faits sont là »[4]. Ce rôle moteur des événements violents et de grande ampleur dans l'évolution de la norme juridique est connu, et il est appréhendé en droit positif sous le vocable de « calamité »[5] davantage que par celui de « catastrophe »[6].

Dans un cas comme dans l'autre, il nous semble que c'est davantage la conséquence de la catastrophe, l'émotion, qui déclenche l'initiative du législateur, créant ainsi le mouvement dans le droit. C'est l'intensité du relai médiatique des catastrophes, en sensibilisant l'opinion publique,

---

[1] Th. Le Roux, « L'émergence du risque industriel (France, Grande-Bretagne, XVIIIe-XIXe siècle) », *Le Mouvement Social* 2014/4 (n° 249), p. 3 et s.

[2] M. Prieur (dir.), *Droit de l'environnement*, Dalloz, 2019, 8e éd., p. 23.

[3] J. Morand-Deviller, *Droit de l'environnement*, P.U.F., éd. 2016, p. 12.

[4] M. Rémond-Gouilloud, *Du droit de détruire, Essai sur le droit de l'environnement*, Paris, P.U.F., 1989, pp. 14-15.

[5] J.-M. Pontier, « Les calamités et le droit », *AJDA* 2018. 1482.

[6] Pour une analyse doctrinale de la catastrophe en droit de l'environnement, v. J. Bétaille « Aux sources catastrophiques du droit des catastrophes », *art. préc.*

qui imposerait au législateur de se saisir de l'enjeu[7]. Le thème de l'émotion en droit de l'environnement mériterait sans doute à ce titre l'attention des sociologues et des politistes. Ses conséquences méritent toutefois l'attention des juristes.

Si l'on accepte le postulat que la fonction essentielle du droit est d'organiser les droits et les libertés de chaque sujet de droit au regard du principe d'égalité dans une perspective de poursuite du bien commun[8], nul doute que la prévention de nouvelles catastrophes pour protéger les droits des riverains soit un juste motif d'intervention du législateur. Des émotions nées des catastrophes successives proviendrait donc le droit de l'environnement dans sa mouture positiviste. Cette émotion, qui nait des traumatismes, on la qualifiera pour les besoins de cette brève étude d'*émotion-source*. Un constat s'impose en ouverture : dans le spectre des émotions, c'est un sentiment bien négatif qui fait avec le plus de certitude vivre le droit de l'environnement.

Si de prime abord le lien entre la catastrophe et l'évolution du droit semble établi, la conjecture mérite d'être vérifiée. L'étude de quelques exemples de ce phénomène offre des fondations solides (I.) pour identifier si l'émotion est véritablement, au sens du droit, une source de normes juridiques (II.). Ces explorations permettront de tenter d'identifier la juste place qui doit être celle de l'émotion dans la discipline (III.).

---

[7] B. Lamizet, « L'émotion dans les médias », *Mots, les langages du politique*, n° 75, juil. 2004.

[8] Ph. Coppens, « La fonction du droit dans une économie globalisée », *RIDE* 2012, t. XXVI, p. 269.

I. Appréhension juridique de l'*émotion-source*

Le constat doctrinal du lien entre catastrophe et évolution du droit de l'environnement est articulé autour de plusieurs accidents très médiatisés[9]. Tous, du fait du retentissement de l'accident lui-même, et le cas échéant des procès qui s'en suivirent, ont suscité une vive émotion[10].

L'accident de Seveso est un cas d'école. La fuite d'un herbicide très corrosif y causait, le 10 juillet 1976 de nombreuses pathologies et la mort de milliers d'animaux d'élevage[11]. La presse européenne en a assuré une couverture médiatique sans précédent pour ce type d'événement[12]. La réponse du droit ne se fit pas attendre ; le législateur européen élabora une directive éponyme, la directive Seveso[13], complétée par d'autres afin d'éviter que ne se répète la catastrophe[14].

---

[9] Pour une présentation des affaires qui vont suivre par les acteurs qui les ont vécus, v. Ch. Huglo, *Avocat pour l'environnement, Mes grandes batailles judiciaires*, LexisNexis, 2013, 202 p. ; Ch. Huglo, C. Lepage, *Nos batailles pour l'environnement, 50 procès, 50 ans de combats*, Actes Sud, 2021, 256 p.

[10] M.-Th. Neuilly, *Gestion et prévention de crise en situation post-catastrophe - Prise en charge des traumatismes collectifs - Nouvelles pratiques psychologiques et psychosociales*, De Boeck Supérieur, 2008. V. en particulier le Chapitre 8. La prise en charge d'un traumatisme collectif, p. 159 et s.

[11] V. not. à propos de l'événement, L. Centemero, « Retour à Seveso La complexité morale et politique du dommage à l'environnement », *Annales. Histoire, Sciences Sociales*, 2011/1, p. 213.

[12] *Ibid.*

[13] V. pour un commentaire du mécanisme actuellement en vigueur : P. Thieffry, « Chronique de droit européen de l'environnement - Prévention des accidents majeurs : la directive 'Seveso II' est morte, vive la directive 'Seveso III ' », *RTD Eur.* 2013, p. 412.

[14] B. De Marchi, « Seveso : From pollution to regulation», *International Journal of Environment and Pollution*, 7-4, 1997, p. 526. V. aussi B. De Marchi, S. Funtowicz, J. Ravetz, « Seveso: a paradoxical classic disaster », in J. K. MITCHELL (dir.), *The long road to recovery : Community responses to industrial disaster*, New York, United Nations University Press, 1996, chap. 4.

Le cas de l'usine AZF est à l'origine d'un mouvement similaire. Le 21 septembre 2001, pour une raison encore indéterminée[15], un stock d'environ trois cents à quatre cents tonnes de nitrate d'ammonium explosait dans un bâtiment de l'usine en périphérie de Toulouse, causant une dévastation très relayée par les médias, à l'origine d'une vive émotion. Or, moins de deux ans plus tard était adoptée une loi spécifique visant, là aussi, à prévenir la survenance d'un tel événement[16]. Nul doute alors, comme il fut justement remarqué, que la catastrophe fait « définitivement prendre conscience à l'échelle nationale du problème des industries fixes »[17].

Cependant, les catastrophes industrielles n'ont pas le monopole de l'émotion-source en droit de l'environnement. Le réchauffement climatique, par le relai médiatique intense qui l'accompagne, est également une source d'émotion remarquée, là aussi source du droit. Deux exemples illustrent l'assertion.

Le premier est classique : c'est la convention internationale visant la réduction de la production de gaz à effet de serre : le protocole de Kyoto. Cependant, les parties à la convention s'engagent sur des objectifs, sans que des mécanismes de coercition, de sanction ne soient prévus en cas de manquement[18].

En réaction, se multiplient les actions de la société civile, parfois sous forme de contentieux. C'est le cas du recours d'une association, dénommé *Urgenda.* Constatant que les Pays-Bas n'atteindraient pas leur engagement de réduction des gaz à effet de serre à temps, l'association a intenté une action devant le juge national pour faire reconnaître la carence de l'Etat. La Cour suprême des Pays-Bas à fait droit à cette demande[19]. Face à ce succès, de nombreux recours ont été intentés devant d'autres juridictions, sous des formes

---

[15] Crim. 17 déc. 2019, n° 17-87.465, *JCP* 2020. 342, note F. Rousseau ; Crim. 17 déc. 2019, n° 17-87.465, *JCP* 2020. 342, note F. Rousseau.

[16] Loi n° 2003-699 du 30 juillet 2003 *relative à la prévention des risques technologiques et naturels et à la réparation des dommages.*

[17] N. Reboul-Maupin, « La prévention des risques technologiques : aspects juridiques », *LPA*, n° 251, 16 déc. 2004.

[18] M. Torre-Schaub, Ch. Cournil, S. Lavorel, Moliner-Dubost, *Quel(s) Droit(s) Pour Les Changements Climatiques ?*, Mare&Martin, 2018, p. 82.

[19] Cour suprême des Pays-Bas, 20 déc. 2019, n° 19/00135, *D.* 2020. 1012, obs. V. Monteillet et G. Leray.

différentes. En Allemagne[20], en France[21], ou au niveau européen devant la Cour européenne des droits de l'Homme, ces contentieux se développent et rencontrent un succès sans précédent[22].

Ces quelques exemples de réactions du droit à une émotion suscitée par un acte de dégradation de l'environnement sont nombreux, et bien d'autres encore pourraient être cités.
Dans ces différentes hypothèses, l'émotion catalyse l'action des pouvoirs publics en réaction à la survenance de la catastrophe. Alors que le droit de l'environnement fait peser, par l'ampleur des risques encourus et par le caractère souvent incertain des dommages porté, un défi à l'élaboration de la norme, l'émotion apparaît comme un déclencheur de l'action publique[23].
Cette action est parfois guidée par la doctrine, source indéniable du droit de l'environnement[24], qui n'échappe d'ailleurs pas à l'influence de l'émotion en la matière[25]. Nombreuses sont les propositions de correction ou d'évolution du droit apparaissant comme des réactions à un constat catastrophiste.

---

[20] Cour constitutionnelle fédérale (*Bundesverfassungsgericht*), 24 mars 2021, 1 BvR 2656/18, 1 BvR 78/20, 1 BvR 96/20.

[21] V. à propos de l' « affaire du siècle » : TA Paris, 3 févr. 2021, n°1904967, *D.* 2021. 240, obs. J.-M. Pastor, 281, comm. M. Hautereau-Boutonnet, et 709, chron. H. Gali ; *AJDA* 2021. 239 ; *JA* 2021, n° 634, p. 12, obs. X. Delpech ; *EEI* 2021, n° 3, Étude 3, obs. M. Torre-Schaub ; *D.* 2021. 1004, comm. G. Leray, V. Monteillet. En outre, à propos de l'affaire de Grande Synthe : CE 19 nov. 2020, n 427301, Grande-Synthe, *D.* 2020. 2292 ; AJDA 2021. 217, et 2020. 2287 ; *JCP A* 2020, n°2337, note R. Radiguet ; *JCP* 2020. 2138, note B. Parance et J. Rochfeld ; *D.* 2021. 1004, comm. G. Leray, V. Monteillet.

[22] V. Pour une présentation des affaires climatiques pendantes devant le juge de Strabourg G. Leray, V. Monteillet, « Panorama de droit de l'environnement », *D.* 2021. 1004.

[23] M. Callon, P. Lascoumes, Y. Barthe, *Agir dans un monde incertain. Essai sur la démocratie technique*, Paris, Le Seuil, 2001 ; F. Chateauraynaud, « Les topiques environnementales entre controverses et conflits. Écologie politique et sociologie pragmatique en France », in L. Charles, H. Lange B. Kalaora, F. Rudolf (dir.), *Sciences sociales et environnement en Allemagne et en France*, L'Harmattan, 2014, 480 p.

[24] M. Prieur, « Avant propos », *RJE* 2016/HS16, p. 5.

[25] M. Torre-Schaun, « La doctrine environnementaliste : une dynamique au croisement du savoir scientifique et profane », *RJE* 2016/HS16, p. 219 ; G. J. Martin, « Le droit économique de l'environnement, une nouvelle frontière pour la doctrine et l'enseignement du droit de l'environnement ? », *RJE* 2016/HS16, p. 72.

II. *Émotion-source* et théorie des sources du droit

Malgré le constat, incontestable, que la catastrophe met en mouvement le droit de l'environnement, demeure une question essentielle : peut-on, au sens du droit, qualifier l'émotion ainsi provoquée de « source » du droit ?

Le terme, pour les juristes de « source » revêt un sens particulier, objet d'une attention marquée des universitaires[26]. Les sources du droit sont d'abord qualifiées de « formelles ». Gény voit cette catégorie composée de la loi, de la coutume, de la jurisprudence et de la doctrine[27]. Des auteurs contemporains y ajoutent le contrat, les principes généraux du droit et le standard[28]. Les sources du droit sont ensuite dites « matérielles »[29], lorsque le droit est influencé par le simple fait. Nul doute que l'émotion, si elle est une source intègre cette seconde catégorie, parce que l'émotion provient d'un simple fait. Cette conviction du lien entre fait catastrophique de destruction de l'environnement et création du droit est partagée par d'autres[30].
Un simple fait, voilà bien, à considérer les choses sous l'angle des sources du droit, la qualification que les juristes attacheront aux catastrophes énoncées plus tôt[31]. *A fortiori*, les émotions suscitées par celles-ci sont bien des faits, et aucunement des sources formelles. Faut-

[26] P. Amselek, « Brèves réflexions sur la notion de "sources du droit" », in APD, 1982, t. 27, p. 251. Pour une remarquable synthèse des différentes perceptions du sujet : v. S. Goltzberg, *Les sources du droit*, PUF, Coll. Que sais-je ?, 2016. V. pour l'analyse de la perception du sujet par deux des plus éminents juristes français du XXe s : J.-P. Chazal, « Léon Duguit et François Gény, Controverse sur la rénovation de la science juridique », *Revue interdisciplinaire d'études juridiques* 2010/2, p. 85 et s.
[27] F. Gény, *Méthode d'interprétation et source en droit privé positif*, t. 2, L.G.D.J., 1919, spéc. p. 84 et s.
[28] S. Goltzberg, *op. cit.*, p. 37.
[29] *Ibid.*
[30] J. Bétaille, « Aux sources catastrophiques du droit des catastrophes », in F. Bost, S. Daviet, *Entreprises et environnement : quels enjeux pour le développement durable* ?, Presse universitaire de Paris Nanterre, 2011, p. 43.
[31] Sans s'encombrer de l'émotion, pourtant dans cette hypothèse moteur incontournable de l'évolution du droit, la doctrine environnementaliste a déjà théorisé le rôle de la catastrophe en tant que source du droit. V. P. Segur, « La catastrophe et les risques naturels, essai de définition juridique », in *Revue de droit public*, 1997, p. 1693 ; J.-M. Lavielle, M. Prieur, J. Bétaille, *Les catastrophes écologiques et le droit : échecs du droit, appels au droit*, Bruylant, 2012. pp. 483-488.

il voir dans ces faits des sources objectives du droit ? La réponse peut être apportée à l'aide du fort engouement doctrinal que la question a suscité.

Demogue[32], parmi d'autres[33], a théorisé, dans l'étude des sources du droit, la révolte des faits contre le monopole présumé de la loi[34]. S'il note la prédominance des sources formelles, Demogue remarque l'importance du fait[35], source nécessaire, parmi d'autre d'un droit idéal[36]. Le fait de catastrophe serait donc une source potentielle. Mais nous pensons que ce serait par le prisme de l'émotion provoquée qu'elle se manifesterait en une source matérielle certaine.
D'autres réflexions propres aux sources permettent de percevoir le rôle de l'émotion. Ainsi en va-t-il de la pensée de Ripert. Il serait anachronique de rechercher dans « Les forces créatrices du droit », une attention directe portée au droit de l'environnement[37], car elle fut construite avant l'essor de la matière. On y trouve pourtant des indices déterminants de réponse. Après avoir dressé une liste des différents phénomènes sociaux, Ripert constate qu'aucun d'entre eux, en tant que tel, n'est une source directe du droit. La catastrophe n'est pas, à elle seule, une source. Ripert remarque une carence. Pour que le fait se métamorphose en droit, un maillon doit être rajouté. Il poursuit : « il n'est pas de règle juridique qui soit imposée fatalement par les faits. Seules les volontés humaines créent des règles de vie »[38]. Volonté

---

[32] V. A. Dhonte, « Les sources du droit chez René Demogue », *Revue interdisciplinaire d'études juridiques* 2006/1, p. 89 et s.

[33] Il s'inscrit en cela dans un courant doctrinal marqué, dans lequel l'on classe également Gény et Saleille (v. Ch. Jamin, H. Capitant et R. Demogue, « Notation sur l'actualité d'un dialogue doctrinal », *in L'avenir du droit. Mélanges Terré*, 2000, p. 131).

[34] R. Demogue, *Les notions fondamentales du droit privé. Essai critique pour servir d'introduction à l'études des obligations*, Rousseau, Paris, 1911, p. 96.

[35] « Mais le fait n'en est pas moins là comme une source aveuglée qui agit en dessous et comme elle peut », *ibid.*, p. 22.

[36] Il s'inscrit en cela dans un courant doctrinal marqué, dans lequel l'on classe également Gény et Saleille (v. Ch. Jamin, H. Capitant et R. Demogue, « Notation sur l'actualité d'un dialogue doctrinal », *in L'avenir du droit. Mélanges Terré*, Dalloz, 2000, p. 131).

[37] G. Ripert, *Les Forces créatrices du droit*, L.G.D.J., 1955, spéc. p. 84.

[38] En pensant au rôle de la catastrophe, J. Bétaille remarque dans le même sens : « c'est l'instrumentalisation qui est faite des catastrophes par les différents acteurs du droit, par la lutte des intérêts de ces acteurs, qui constituent les forces créatrices du droit des catastrophes » (« Aux sources catastrophiques du droit des catastrophes »,

humaine, fondée sur l'émotion suscitée par la peur que ne se reproduisent les catastrophes passées !
Sans évoquer le terme d' « émotion », Duguit défend que la source créatrice du droit réside dans l'état de conscience, formé par deux facteurs : le sentiment de socialité et le sentiment de justice[39]. C'est de la conscience qu'une règle est nécessaire, perceptible dans « la masse des individus », que nait la norme de droit[40]. Or, cette conscience, par le prisme du relai médiatique suscité par une catastrophe[41], est engendrée et modulée par les émotions.

Voilà qui confirme la conviction initiale formulée à propos de l'*émotion-source*, que l'on peut désormais schématiser ainsi : Le fait de dégradation de l'environnement (objet), entraîne une émotion, la peur (cause), qui conduit, par le truchement de l'intervention du législateur, spontané ou initié par l'opinion publique, à l'évolution du droit (conséquence).
La distinction doctrinale entre le dommage et le préjudice permet de percevoir l'articulation entre catastrophe et émotion. Le dommage, fait objectif, lésion initiale, cause des préjudices, conséquences du dommage subjectivement perçues par des sujets de droit[42]. Il est acquis que le préjudice seul entraîne des conséquences juridiques. Pour décliner ce schème, dont les spécialistes de responsabilité civile sont coutumier, on pourrait présenter les choses ainsi : la catastrophe, *fait objectif*, entraîne une émotion, *élément subjectif*, seul objet de

---

art. préc.). C'est dans cette instrumentalisation que se niche le rôle moteur de l'émotion.

39 À ce propos, v. *Traité de droit constitutionnel*, tome 1, E. de Boccard, 3e éd., 1928, p. 116 et s.

40 « Demander si tel élément social est une source du droit, c'est demander si cet élément social […] apparaît à la masse des consciences individuelles comme légitimant l'intervention pour sanctionner cette règle de ce qu'il y a dans une société donnée de forces contraignantes. Or, le seul élément social qui puisse donner à une règle ce caractère, c'est la conscience existant dans la masse des individus composant le groupe, qu'il est nécessaire, pour le maintien de la solidarité sociale et qu'il est juste qu'une sanction de contrainte sociale intervienne », *ibid.*, p. 153 (souligné par nous).

41 B. Lamizet, « L'émotion dans les médias », *art. préc.*

42 V. not. J. Ghestin, P. Jourdain, G. Viney, *Les conditions de la responsabilité*, L.G.D.J., 4e éd., 2013, v. spéc. p. 249 ; S. Rouxel, *Recherches sur la distinction du dommage et du préjudice en droit français*, Th. Grenoble II, 1994 ; F. Leduc, « Faut-il distinguer le dommage et le préjudice ? : point de vue privatiste », *RCA*, mars 2010, pp. 10-17 ; C. Paillard, « Faut-il distinguer le dommage et le préjudice : point de vue publiciste », *RCA*, mars 2010, pp. 17-24.

conséquences juridiques.

Limiter le constat à la seule *émotion-source* née des catastrophes ne serait toutefois pas rigoureux. Dans un domaine proche du droit de l'environnement, souvent imbriqué avec les enjeux propres à la matière, l'émotion joue un rôle tout aussi moteur, sans qu'il soit besoin d'en passer par une catastrophe. En droit animalier, l'émotion est à double titre une source d'évolution du droit. D'abord, l'émotion ressentie par les sujets de droit face à la souffrance animale est le point de départ de nombreuses législations en matière de protection de l'animal[43]. Ensuite, c'est l'émotion, ou plutôt la question de la capacité à ressentir une émotion, qui anime une part remarquable des débats relatifs à la personnification de l'animal. Cette capacité à construire des émotions apparait, dans la perspective de plusieurs auteurs, comme un argument déterminant de l'octroi de la personnalité juridique à l'animal[44], et potentiellement en la matière, d'évolution du cadre juridique afférent.

III. La juste place de l'émotion-source

Le constat initial se trouve confirmé par l'étude. Faut-il s'en réjouir ? Ce n'est pas certain. Certes, la peur, l'émotion, provoquée par la catastrophe a pour effet d'attirer l'attention du législateur. Mais cet effet est à double tranchant.

Cela entraîne d'abord un effet vertueux. Il est fondamental que le droit de l'environnement soit en lien avec le réel[45]. En cela l'émotion est un incubateur bienvenu des nécessités d'adaptation du droit de

[43] Tel est le cas de la loi Grammond de 1850, qui prohibait les mauvais traitements infligés aux animaux perpétrés en public. Le général Grammont, à l'origine du texte s'était particulièrement ému du sort des chevaux de guerre (v. E. Pierre, « Réformer les relations entre les hommes et les animaux : fonction et usages de la loi Grammont en France (1850-1914) », *Déviance et Société* 2007/1, p. 65 et s.).

[44] V. en particulier les réflexions de J.-P. Margénaud, *Penser le comportement animal*, Éditions Quæ, 2010, passim ; v. aussi F. Burgat. « Prendre la sensibilité au sérieux », in J.-P. Marguénaud, F. Burgat, J. Leroy, *Le droit animalier*, PUF, 2016, p. 167 et s.

[45] La doctrine souligne cette nécessité en indiquant que « le droit de l'environnement est vain s'il n'est une fiction régulatrice du donné écologique (c'est-à-dire la lecture scientifique de la nature) » E. Naim-Gesbert, « Causes du droit général de l'environnement », *RJE*, 2015/3, p. 401 et s.

l'environnement à la réalité de l'environnement[46].

Un exemple permet de s'en convaincre : Le naufrage de l'Erika le 12 décembre 1999. La pollution, l'incurie des pouvoirs publics face à celle-ci, puis le procès de l'Erika ont bénéficié d'une couverture médiatique importante, vecteur d'émotions variées[47]. Saisi de l'affaire, le juge a consacré la notion de préjudice écologique pur[48], soit un moyen d'exiger la réparation des atteintes causées à la nature elle-même. Dès 2016, prenant appui sur des réflexions doctrinales nombreuses[49], le législateur intégrait ces principes dans le Code civil[50]. La *soft law* n'est à ce titre pas en reste. Les sciences de gestion étudient les répercussions des émotions des associés sur la gouvernance d'entreprise[51]. Pour accompagner, prévenir, ou encourager l'émotion suscitée par un événement en lien avec l'environnement pour les parties

---

[46] Ripert annonce cette nécessité d'adaptation du droit positif au réel lorsqu'il affirme que « Le donné réel ou matériel est seulement constitué par les éléments physiques du milieu où vit l'homme. Nul doute que si ces éléments se modifient, une réglementation juridique devienne nécessaire », *op. cit.*

[47] B. Lamizet, « L'émotion dans les médias », *art. préc.*

[48] Crim., 25 sept. 2012, n°10-82.938 (« M. Boutonnet, L'Erika : une vraie-fausse reconnaissance du préjudice écologique », *Environnement 2013*, étude 2 ; F.-G. Trébulle, « Quelle prise en compte pour le préjudice écologique après l'Erika ? », *Environnement* 2013, étude 9 ; M. Bacache, « Quelle réparation pour le préjudice écologique ? », *Environnement* 2013, étude 10, M.-P. Camproux-Duffrène, « Entre environnement *per se* et environnement pour soi : la responsabilité civile pour atteinte à l'environnement », *Environnement* 2012, étude 14). Il faut noter que l'arrêt, s'il est bien le premier rendu en ce sens par la Cour de cassation, fut précédé de nombreuses décisions des juges du fond (V. not. TGI Bastia, 8 déc. 1976, La Prud'hommie des pêcheurs de Bastia et a. c/ Société Montedison, D. 1977, jur., p. 429, note M. Rémond-Gouilloud. La décision fut suivie par de nombreuses autres. V. G. Gaillard, L. Neyret, « Recueil de décision relatives au dommage environnemental », in G. J. Martin, L. Neyret (dir.), *Nomenclature des préjudices environnementaux*, L.G.D.J., 2012, p. 311).

[49] V. not. L. Fonbaustier, Promouvoir et améliorer la réparation du préjudice écologique, *JCP G.* 201, 1006 ; B. Parance, « Du rapport Jégouzo relatif à la réparation du préjudice écologique » *Gaz. Pal.* 31 oct. 2013, p. 2838 ; G. J. Martin, « Le rapport pour la réparation du préjudice écologique », *D.* 2013. p. 2347 ; M.-P. Camproux-Duffrène, « Pour l'inscription dans le Code civil d'une responsabilité civile environnementale », *Env. et dév. Durable*, NS juil. 2012, p. 39.

[50] Loi n° 2016-1087 du 8 août 2016 pour la reconquête de la biodiversité, de la nature et des paysages (L. Neyret, La consécration du préjudice écologique dans le Code civil, D. 2017, Chron.p. 924).

[51] N. Darras-Barquissau, « La prise en compte des émotions dans le comportement des actionnaires individuels minoritaires, Construction et validation d'échelles de mesure », *La Revue des Sciences de Gestion*, 2018, n°291-292, p. 103.

prenantes, principalement des associés ou des clients, des entreprises se dotent en effet d'outils de contrôle, de *reporting* extra-financier, voire modifient leur processus de production ou de gouvernance[52]. Cette tendance, manifestation de l'essor de la RSE, ne doit pas être dédaignée. Le renforcement de la valeur normative des mécanismes de *soft law* encourage en effet à y percevoir une source d'effets concrets[53], dont l'émotion est la source.

Dans ces hypothèses, le régime élaboré en réaction à une émotion semble fonctionnel, comme en attestent les premières décisions d'ampleur rendues en la matière[54]. Il faut à ce propos souligner que si l'*émotion-source* apparaît comme un incubateur d'évolution de la norme, la science est le relai nécessaire à l'application du droit de l'environnement. Le constat est particulièrement prégnant en matière de préjudice écologique pur, où l'application des textes se heurtent à la question déterminante des mesures adéquates de réparation du préjudice. Celles-ci ne peuvent s'affranchir du relai de l'écologie et de l'éthique environnementale[55].

Toutefois face à cet effet positif se dresse un effet négatif. Attirer l'attention du législateur sous le coup d'une émotion, réagir trop vite, sans le temps de la réflexion, est souvent l'une des sources de l'inflation législative. En cela, la catastrophe est au droit de l'environnement ce que le fait divers est en droit pénal. Réagir à l'émotion de l'opinion publique a bien souvent pour conséquence l'adoption d'un texte de loi peu clair, sans cohérence avec les textes existants.
Le constat est flagrant si l'on se limite au droit des catastrophes. À force de réagir aux différents événements, on trouve dans la loi une accumulation de termes, entraînant chacun un régime particulier :

---

[52] S. Porcher, Th. Porcher, « RSE, parties prenantes et événements rares : le cas de deux marées noires », *La Revue des Sciences de Gestion*, 2012, n° 253, p. 115.

[53] *Le droit souple*, Etude annuelle du Conseil d'Etat 2013 [En ligne] https://www.vie-publique.fr/sites/default/files/rapport/pdf/144000280.pdf.

[54] Outre aux quelques applications du préjudice écologique pur, on pense en particulier, bien qu'il faille ici confesser un certain penchant à l'optimisme, au développement des contentieux climatiques. Nés de l'émotion suscitée par les conséquences du changement du climat manifesté par la société civile, ceux-ci pourraient entraîner une évolution sensible du droit (v. *supra*).

[55] V. pour une analyse de ces questions à la lumière d'un cas d'espèce : Marseille, 6 mars 2020, n°18330000441 : *D*. 2020. 1553, note G. Leray, J. Bardy, G. J. Martin et S. Vanuxem.

risque naturel, risques majeurs, risques naturels prévisibles, calamités nationales, calamité publique, calamité agricoles, cataclysme[56]. Le justiciable s'y perd, tout comme, parfois, et la jurisprudence en atteste, l'administration ou le monde de l'assurance[57]. L'éparpillement des normes élaborés face à l'émotion cause bien souvent une difficulté de lecture du droit[58].

Si l'on n'y prend pas garde, le schéma énoncé tout à l'heure se transforme ainsi : le fait de catastrophe engendre l'émotion qui est source de droit. Toutefois, le droit ainsi crée n'est pas satisfaisant, car il est trop prolifique, et trop peu efficace.

Pour éviter cet écueil, des solutions de bon sens sont envisageables.

- D'abord, le législateur ne doit pas se laisser entraîner par la spirale du temps court. L'émotion doit passer par le tamis d'une véritable réflexion scientifique et parlementaire afin de répondre aux enjeux soulevés par la dégradation de l'environnement.
- Plutôt que d'ajouter à la norme, il faut sans doute améliorer l'efficacité du droit existant[59].

On se gardera donc bien de condamner l'*émotion-source*. La réaction primaire face au sentiment d'injustice, de peur, de crainte, doit guider la main du législateur, en ce que ces sentiments de bon sens constituent les ferments du juste[60]. Mais la norme doit ensuite trouver un juste

---

[56] J. Bétaille, « Aux sources catastrophiques du droit des catastrophes », *art. préc.*
[57] *Ibid.*
[58] Or, l'exigence de lisibilité et d'accessibilité du droit est un objectif à valeur constitutionnelle depuis 1999 (Cons. const. 16 déc. 1999, n°99-421 DC, Codification par ordonnances, RJC, I, 856. Le Conseil censure les dispositions législatives ne correspondant apas à cette exigence : v. not. Cons. const. 16 juill. 2009, n°2009-584 DC , Réforme de l'hôpital, JO 22 juill., p. 1224 ; *D.* 2010. 1508, obs. Bernaud et Gay ; *RFDA* 2009. 1270, note Rambaud et Roblot-Troizier).
[59] Ripert le notait : « Bien souvent, la règle ancienne suffit, ou a suffi longtemps, à régler les rapports nés d'une exploitation nouvelle » (*op. cit.*, p. 37).
[60] Tel était la conviction de Duguit, lorsqu'il évoque le sentiment de justice qui est d'après lui « variable dans ses modalités et dans ses applications ; mais il est général et constant dans son fond qui est à la fois proportion et égalité » (*op. cit.*, p. 124), reposant toujours malgré les mouvements du temps sur la notion de justice aristotélicienne.

équilibre entre la réponse à l'opinion publique, et la réalité scientifique, qui peut nécessiter des réponses de long terme[61].

L'analyse s'est focalisée autour d'une *émotion-source* négative : la peur. Au rebours de celle-ci, d'autres émotions revêtent un rôle moteur dans l'établissement de la règle de droit. En atteste le rôle du *beau* dans la loi du 2 mai 1930 sur la protection des sites naturels[62]. Pour classer un site sous l'empire de cette loi, nul besoin de démontrer le caractère exceptionnel de la biodiversité qui s'y trouve, contrairement aux autres outils ultérieurs de protection incarnés notamment par les parcs naturels, les zones Natura 2000, ou les réserves naturelles. Le seul constat que le site est pittoresque permet de justifier le classement.

Le beau, meilleur moteur que la peur ? On l'espère, et on ne peut qu'aspirer, afin d'équilibre, à ce qu'une *émotion-source* plus positive guide l'évolution du droit de l'environnement.

[61] V. sur le sujet de l'élaboration du droit de l'environnement : E. Naim-Gesbert, « Maturité du droit de l'environnement », *RJE*, 2010/2, p. 231 et s.

[62] J-M Février, E. Naim-Gesbert, R. Radiguet, *La protection des sites et monuments naturels: retour sur la loi du 2 mai 1930*, Mare&Martin (à paraître).

L'utilisation des thérapies cognitivo-comportementales (TCC) face aux dysfonctionnements émotionnels

Jérôme PALAZZOLO

I. Introduction : les émotions

L'émotion est un état affectif avec trois composantes de base. Prenons l'exemple de la joie ; nous allons donc retrouver :

- une composante situationnelle : rencontrer Karine dans la rue.
- une composante cognitive : percevoir Karine comme désirable.
- une composante physiologique : accélération du rythme cardiaque et respiratoire, libération de différents neurotransmetteurs au niveau du cerveau (tels que la dopamine et l'ocytocine…).

Selon Plutchik (1980), huit émotions primaires (au centre) se combinent en émotions secondaires (en périphérie) :

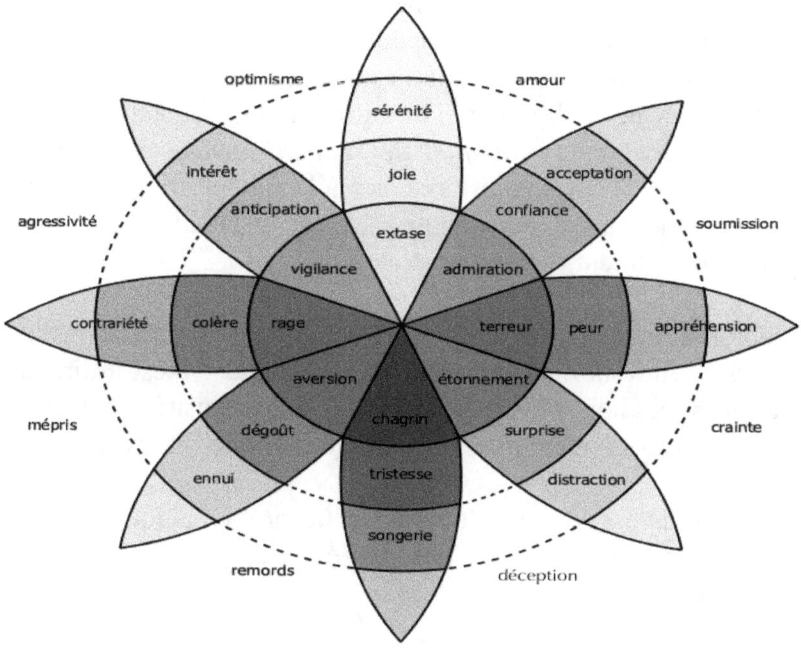

À première vue, il semble que les émotions positives jouent un rôle important dans le domaine de la psychologie positive au sens large (Palazzolo, 2020a), tout simplement parce qu'elles sont les indicateurs d'un bien-être optimal. Il est certain que les moments de notre vie caractérisés par des expériences à l'origine d'émotions positives (telles que la joie, la sérénité, l'amour…) correspondent à des périodes dans lesquelles nous ne sommes pas en proie à des émotions négatives (telles que la peur, la tristesse ou la colère). Conformément à cette intuition, il a été démontré que l'équilibre général des émotions positives et négatives d'un individu contribue à son bien-être subjectif (Diener, Sandvik et Pavot, 1991). En ce sens, les émotions positives témoignent d'un fonctionnement optimal… mais on ne peut les réduire à cette simple fonction « baromètre » : elles ont en elles-mêmes un rôle actif dans la genèse dudit fonctionnement optimal, et pas uniquement à l'instant T agréable, mais également sur le long terme. Le message fondamental à retenir est qu'en cultivant des émotions positives on parvient à obtenir une conjoncture favorable, et qu'en parallèle on se donne les moyens de parvenir à un épanouissement personnel et à une amélioration de la santé psychologique et somatique au fil du temps.
Myers et David (2004) définissent l'émotion (du latin *motio*, « action de mouvoir, mouvement ») comme une expérience psychophysiologique complexe de l'état d'esprit d'un individu lorsqu'il réagit aux influences biochimiques (interne) et environnementales (externe). Chez l'homme, l'émotion inclut fondamentalement "*un comportement physiologique, des comportements expressifs et une conscience*". L'émotion est associée à l'humeur, à l'histoire propre de la personne, à la personnalité, à la disposition du moment et à l'environnement.

L'émotion peut dans certains cas devenir pathologique, dans le sens où – lorsqu'elle survient de manière désadaptée, c'est-à-dire dans des circonstances non souhaitables ou avec une intensité trop forte – elle va avoir un impact négatif sur le comportement de l'individu.

Nous allons essayer ici d'aborder cette problématique afin de mieux comprendre comment un trouble de l'émotion parvient à perturber notre fonctionnement.

II. De l'émotion (adaptée ou pathologique) au comportement

A. LES THÉORIES PHYSIOLOGIQUES ET COGNITIVES DES ÉMOTIONS

Plusieurs théories ont tenté d'expliquer les liens étroits qui existent entre le phénomène psychologique subjectif et les modifications de l'activité des organes viscéraux contrôlés par le système nerveux végétatif. Le large débat qui s'est déroulé pendant près d'un siècle sur la primauté du corps ou du cerveau dans le déclenchement des émotions s'appuie sur les positions dualistes de James et Lange d'une part, et sur celles de Cannon et Bard d'autre part.

Au tournant du vingtième siècle, William James (James, 1884) a suggéré que les émotions naissent de la perception des changements corporels provoqués en réaction aux stimuli affectifs. Le cerveau ne servirait qu'en second lieu afin de détecter ce changement et de le reconnaître.

Environ à la même époque, Carl Lange (Lange, 1922) avance une théorie tout-à-fait en accord avec celle de James, accentuant la dichotomie entre l'émotion – qui siègerait dans notre corps – et la cognition – produite dans notre cerveau –.

Toutefois cette vision a ensuite été vivement critiquée, notamment par les physiologistes Walter Cannon et Philip Bard, qui l'ont mise en défaut dans leurs travaux (In Arnaud et Palazzolo, 2013).

En effet, les changements physiologiques constatés durant les diverses émotions ne sont pas assez spécifiques pour pouvoir être rattachés à une émotion particulière. Ainsi Cannon a pu s'apercevoir que les changements viscéraux pouvaient être similaires pour des émotions différentes.

En outre, les observations sur la qualité émotionnelle de patients souffrant de section de la moelle n'ont pas montré d'altération de l'intensité de leurs états affectifs.

Cannon a donc proposé un modèle opposé de la genèse de l'émotion. Selon cet auteur, l'émotion trouverait son origine dans le système

nerveux central et les changements viscéraux interviendraient dans un deuxième temps.
Schachter (1964) a proposé une conception réconciliatrice de ces deux positions. Cet auteur considère que les individus interprètent l'activation viscérale en fonction des stimuli présents dans l'environnement. Ainsi, une émotion résulterait de l'interaction entre l'activation physiologique d'une part et l'interprétation cognitive de cet état d'activation ainsi que du contexte environnemental où il prend place d'autre part.

L'élaboration des théories de l'émotion s'est ensuite concentrée sur le concept d'évaluation. Ces théories considèrent que bien que le substrat de l'émotion subjective soit fourni par les modifications corporelles, la cognition viendrait non seulement rattacher ces sensations au contexte émotionnel mais également apporter la richesse et la panoplie des expériences émotionnelles.

B. ÉMOTIONS ET COGNITION

La cognition est la faculté de connaître et de reconnaître. Elle permet à un individu d'acquérir des informations relatives à son environnement et d'établir des liaisons logiques et pourvues de sens entre différentes informations mémorisées. Il s'agit donc également de la faculté de reconnaître. Ces différents processus permettent la transformation de l'information en données mémorisables, l'élaboration et la mise en mémoire de l'information et l'utilisation de cette information mémorisée. Ainsi, la cognition est liée de façon intrinsèque aux émotions et à la mémoire, qui représentent un processus de base dans l'élaboration des fonctions cognitives.

Deux fonctions déterminent le processus cognitif.

- *Les capacités attentionnelles*, qui sont importantes à prendre en compte car la performance mnésique se situe en aval de cette étape. Il s'agit par exemple pour un patient de pouvoir écouter les explications ou les prescriptions du médecin de bout en bout en maintenant la même concentration. On distingue deux types d'attention, l'attention sélective et l'attention soutenue qui correspond au fait de focaliser durablement son attention sur une seule information.

- *Les fonctions exécutives*, comme la capacité à résoudre des problèmes, constituent une étape indispensable à l'élaboration des processus cognitifs. Il peut s'agir ici, par exemple, pour un piéton d'attendre qu'un feu de circulation soit rouge pour les automobilistes avant de traverser une avenue, puis, lors de la traversée, de veiller à ce que toutes les automobiles soient bien arrêtées pour se retrouver sur le trottoir d'en face. Ainsi, dans cet exemple, la résolution du problème « traverser l'avenue » nécessite la prise en compte correcte de la couleur des feux de circulation, du mouvement des automobiles et du but de l'action qui est de se rendre de l'autre côté de l'avenue. Les fonctions exécutives déterminent la capacité du sujet à gérer l'ensemble des processus cognitifs, comme la vitesse de traitement de l'information, et rentrent en jeu dans la planification d'une action. Si l'on reprend l'exemple précédent, le sujet doit non seulement intégrer la prise en compte des différents éléments de la traversée de l'avenue, mais également savoir les organiser et exécuter l'action de traverser dans un laps de temps adapté à la durée du feu rouge.

C. ÉMOTIONS ET MÉMOIRE

Que ce soit par la colère d'une trahison, par honte, par humiliation publique ou privée, par amour, par joie, ou simplement par peur de mourir, tous nos souvenirs sont codés par l'émotion. Lorsque nous interrogeons quelqu'un sur son passé, c'est forcément sa mémoire que nous interrogeons, une mémoire sélective, fortement imprécise, oublieuse des contextes, entièrement reconstruite, mais toujours codée d'émotions bonnes et mauvaises. Lorsqu'un souvenir est « bon », il faut supposer qu'il a établi un grand nombre de connexions directes ou indirectes avec *l'axe hédogène*, l'axe des émotions positives, et la gamme étendue d'émotions que celui-ci active pour notre plaisir, notre affirmation, ou notre satisfaction, tels la joie, le confort, la possession, la puissance, l'attachement. *A contrario,* le souvenir se révèlera « pénible » si son éveil amorce les réseaux codés par *l'axe nociceptif*, l'axe de la douleur, lequel génère une vaste palette d'émotions noires et douloureuses, telles la peur, la détresse, la répulsion, la colère. Il faut supposer que les souvenirs sont codés par des émotions conjointes, mais aussi par des émotions contraires, qui donnent aux mémoires une force d'action multiple dans la construction des associations d'idées. Par l'effet du codage mnésique, les émotions se proposent sans doute comme des acteurs de premier plan pour la pensée puisque, agréables ou désagréables, nos mémoires restent longtemps illuminées par l'émotion évanouie.

D. ÉMOTIONS ET INTERACTIONS SOCIALES

Un des aspects des émotions qui nous intéresse tout particulièrement est celui des émotions « cachées » ou « intuitives », qui peut être assimilé au langage non-verbal. Quelques psychiatres illustres se sont penchés sur le rôle fondamental de l'émotion dans l'interaction. Stern (1985) par exemple a pu définir la notion d' « accordage affectif » pour décrire l'aptitude d'un individu à répondre à l'expression émotionnelle de son interlocuteur en adoptant une mimique faciale, une tonalité vocale et des mouvements adéquats. Ces changements se font tout au long de la relation et doivent s'appuyer sur une durée, une intensité et un rythme bien définis.

Ainsi cet échange émotionnel se déroule correctement lorsque la personne engagée dans la relation arrive à partager les émotions de son interlocuteur sans simplement imiter ses expressions faciales. En fait, cette expérience – que chacun de nous vit tout au long de la journée – fait partie du répertoire conventionnel des relations sociales et se déroule sans que nous y prêtions attention.

On voit donc ici que l'accordage affectif est un phénomène non seulement extrêmement fréquent mais également incontournable lors de nos interactions avec notre environnement social. Bien que le déroulement de cette procédure communicative soit en grande partie automatique, elle nécessite l'intégrité des compétences émotionnelles. En effet, répondre adéquatement aux informations affectives implique de correctement les reconnaître. De surcroît, cette capacité d'identification des émotions est étroitement liée à la faculté de ressentir ces émotions. En d'autres termes, la faculté de se représenter l'état émotionnel vécu par son interlocuteur nécessite d'une part de connaître soi-même l'expérience émotionnelle en question, et d'autre part de pouvoir correctement attribuer cette expérience aux vues du contexte. Nous touchons ici au domaine en pleine expansion de la théorie de l'esprit.

Enfin, en dernier lieu, la finalité de l'harmonisation des rapports interpersonnels se fait au travers de notre capacité d'expression émotionnelle. Il est important d'avoir la possibilité d'adopter une mimique faciale, une intonation de voix et une attitude générale qui soit en rapport avec l'émotion décryptée chez notre interlocuteur.

III. Les émotions négatives de base

L'ensemble des émotions pouvant être ressenties par l'être humain représente une palette très large. Mais quatre grands sentiments négatifs se détachent, susceptibles d'induire nombre de comportements pas toujours adaptés à la situation.

- **La colère :** un inconnu cherche à vous doubler dans une file d'attente au cinéma. Pire : vous réalisez qu'un ami proche vous a trahi ou bien encore votre responsable hiérarchique vous reproche des choses injustifiées. Vous sentez alors la colère vous envahir, tout d'abord sous la forme d'une tension sourde, qui grandit jusqu'à une fureur que vous ne pouvez plus contenir. Il s'agit là d'un sentiment agressif et violent, à l'origine d'une dynamique parfois positive ou regrettable… Les causes de la colère sont multiples. Au tout début, on retrouve généralement une frustration, qui s'exprime lorsque l'on est victime d'une injustice face à laquelle on ne peut rien faire. L'intrusion sur notre territoire et l'entrave à notre liberté constituent également deux sources majeures de colère.

- **La honte :** vous vous rendez compte, trop tard, qu'une énorme tache de café orne votre magnifique chemise blanche juste avant un rendez-vous important, ou vous faites un lapsus d'ordre sexuel alors même que vous avez la parole en réunion. Ou bien, tout simplement, votre compagne vous surprend dans la salle de bains en train de mimer Patrick Bruel devant le miroir… C'est la honte !... Émotion terrible s'il en est, puisque non seulement elle nous tétanise sur place à l'instant T, mais qu'en plus elle laisse des séquelles... Par ailleurs, éprouvée dans un contexte durable, la honte peut avoir un effet dévastateur sur la confiance et l'estime de soi.

- **L'anxiété :** on l'a tous éprouvée en attendant les résultats d'un examen, ou lorsqu'on est dans la salle d'attente du dentiste… L'anxiété se ressent même physiquement lorsqu'elle devient peur : tremblements, tachycardie, tachypnée, mains moites... Ne dit-on pas d'ailleurs que l'on « meurt de peur » ? L'anxiété peut être ressentie aussi bien dans une situation très concrète (peur de tomber au ski sur une piste noire) que pour quelque chose que l'on redoute (peur d'être quitté par sa compagne, par exemple). Il est à noter un point commun à toutes ces situations anxiogènes : l'émotion nous envahit lorsque l'on anticipe la possibilité d'une suite négative à ce que l'on est en train de vivre.

- **La tristesse :** vous apprenez que le poste tant convoité a été attribué à un autre, ou que votre compagne met un terme à votre relation. Passée la colère, la honte, voire la stupeur, c'est de la tristesse que vous ressentez. Tristesse en lien avec la perte, le deuil… La tristesse est une émotion qui survient en second lieu, après le premier choc de la mauvaise nouvelle, quelle qu'elle soit. C'est elle qui fait surgir les larmes, parfois salvatrices, d'autres fois dévastatrices.

IV. Quand l'émotion devient pathologique : l'exemple de l'anxiété désadaptée

« *Dans les moments de grande tension, l'esprit se fixe sur un détail sans importance dont on se souvient parfaitement bien longtemps après, comme si l'anxiété nous l'avait à jamais gravé dans le cerveau* ». Ces paroles d'Agatha Christie dans Le mystérieux Mr Quinn décrivent en partie ce qu'est l'anxiété, émotion qui devient pathologique lorsqu'une sensation de tension intérieure devient douloureuse alors même que rien n'est à craindre. L'anxiété peut être paralysante, ou au contraire susciter de l'agitation, de sorte que l'on est incapable de rester en place. Elle concerne souvent une situation particulière ou un objet spécifique : la peur d'un nouveau contexte social que l'on est incapable d'affronter, par exemple quand on change de travail, des préoccupations excessives concernant son état de santé, la crainte de monter en voiture après un accident, etc.

Mais l'anxiété et l'inquiétude sont des sensations nécessaires. Que l'enjeu soit une promotion professionnelle ou le résultat d'un événement sportif, la plupart des individus éprouve une certaine inquiétude vis-à-vis du résultat final. L'anxiété est une émotion, qui est utile si elle reste modérée. Elle représente alors une réaction adaptée face à une situation difficile. En étant anxieuse, une personne est d'autant plus motivée à se préparer pour un examen ou à s'entraîner pour un championnat important, et peut trouver l'inspiration nécessaire à la réalisation de cette tâche. L'anxiété prépare l'individu à faire face à des situations difficiles ou menaçantes, le pousse à agir, et l'aide à se sortir d'un mauvais pas.

Éprouver de la nervosité en anticipant une situation anxiogène est normal ; mais quand les troubles sont pathologiques, l'angoisse est exagérée et perturbe la vie sociale, familiale ou professionnelle. Dans ce cas, différents symptômes s'associent aux angoisses : une sensation d'oppression thoracique, des palpitations, des sueurs, des tremblements, la gorge serrée, etc. L'anxiété peut alors empêcher le sujet d'agir efficacement, voire elle le rend incapable de gérer ses activités. Une anxiété excessive représente plus qu'un simple trac : c'est une maladie, qui nécessite une prise en charge adaptée.

V. Les thérapies comportementales et cognitives (TCC)

A. QU'EST-CE QU'UNE TCC ?

Une TCC est un traitement psychologique qui porte sur les interactions entre la façon dont on pense, dont on se sent et dont on se comporte (Palazzolo, 2020b). Ce type de prise en charge est généralement limité dans le temps (10 à 20 séances dans la plupart des cas), se concentre sur les problèmes actuels du sujet et suit une dynamique d'intervention structurée. Le développement et la mise en œuvre des TCC ont été étroitement guidés par la recherche. Preuve en est que l'efficacité des TCC a été maintes fois validée pour la plupart des affections psychiques. De nombreux groupes d'experts internationaux ont identifié les TCC lors de diverses conférences de consensus comme étant « la thérapie de référence » pour les pathologies mentales les plus courantes (troubles anxieux, troubles de l'humeur, psychoses, addictions).

Une TCC n'est pas une intervention psychologique uniforme préformatée, mais fait partie d'un ensemble de pratiques. Le thérapeute pourra mettre l'accent sur un aspect spécifique du référentiel (cognitif, émotionnel, comportemental) en fonction de la pathologie qu'il a à traiter, de sa formation et de ses préférences. Les TCC vont lui apporter un ensemble d'outils qu'il pourra proposer à son patient avec pour optique une amélioration clinique rapide et durable.

B. LES DIFFÉRENTES FORMES DE TCC

Les TCC n'ont de cesse d'évoluer avec les progrès de la discipline et les avancées de la recherche.

La première vague des TCC est essentiellement comportementale. Dans les années 1920 jusqu'aux années 1950, la psychologie expérimentale dans son ensemble est comportementale, et donc la psychothérapie aussi. Les préoccupations de l'époque se portent sur la nécessité de se baser sur l'observable et de rejeter l'inobservable (ce que l'on appelait auparavant la psychologie introspective et philosophique). Les recherches réalisées dans ce domaine s'avèrent positives et fructueuses, cette méthodologie éliminant l'intériorité du champ d'étude de la psychologie.

À partir des années 1950 apparait la deuxième vague des TCC : avec l'avènement de la cybernétique et de l'informatique, la psychologie expérimentale vise l'étude de cette intériorité, la concevant comme un système de traitement de l'information tel un ordinateur. Cette période est révolutionnaire : tout en maintenant l'impératif comportemental, la psychologie se ré-intéresse aux fonctions mentales telles que l'attention, la mémoire, la perception, la représentation, la catégorisation, le raisonnement, les structures cognitives. Dans la mouvance de ce changement paradigmatique de la psychologie expérimentale, la psychothérapie devient cognitive. Les troubles psychiques sont alors représentés et étudiés comme le résultat de schémas cognitifs dysfonctionnels.

Enfin la troisième vague, qui nous est contemporaine, est une vague émotionnelle. Il ne s'agit plus de modifier un comportement-problème comme dans l'approche comportementale, ou une pensée dysfonctionnelle comme le préconise l'approche cognitive, mais de changer le rapport du sujet à ses symptômes, à ses pensées, et à ses émotions. La notion d'acceptation rend compte de ce changement de perspective thérapeutique. Les thérapies d'acceptation et d'engagement, développées par Hayes, Strosahl et Wilson (1999), ou celles basées sur la pleine conscience suivant les pratiques de Kabat-Zinn (2014), participent de ce courant. Elles sont résumées ci-après (Rector, 2010) :

La thérapie cognitive basée sur la pleine conscience (mindfulness) :

Les techniques basées sur la pleine conscience peuvent être proposées pour aider le sujet à prendre du recul vis-à-vis de ses pensées négatives dysfonctionnelles, et lui permettre de se rendre compte qu'une cognition ne détermine pas nécessairement un comportement. La pleine conscience est une expression désignant une attitude d'attention, de présence et de conscience vigilante, qui peut être interne (sensations, pensées, émotions, actions, motivations...) ou externe (au monde environnant, aux bruits, aux objets, aux événements...). C'est souvent la méditation qui est utilisée pour enseigner les techniques de pleine conscience, cependant d'autres exercices expérientiels (par exemple le simple fait de marcher ou de manger en étant totalement attentif à ce que l'on est en train de faire) peuvent également être proposés.

Les techniques de pleine conscience peuvent être regroupées en trois catégories :

- La désunion : c'est le fait de prendre du recul par rapport aux pensées, aux croyances et aux souvenirs infructueux afin de mettre fin à leur influence néfaste ;
- L'acceptation : l'objectif est ici d'accepter les pensées et les émotions sans les juger ; il s'agit de les laisser se manifester et s'éloigner sans essayer de les pousser hors du champ de la conscience ou de leur donner un sens précis ;
- Le contact avec le moment présent : c'est vivre pleinement le moment présent avec ouverture et curiosité.

Les techniques basées sur la pleine conscience aident la personne à se soustraire aux réactions automatiques négatives suscitées par les pensées et les sentiments.

La thérapie d'acceptation et d'engagement (ACT) :

La thérapie d'acceptation et d'engagement vise à améliorer la flexibilité psychologique de l'individu, c'est-à-dire sa capacité d'être en contact avec les émotions et les pensées du moment présent tout en maintenant ou en changeant au besoin son action dans la poursuite de ses objectifs ou de ses valeurs.

La flexibilité psychologique permet par exemple d'accepter l'anxiété qui va de pair avec certaines actions que l'on souhaite accomplir, alors que le fait de rechercher à éviter cette émotion à tout prix peut conduire à l'impossibilité d'atteindre ses objectifs à long terme.

La flexibilité est ainsi décrite comme une capacité d'acceptation et d'engagement. L'acceptation est la volonté de vivre des événements non désirables afin de poursuivre ses valeurs et ses buts.

Cette approche psychothérapique vise à aider le sujet à composer avec la douleur et le stress - qui sont inévitables dans l'existence - et à se construire ainsi un parcours épanouissant.

Dans le prolongement direct des interventions basées sur la pleine conscience, l'ACT est une thérapie expérientielle – dans laquelle sont utilisés de nombreux exercices et métaphores – organisée en 6 axes thérapeutiques :

L'acceptation, qui permet d'accueillir ses ressentis inconfortables ;

La défusion, qui permet de se distancer de ses pensées ;

Le contact avec l'instant présent, qui permet de se connecter à son expérience du moment ;

Le soi comme contexte, qui élargit le sens de soi et offre une base de sécurité ;

Les valeurs, qui connectent avec ce qui est important pour soi ;

L'action engagée, qui permet d'agir en phase avec ses valeurs.

La thérapie comportementale dialectique :
Comme son nom l'indique, la thérapie comportementale dialectique est influencée par la perspective philosophique de la dialectique : équilibrer les opposés. Le thérapeute travaille constamment avec le patient afin de concilier deux perspectives apparemment opposées, en favorisant l'équilibre et en évitant le « noir et blanc », c'est-à-dire les styles de pensée de type « tout ou rien ».
Quatre modules sont proposés :
Module 1 : La prise de conscience
L'objectif de ce module est d'améliorer la prise de conscience permanente de la personne vis-à-vis de ce qu'elle ressent, pense et fait, de manière à gérer les stress environnementaux de façon éclairée et non impulsive. Il s'agit de distinguer la conscience factuelle (intellectuelle, objective) de la conscience émotionnelle (ce que l'on ressent), et de reconnaître à tout moment dans quel état de conscience l'individu se trouve afin de pouvoir construire « en temps réel » un état de conscience éclairée qui lui permettra de ne pas réagir impulsivement en fonction de ses seules émotions.
Module 2 : Les compétences d'efficacité interpersonnelle
L'objectif de ce module est d'améliorer la qualité des relations avec les autres :
• être actif dans les relations, ne plus les subir ;
• gérer les conflits existant entre priorités personnelles et demandes des autres ;
• établir un juste équilibre entre désirs et devoirs ;
• ne plus attribuer à l'autre l'unique responsabilité de ses propres pensées et comportements ;
• devenir « expert » de soi-même, agir selon une conscience éclairée et rechercher un objectif dont la priorité peut être :
. l'efficacité : obtenir ce qu'on veut,
. la relation : obtenir que l'on veut mais en privilégiant la bonne relation,
. soi-même : obtenir que l'on veut mais en respectant ses propres valeurs.
Module 3 : Les compétences de régulation des émotions
L'objectif de ce module est d'apprendre au patient à mieux gérer ses émotions et à établir des associations entre situations et émotions : savoir identifier et nommer ses émotions,

apprendre à réduire sa vulnérabilité émotionnelle au quotidien (par exemple limiter l'alcool et les excitants, éviter les personnes toxiques et les situations systématiquement stressantes…)
favoriser les événements induisant une réponse positive.

Module 4 : Les compétences de tolérance à la détresse

L'objectif de ce module est pour le patient d'augmenter sa capacité à accepter et tolérer les situations de détresse qui font partie intégrante de la vie, sans essayer sur le moment d'améliorer la situation ou d'échapper aux émotions négatives inévitables provoquées par ladite situation.

Tolérer la détresse, c'est percevoir son environnement tel qu'il est et non et tel qu'il devrait être ou tel qu'on voudrait qu'il soit, et agir en conséquence. C'est surtout survivre aux situations de détresse en acceptant la vie telle qu'elle est à un moment donné, et en donnant sa chance à notre esprit de voir les choses différemment dans un futur proche.

Dans ces situations de détresse, les émotions négatives sont telles qu'il n'est plus possible de les gérer de manière objective, par exemple en espérant améliorer la situation. Il convient alors d'accepter ces moments et le ressenti douloureux qui les accompagne, sans essayer de changer quoi que ce soit à leur cause mais en s'efforçant d'y survivre.

Accepter ne signifie pas baisser les bras et se résigner, mais au contraire de mettre en place des stratégies qui vont permettre de supporter les émotions envahissantes, trop fortes pour être contrôlées, et de franchir ce cap dans de bonnes conditions.

La thérapie métacognitive :

La métacognition est l'aspect de la cognition qui contrôle les processus mentaux et la pensée. La plupart des gens ont fait l'expérience, dans une certaine mesure, de la métacognition. Par exemple, lorsque vous avez le nom d'une personne « sur le bout de la langue », la métacognition vous indique que ce nom est dans votre mémoire, même si vous ne vous en souvenez pas pour l'instant.

La thérapie métacognitive est centrée sur les processus de pensée plutôt que leur contenu, et vise à aider à réduire et à contrôler les croyances qui génèrent, maintiennent et rendent chronique le mal-être émotionnel. Cela peut être par exemple la rumination, les préoccupations, la focalisation de l'attention sur les stimulations négatives (biais attentionnel négatif), la concentration sur les causes et non pas sur les solutions, etc. Un patient souffrant de dépression par exemple a tendance à ruminer constamment sur ses erreurs et ses échecs passés. En prenant davantage conscience du processus ruminatoire, la personne reprend peu à peu le contrôle de ses pensées.

La thérapie métacognitive suggère d'accepter les pensées selon une « pleine conscience détachée », en ayant à l'esprit que ces dernières ne reflètent pas nécessairement la réalité avec justesse. Elle se centre sur la suppression des processus dysfonctionnels. Cela revient à faire disparaître la manière inflexible de raisonner d'une personne qui la rend « prisonnière » d'un processus négatif prolongé. En définitive, c'est la recherche de notre manière de répondre à nos pensées.

La thérapie des schémas :

Cette approche s'intéresse aux « schémas précoces inadaptés » qui présentent les caractéristiques suivantes :

- Les schémas apparaissent au cours de l'enfance ou de l'adolescence, en tant que représentations de l'environnement du sujet ;
- ils sont basés sur la réalité, et ils reproduisent l'ambiance de leur environnement précoce ;
- la nature dysfonctionnelle des schémas se manifeste plus tard au cours de la vie, dans les interactions avec les autres ;
- ils sont dimensionnels, c'est-à-dire qu'ils peut y avoir différent niveaux d'envahissement ou de gravité ;

La thérapie des schémas se déroule selon plusieurs étapes :

‣ Première étape : le patient apprend avec l'aide du thérapeute à reconnaître ses schémas, à accepter que les problèmes viennent d'une lecture erronée des choses.

‣ Deuxième étape : le patient apprend à faire pause et à observer : il commence à s'entraîner à la défusion cognitive. La méditation de pleine conscience peut être aidante à ce niveau.

‣ Troisième étape : le patient apprend à traverser les émotions difficiles. Les schémas se manifestent par des comportements dysfonctionnels mais surtout par des émotions douloureuses. On parle littéralement de « gâchettes émotionnelles ». L'observation curieuse des émotions les plus problématiques est donc la base de l'intervention.

- Quatrième étape : le reparentage sain. Le thérapeute aide le patient à adopter une autre attitude face à la détresse ou à la vulnérabilité. Il représente alors le mode « adulte sain » qui permet au sujet de réagir adéquatement à ses propres besoins émotionnels.
- Cinquième étape : l'auto compassion. Au sens le plus basique du terme, le patient est invité à se traiter lui-même avec autant de gentillesse et de compréhension qu'il le ferait avec un ami. Ceux qui peinent à appliquer ce concept ne manquent pas nécessairement de compassion envers leurs semblables, mais ils attendent plus d'eux-mêmes que de toute autre personne. Développer leur autocompassion leur permettrait de reconnaître et d'accepter leur propre ressenti plutôt que de chercher à se mettre sans cesse au défi de faire « encore mieux ».
- Sixième étape : la visualisation, le traitement des scènes traumatiques : l'exposition aux scènes traumatiques à l'origine de la constitution des schémas dysfonctionnels se fait progressivement pour que la restructuration cognitive s'opère spontanément. Le corps joue une place importante dans l'exploration des ressentis.

C. LES PENSÉES

Face à un même événement, nous n'allons pas tous réagir de la même manière. La façon dont nous nous comportons dans une situation donnée est directement liée à nos processus de pensée. L'exemple classique est celui du verre d'eau qui peut être considéré par quelqu'un de découragé comme à moitié vide, alors qu'une autre personne plus optimiste le verra à moitié plein.

Cela étant dit, nous ne sommes heureusement pas condamnés à penser de la même manière tout au long de notre vie. En identifiant nos pensées dysfonctionnelles et en apprenant à penser différemment face aux expériences du quotidien, nous pouvons modifier la manière dont nous vivons ces expériences, et parvenir à nous comporter différemment.
La plupart du temps, nous sommes convaincus de certaines choses nous concernant ou concernant notre environnement, ces convictions étant validées par des preuves extérieures. Cependant, à y regarder de plus près, on s'aperçoit que nous sommes très sélectifs concernant ces

Nos émotions sont le fruit de nos pensées :
C'est là le principe premier d'une TCC : ce n'est pas le monde extérieur qui est la cause de nos émotions et de notre humeur, mais seulement la représentation que l'on en a et les pensées qui nous traversent l'esprit :

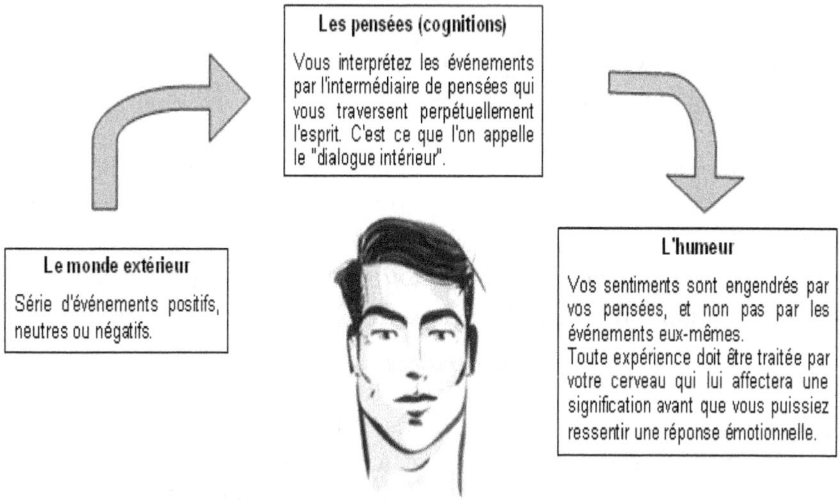

« preuves » : ainsi, un sujet dépressif va se focaliser sur la personne qui l'a ignoré au cours d'une conversation, mais ne se souvient pas de l'individu qui a trouvé son discours intéressant. Par conséquent, il peut conclure : « *Je suis une personne ennuyeuse* ».

Les praticiens cognitivo-comportementalistes aident leurs patients à comprendre comment ils en viennent progressivement à se créer des croyances désadaptées appelées « distorsions cognitives » (par exemple en tirant des conclusions sans preuve). La plupart du temps, le sujet n'est même pas conscient de ces processus de pensée. Ces distorsions cognitives sont problématiques, non seulement parce qu'elles sont pour la majorité inexactes, mais aussi parce qu'elles contribuent à faciliter l'apparition d'émotions négatives et/ou l'évitement de situations anxiogènes.

Liste des distorsions cognitives les plus répandues :

1- La pensée dichotomique (principe du tout ou rien) : c'est le fait de penser que si une chose n'est pas exactement comme nous le souhaitons, alors il s'agit d'un échec. Il s'agit d'une perte totale des nuances. Exemple : *« Si je n'ai pas été embauché, c'est que je ne vaux rien », « Si je n'ai pas 20 sur 20 à cet examen, c'est que je suis nul ».* Dans ces conditions, avoir 18 sur 20 à un examen, ou n'être « que » le second de sa promotion peuvent être perçus comme des échecs cuisants.

2- La surgénéralisation : on construit des règles pour son comportement futur à partir de quelques événements négatifs passés. Exemple : « *Elle n'a pas voulu sortir avec moi ; je vois bien que je n'arriverai jamais à sortir avec une fille* ». Avec la surgénéralisation, un seul événement négatif peut influer sur tout le comportement à venir d'une personne qui se voit alors vouée à l'échec.

3- L'abstraction sélective : c'est un filtre mental qui ne laisse percevoir que le côté négatif des choses. On se focalise sur les détails déplaisants, ce qui nous conduit à voir l'ensemble en négatif. Exemple : une personne passe une soirée avec des gens agréables et intéressants, elle s'amuse, elle danse… Lorsque quelqu'un renverse du café sur sa chemise ! À cause de cet incident, elle en conclut que la soirée est totalement gâchée. Autre exemple : un joueur de tennis gagne lors d'une rencontre sportive, mais au lieu de s'en réjouir, il passe plusieurs jours à ressasser les erreurs qu'il a commises pendant le match et à s'en faire le reproche.

4- La disqualification du positif : on transforme une expérience neutre ou positive en expérience négative. Exemple : on me fait un compliment, j'en déduis que « *Tout le monde sait que c'est faux, on me dit ça juste pour me faire plaisir* », ou encore : « *Le soutien des gens qui m'aiment ne compte pas, ils ne connaissent pas ma vraie nature* ». C'est une sorte d'alchimie inversée où l'on transforme de l'or en plomb.

5- L'inférence arbitraire : on tire des conclusions sans preuve. Par exemple : « *Mon patron m'a regardé de travers, il pense certainement me licencier* ».

6- La maximalisation et la minimalisation : on exagère ses erreurs et on minimise ses points forts. Exemple de maximalisation : « *J'ai fait une erreur au travail, tout le monde va le savoir et je serai complètement ridicule aux yeux de tous* » ; Exemple de

minimalisation : « *J'ai trouvé la solution au problème, mais c'est simplement parce que j'ai eu un coup de chance* ».
7- Le raisonnement émotionnel : c'est se servir de ses sentiments comme s'il s'agissait de preuves. Exemple : « *Je me sens désespéré, donc mes problèmes doivent être impossibles à résoudre* » ; « *Je ne me sens pas de taille à affronter une situation, donc je suis un looser* » ; « *Si je suis angoissé tout le temps, c'est bien qu'il y a quelque chose qui ne va pas* ».
8- Les fausses obligations : on se fixe arbitrairement des buts à atteindre (« Je dois, je devrais... »). Exemples : « *Je dois absolument faire le ménage chez moi* ». Résultats : si on n'atteint pas ses objectifs, on se sent coupable. On peut également appliquer cette règle pour les autres (« On me doit... ») : « *Après tout ce que j'ai fait pour lui, il pourrait au moins m'être reconnaissant* ». Cela conduit à un sentiment d'amertume, de ressentiment, et à l'idée que l'on est la seule personne à se conduire correctement vis-à-vis des autres.
9- L'étiquetage : ce sont des jugements définitifs et émotionnellement chargés que l'on porte sur les autres ou sur soi-même. Exemple : « *Cette personne est un monstre* » ; ou dire : « *Je suis complètement nul* » au lieu de dire : « *J'ai fait une erreur* ».
10- La personnalisation : c'est se sentir responsable du comportement des autres. Exemple : « *Si mon fils ne travaille pas à l'école, c'est parce que je suis une mauvaise mère* », « *Ce qui arrive est ma faute* ». La personnalisation conduit à un sentiment de culpabilité. C'est l'erreur consistant à penser que l'on peut gérer la vie des autres (alors que l'on ne peut que l'influencer éventuellement).

Dans le cadre d'une TCC, les patients peuvent apprendre à reconnaître leurs pensées automatiques (qui s'imposent à eux), à surveiller et à examiner ces pensées, et à prêter attention aux éléments de preuve qui soutiennent les pensées alternatives (par exemple : « *Certaines personnes me trouvent sympathique et intéressant* ») :

La fiche d'autoévaluation de Beck :

Il s'agit d'une technique très simple élaborée par Aaron Beck pour aider le patient à mettre en évidence clairement ses pensées dysfonctionnelles afin de mieux les analyser. Le sujet dispose ainsi d'un outil qui lui permet par lui-même d'avoir une approche plus rationnelle et moins stérile de son problème.

Il s'agit d'un formulaire constitué de 5 colonnes que l'on remplit de gauche à droite :

Date :

Situation	Emotions	Pensée Automatique	Réponse Rationnelle	Résultat
		La pensée automatique qui a conduit à l'émotion :	La pensée rationnelle qui répond à la pensée automatique :	Réévaluation de la croyance dans la pensée automatique
	Evaluer l'intensité globale de l'émotion :	Niveau de croyance dans cette pensée automatique :	Niveau de croyance dans cette pensée rationnelle :	Evaluer l'intensité globale de l'émotion après analyse :
	%	%	%	%

1ère colonne : Situation : on y décrit rapidement l'événement ou la situation qui a déclenché la contrariété. On n'y inscrit aucune émotion, ni aucune pensée, mais uniquement des faits (par exemple : j'ai laissé un message téléphonique à mon ami et il ne m'a pas rappelé).

·*2ème colonne : Emotion :* décrire et évaluer le plus précisément possible les émotions ressenties en pourcentage de 0 à 100 (par exemple : colère, tristesse, angoisse…).

·*3ème colonne : Pensées automatiques :* C'est la liste des pensées à l'origine des émotions précitées. On indiquera le niveau de croyance global pour ces pensées automatiques.

4ème colonne : Réponses rationnelles (ou pensées alternatives) : il s'agit ici de prendre du recul par rapport aux pensées de la colonne précédente, et de proposer des pensées alternatives plus adaptées à la situation. On indiquera le niveau de croyance global pour ces réponses rationnelles.

·*5ème colonne : Résultat :* après avoir inscrit les pensées automatiques et les réponses rationnelles qui s'y rapportent,

on évalue à nouveau les émotions ressenties. On indiquera également l'intensité globale de ces émotions après analyse, que l'on pourra, bien sûr, comparer avec l'intensité globale des émotions avant analyse (colonne 2).
La fiche d'autoévaluation de Beck n'est pas un outil qui fait disparaître toutes les contrariétés de la vie. En revanche, elle permet de rationaliser l'approche que l'on peut en avoir.
Au début de la thérapie, le patient apprendra à remplir ces fiches avec l'aide de son thérapeute afin de bien en comprendre les principes. Il pourra ensuite très rapidement utiliser cette technique seul et acquérir de plus en plus d'autonomie dans la gestion de ses problèmes au quotidien.
Dans le cadre d'une TCC, le patient est invité à remplir une fiche de Beck à chaque fois qu'il rencontre une contrariété, ou simplement lorsqu'il se sent mal (tristesse, anxiété, colère…). Il peut ainsi être amené à en remplir plusieurs par jour.
Le patient pourra conserver ces fiches afin d'avoir un suivi de son travail.
Même si une contrariété donnée a déjà fait l'objet d'une fiche dans le passé, le patient ne doit pas hésiter à en remplir une autre sur le même sujet.
La fiche d'autoévaluation est une technique à utiliser sans modération. En effet, si des distorsions cognitives répétées peuvent rapidement conduire à une dépression ou à des troubles anxieux, la rationalisation ne peut, quant à elle, avoir que des effets bénéfiques sur la manière d'appréhender le problème.

C. LES COMPORTEMENTS

Ce que nous faisons affecte la façon dont nous nous sentons et dont nous pensons. L'étudiant qui passe un examen sans avoir rien révisé risque de se sentir plus en difficulté que celui qui s'y est préparé tout au long de l'année universitaire.
La TCC va aider le sujet à apprendre de nouveaux comportements et de nouvelles façons de faire face à divers événements anxiogènes, ce qui va impliquer l'apprentissage de compétences spécifiques. Un exemple est le développement des compétences sociales. Des compétences sociales défaillantes peuvent conduire à un trouble de l'affirmation de soi et à des difficultés à faire face à des situations potentiellement

problématiques, telles que la critique ou l'intimité. Apprendre à gérer le stress social dans le cadre d'une TCC peut permettre de développer des compétences sociales adaptées en se concentrant sur l'exécution d'activités programmées.

Favoriser un changement de comportement peut également permettre de réduire l'intensité d'une angoisse pathologique. L'évitement par exemple est le point central de la plupart des troubles anxieux : il exacerbe la crainte des situations anxiogènes, et peut sévèrement handicaper le sujet dans son quotidien (qui ne pourra plus prendre le tram de peur d'y faire un malaise, ou plus monter dans un ascenseur de peur d'y manquer d'air). Exposer progressivement (en toute sécurité bien entendu) le patient à des situations effrayantes pour lui (en commençant dans le bureau du praticien) est l'un des moyens les plus efficaces permettant d'affaiblir l'intensité de la relation entre une épreuve redoutée et les symptômes paniques qu'elle engendre.

V. Les TCC en pratique

Dans une TCC, l'objectif est d'apprendre, d'expliquer et de renforcer les comportements adaptés. Par ailleurs, le sujet va progressivement identifier les schémas cognitifs, les pensées et les émotions associés aux comportements.

Les grands principes d'une TCC soulignent que la thérapie :

- est basée sur le modèle cognitivo-comportemental selon lequel nos pensées influencent nos émotions et notre comportement ;
- est brève, et donc limitée dans le temps ;
- nécessite une alliance thérapeutique solide et un effort constant de collaboration entre le thérapeute et son patient ;
- favorise le fait que le patient puisse expérimenter de nouvelles manières de penser et d'interagir avec les autres ;
- est structurée, directive, et axée sur les problèmes-cibles ;
- s'appuie généralement sur un modèle éducatif (par exemple lorsque le thérapeute explique les effets de la perception d'une éventuelle menace sur les réactions corporelles) ;
- utilise le questionnement socratique, en se référant à une approche scientifique et à un raisonnement logique ;
- propose la réalisation de tâches à domicile entre les séances (le patient met en pratique ce qu'il a appris au cours de la consultation). Les nouveaux comportements sont initialement testés dans un

environnement sécuritaire (par exemple dans le bureau du thérapeute).

Pour conclure

Se représenter le monde, c'est s'en émouvoir et donc s'y impliquer. Et dans une telle optique, comprendre et étudier l'émotion, qu'elle soit normale ou pathologique, c'est mieux la connaître, c'est mieux connaître l'homme et ses solutions (Coenen, 2009).
En définitive, nos émotions sont de précieuses alliées pour nous guider dans notre quotidien. Elles ont un langage qu'il faut apprendre à décoder si nous voulons vivre en harmonie avec elles et évoluer vers un mieux-être continuel. En apprenant à utiliser de manière adéquate nos émotions, nos pensées et nos comportements, nous nous assurons de toujours évoluer en accord avec nos besoins et nos objectifs.

Pour en savoir plus

Arnaud, J., Palazzolo, J. (2013). Sentiment de contrôle et gestion du stress – Une psychologie cognitive de la performance. Retz, Paris.
Diener, E., Sandvik, E., Pavot, W. (1991). Happiness is the frequency, not the intensity, of positive versus negative affect. In F. Strack (Ed.), Subjective well-being: an interdisciplinary perspective. Pergamon Press: Oxford.
Hayes, S. C., Strosahl, K., Wilson, K. G. (1999). Acceptance and commitment therapy: an experiential approach to behavior change. Guilford Press, New-York.
James, W. (1884). What is an emotion? Mind; 9: 188-205
Kabat-Zinn, J. (2014). Méditer - 108 leçons de pleine conscience. Les Arènes, Paris.
Lange, C. (1922). The emotions. Williams and Wilkins, Baltimore
Myers, B., David, G. (2004). Theories of emotion. In: Psychology, Seventh Edition, Worth Publishers, New York.
Palazzolo, J. (2020a). La psychologie positive. PUF, collection Que Sais-Je, Paris.
Palazzolo, J. (2020b). Les thérapies cognitives et comportementales. PUF, collection Que Sais-Je, 2ème édition, Paris.
Plutchik, R. (1980). A general psychoevolutionary theory of emotion. In R. Plutchik & H. Kellerman (Eds.), Emotion: Theory, research, and experience: Vol. 1. Theories of emotion. New York, Academic: 3-33.
Rector, N. A. (2010). La thérapie cognitivo-comportementale / Guide d'information. Centre de toxicomanie et de santé mentale, Toronto.
Schachter, S. (1964). The interaction of cognitive and physiological determinants of emotional state. In: Berkowitz L (ed), Advances in experimental social psychology, Vol 1. Academic Press, New-York.
Stern, D. (1985). The interpersonal world of the infant: A view from psychoanalysis and developmental psychology. Basic Books, New York.

Suspension (in)volontaire d'incrédulité, émotions et science pathologique

Éric PICHOLLE

Ô erreurs sacrées, mères lentes, aveugles et saintes de la vérité !
Victor Hugo, « L'Art et la science », 1864

Toute science, persiflait volontiers Ernest Rutherford, se décompose en deux parties : la physique, et la philatélie [1].

Si « physique » s'entend ici au sens le plus large – incluant évidemment les autres sciences dites « dures », comme la chimie ou la biologie, mais aussi bien les sciences humaines – il ne s'en agit pas moins d'une exclusion résolue des pratiques académiques qui se réduiraient à une démarche purement empirique et se contenteraient de collectionner les cas particuliers, comme l'*ombrellologie* d'un autre ironiste, l'épistémologue John Sommerville [2, 3]. Faire de la physique, faire des sciences, c'est en effet s'extraire en permanence du monde physique pour opérer une double navigation entre, d'une part, ce dernier et ses *représentations*, et d'autre part entre les différents niveaux de généralité, des cas particuliers aux théories et aux principes les plus généraux [4].

---

[1] John D. Bernal, *The Social function of science,* Londres: Routledge, 1939, p. 9.

[2] John Sommerville (1941). Umbrellaology, or, methodology in social science. *Philosophy of Science,* vol 8(4), pp. 557-566. Extrait accessible en ligne : http://physics.weber.edu/johnston/astro/umbrellaology.htm (juill. 2021).

[3] Estelle Blanquet, La Construction de critères de scientificité pour la démarche d'investigation : une approche pragmatique pour l'enseignement de la physique à l'école primaire, thèse de doctorat des universités de Genève et de Nice Sophia Antipolis, https://archive-ouverte.unige.ch/unige:42783 (juill. 2021).

[4] Éric Picholle, « Le Modèle n'est pas le territoire », in *Récits et modélisation*, actes des 12e Journées Interdisciplinaires Sciences & Fictions de Peyresq, Nice : éd. Somnium, 2020. https://hal.archives-ouvertes.fr/INPHYNI/hal-02543897v1 (juill. 2021).

I. Suspensions d'incrédulité

Naviguer ainsi entre le monde et ses représentations ne va pas absolument de soi. Le physicien accepte, le temps de sa réflexion théorique, d'*acquiescer* à la *pertinence* de la représentation du *modèle* qu'il considère. Cet acquiescement n'est rendu possible que par la suspension provisoire du jugement sur sa *vérité*. Or laisser la question se poser, ce serait s'obliger à y répondre par la négative. Sans cette distance, le modèle apparaît non seulement comme la fiction qu'il est effectivement [5], mais comme une fiction « *non pas* fictive*, mais* fausse » [6].

De même, objectivement, le lecteur d'un roman est confortablement assis dans son fauteuil, et non en train de parcourir le monde avec ses personnages… Samuel Coleridge qui, le premier, identifie « *cette illusion, qui se distingue et s'oppose à l'hallucination, cette foi négative qui permet simplement aux images présentées de fonctionner sous leur propre force, sans que le jugement ne dénie ni n'affirme leur existence réelle* », baptise « suspension temporaire et volontaire d'incrédulité » le processus cognitif associé.

L'expression sera reprise et popularisée au XXe siècle par les théoriciens de la science-fiction, comme Darko Suvin [7]. En effet, le lecteur de SF ne dispose pas, au début de sa lecture, de tous les éléments indispensables à la compréhension de l'univers dans lequel on lui propose d'entrer, pourtant « non mimétique », c'est-à-dire structurellement différent du monde physique : le plus souvent, l'auteur distillera discrètement au fil de l'histoire les informations nécessaires. À la suspension d'incrédulité constitutive de toute expérience de lecture s'en ajoutent deux autres dans le cas de la science-fiction : le renoncement à porter un jugement sur la cohérence interne de l'univers proposé tant que toutes les informations nécessaires ne lui ont pas été fournies ; et lorsqu'elles sont devenues claires, l'acquiescement aux prémisses spéculatives de l'auteur.

---

[5] J'entends le terme dans son acception la plus large : toute création de l'imagination est une fiction.

[6] Samuel T. Coleridge, *Biographia Literaria*, 1817, in *Collected Works*, Princeton University Press, t. VII, vol. 2, 1983.

[7] Darko Suvin, *Pour une poétique de la science-fiction,* Presses Univ. Québec, 1977.

Le jeu des praticiens de la SF, auteurs et lecteurs, consistant à prendre momentanément *au sérieux* de prémisses dont la *justification* est *« renvoyée à l'infini »,* Umberto Eco a pu qualifier l'auteur de science-fiction de *« scientifique imprudent »* [8].

La spéculation scientifique suppose, à l'inverse, une justification *a posteriori* systématique des hypothèses, ainsi que des contraintes de généralité et, pragmatiquement, de limites disciplinaires. La liberté conceptuelle permise à la fiction littéraire y est donc considérablement limitée. Une autre différence essentielle réside dans le caractère cumulatif de la connaissance scientifique : là où la suspension d'incrédulité mobilisée par un texte littéraire est, par construction, *momentanée*, l'appropriation d'un nouvel élément de connaissance dûment validé et identifié comme paradigmatique a souvent vocation à la pérennité.

Le processus cognitif proprement dit, la suspension volontaire de l'incrédulité, intervient en revanche de façon très similaire dans les deux contextes. Confronté à un modèle, c'est-à-dire à une représentation très simplifiée d'une réalité physique infiniment complexe, le physicien doit simultanément y investir la « foi négative » nécessaire à sa substitution à une réalité physique infiniment complexe et en accepter les prémisses

II. Lorsque la suspension d'incrédulité dysfonctionne…

Un corollaire inévitable est toutefois l'incapacité à prendre en compte un fait avéré ou à s'approprier une idée largement diffusée lorsque les circonstances, des préjugés ou des émotions particulières rendent difficile cette suspension d'incrédulité.

Jeune physicien, j'ai ainsi été personnellement confronté à un phénomène assez déroutant au sein même de la communauté scientifique. En effet, un résultat marquant de ma thèse avait été l'une des premières observations expérimentales de solitons dissipatifs

[8] Umberto Eco, « Science et science-fiction », in *Science-fiction,* vol. 5 : *France XXIe siècle*, pp. 210-221, Denoël, 1985 (p. 220).

supraluminiques [9], c'est-à-dire d'impulsions laser stables se propageant plus vite que la lumière [10].

La question des différentes définitions de la (ou plutôt *des*) vitesse(s) de la lumière étant restée durablement au cœur de mon activité, j'ai été amené à présenter des résultats de ce type devant toutes sortes d'audiences. J'ai ainsi pu constater qu'ils apparaissaient souvent proprement *impensables*, au premier abord du moins. D'une discussion sur l'autre, les mêmes physiciens chevronnés revivaient la même surprise et la même incrédulité — pour se réapproprier l'ensemble des notions en causes après quelques phrases ; des journaux annonçaient à quelques mois d'intervalle de nouveaux records ; s'ensuivaient des discussions passionnées, oublieuses des précédentes comme des notions élémentaires en jeu, même du fait d'étudiants en sciences, voire de professionnels.

Au-delà du caractère anecdotique de ma propre expérience, sa fréquence m'a amené à m'interroger sur la généralité de cet effet. Je me suis donc attaché à en identifier la trace dans l'histoire scientifique et technique du XXe siècle. De façon surprenante, on la retrouve aisément dans nombre d'aventures techno-scientifiques majeures, de l'arme nucléaire [11] à la conquête de l'espace en passant par le laser [12], ou encore à propos de questions associées à une forte pression paradigmatique, comme celle de l'héliocentrisme[13].

---

[9] Éric Picholle, Carlos Montes, Claude Leycuras, Olivier Legrand et Jean Botineau, “Observation of dissipative superluminal solitons in a Brillouin fiber ring laser”, *Physical Review Letters*, 66, pp. 1454 sq., 1991.

[10] Rien de révolutionnaire ici : si les théories einsteiniennes de la relativité sont incompatibles avec le transport supraluminique d'énergie ou d'information, ces solitons étaient justement conçus pour ne porter ni l'une, ni l'autre.

[11] Éric Picholle, « Robert Heinlein, l'atome et la lune (1938-1946), in *Solutions non satisfaisante. Heinlein et l'arme atomique,* Nice : éd. Somnium, 2009, pp. 121-159. https://hal.archives-ouvertes.fr/hal-01352565 (juill. 2021).

[12] Éric Picholle, « Le Laser ou l'impensable ingénierie quantique », in *Formes et crises de la rationalité au XXe siècle,* Noésis, vol. 5, 2003, pp. 101-115. https://journals.openedition.org/noesis/1507 (juill. 2021).

[13] Estelle Blanquet & Éric Picholle, “Emergence of conformist thinking under strong paradigmatic pressure: The case of (Galilean) relativity” (soumis). https://www.researchgate.net/publication/337772092 (juill. 2021).

On pourrait souvent qualifier d'hallucinations cognitives *négatives* de telles pannes de la suspension d'incrédulité, de la capacité à prendre en compte un fait avéré ou à s'approprier une idée largement diffusée mais encore dérangeante[14]. Je ne reviendrai pas ici en plus de détail sur leur analyse, qui se ramène en partie à ce que le psychologue des émotions Nico Frijda nomme la « Loi de l'habitude »[15] : la réponse émotionnelle à une idée nouvelle sera d'autant plus intense, et moins tenue par la raison, qu'elle s'éloigne plus de celles dont nous avons pris l'habitude.

III. Un cas de suspension involontaire d'incrédulité : Les Rayons N

A. UNE DÉCOUVERTE MAJEURE ?

Je me propose de considérer plutôt ici un cas classique d'hallucination cognitive *positive*, pour montrer que les scientifiques n'en sont pas à l'abri, aussi bien au niveau individuel que collectivement.[16]

L'exemple le plus frappant, impliquant littéralement des centaines de chercheurs et des milliers d'articles scientifiques sur près d'une décennie, reste sans doute le cas des « rayons N ». En 1903, peu après la découverte des surprenantes propriétés des rayons X (Röntgen, 1895) et γ(Becquerel, 1896), un excellent physicien nancéen à la bonne foi indiscutable, René Blondlot (1849-1930), croit en observer encore un nouveau type. D'après lui, son principal effet est d'augmenter la brillance d'une flamme, comme en témoignent de nombreux enregistrements photographiques, ainsi que la capacité de l'œil à voir dans une pièce obscure.

---

[14] Éric Picholle, « Concepts scientifiques dérangeants et émotions négatives », in *Les Émotions,* actes des 11e Journées Interdisciplinaires Sciences & Fictions de Peyresq, Nice : éd. Somnium, 2019, pp. 207-227: https://www.researchgate.net/publication/329586274_ (juill. 2021).

[15] Nico Frijda, "The Laws of emotion", in *American Psychologist*", mai 1988, pp. 349-358. https://www.academia.edu/3467405/ (juill. 2021).

[16] Walter Gratzer, *The Undergrowth of Science. Delusion, Self-Deception, and Human Frailty*. Oxford Univ. Press (UK), 2000.

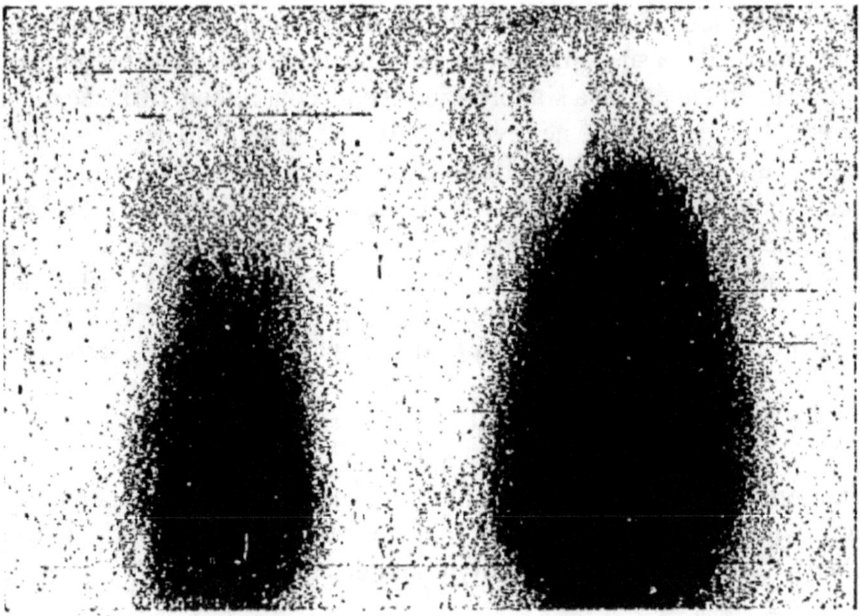

Sans rayons N. | **Avec rayons N, produits par deux grosses limes.**

*Augmentation de la brillance d'une flamme soumise à un flux de rayons N (*fac simile *d'une figure de l'article original de René Blondlot dans les* Comptes-Rendus de l'Académie des Sciences*, 1904.*

De nombreux métaux s'avèrent être des émetteurs de rayons N, tout comme d'ailleurs les muscles, les nerfs et le cerveau humain, ajoutera Augustin Charpentier, professeur de physique médicale, également à l'Université de Nancy, alors fameux pour ses travaux sur l'hypnose. Charpentier montrera encore que les rayons N améliorent également l'audition et l'odorat.

Viendront ensuite, comme sources de rayons N, plantes et légumes en train de croître, et même le corps humain. Jean Becquerel (le fils d'Henri), montrera rapidement que les rayons N peuvent être guidés par un fil de métal, *et cetera ad libitum.*

Les possibilités semblent illimitées. Pendant plusieurs années, Blondlot en étudiera systématiquement les propriétés (réflexion, réfraction, dispersion, etc.). L'Académie des sciences lui décernera sa médaille d'or, ainsi que le prestigieux prix Lalande.

René Blondlot ca. 1910

B. UN DOUBLE PIÈGE

« *Le rayon N fut polarisé, magnétisé, hypnotisé et torturé de toutes les façons qui avaient forcé les rayons lumineux à la confession – mais seuls les Français pouvaient observer le phénomène. Les scientifiques de tous les autres pays étaient franchement sceptiques ; en fait, ils tenaient ces fantastiques impossibilités pour ridicules* » [17] se souvient le physicien (et auteur de science-fiction) américain Robert Wood, lui-même pionner d'autres rayons improbables, les ultra-violets, longtemps connus des photographes comme la « lumière de Wood ».

Les rayons N, malheureusement, n'existent pas. Si de nombreux scientifiques lorrains les observent également, *Nature* a la cruauté de relever que la probabilité de leur détection semble inversement

[17] Cité par William Seabrook, in *Doctor Wood. Modern Wizard of the Laboratory,* New York: Harcourt, Brace & Co, 1941, pp. 234-239 (trad. επ).

proportionnelle à la distance à Nancy [18]. Pour le reste de la communauté scientifique, c'est Robert Wood qui mettra un terme à la polémique en subtilisant subrepticement, alors qu'il assiste à une expérience de Blondlot qui n'en est aucunement affectée, le prisme censé disperser les rayons N.

Wood raconte : lors d'un colloque en Angleterre « *Quelques participants se sont réunis pour discuter de ce qu'il fallait y faire à propos des rayons N. Le Prof. Rubens, de Berlin, était le plus véhément dans la dénonciation. Il était particulièrement contrarié parce que le Kaiser l'avait convoqué à Postdam pour lui faire une démonstration de ces rayons. Après avoir perdu deux semaines en vains efforts pour reproduire les expériences du Français, il avait été grandement embarrassé de devoir confesser son échec au Kaiser. (...) J'ai suggéré qu'il aille lui-même tester ces expériences à Nancy, étant la principale victime, mais il m'a expliqué que Blondlot avait très poliment répondu à ses nombreux courriers de demande d'information, et qu'il ne paraîtrait pas correct qu'il entreprenne de dénoncer son erreur. "De plus, ajouta-t-il, vous êtes américain ; et vous, les Américains, vous pouvez faire n'importe quoi…"* »[19].
Wood est très bien reçu par Blondlot, qui ne parlait pas anglais. Bien que francophone, il « *choisit l'allemand comme moyen de communication, dans la mesure où [il] voulait qu'il se sente libre de parler confidentiellement à son assistant, qui était apparemment une sorte d'homme à tout faire de laboratoire de grande classe.* » Comme il n'observe rien, Blondlot lui explique que c'est parce que ses yeux ne sont pas assez sensibles et que cela ne prouve rien. Wood propose alors d'interposer lui-même, dans la salle obscure, un écran de plomb réputé opaque aux rayons N entre Blondlot et les cartes que ce dernier affirme pouvoir lire à l'aide de ces rayons ; mais il « *se trompe presque à 100% et annonce des fluctuations alors que [Wood] ne fait aucun mouvement,*

[18] Wood exagère légèrement en assurant que seuls les français observaient les rayons N. D'une part, des expérimentateurs parisiens de renom, comme Pierre Curie, y échouent ; d'autre part, on trouve également en 1904 des articles d'un anglais, J.S. Hooker, dans la revue *The Lancet* (vol. 1, p. 186 & vol. 2, p. 1380) et d'un irlandais, F.E. Hackett, dans *Nature* (vol. 70, pp. 167 & 183) et dans les *Science Transactions* de la Royal Society de Dublin (vol. 8, p. 127). Cités par Robert T. Lagemann in "New light on old rays" ; en ligne :
http://www.rexresearch.com/blondlot/nrays.htm (juill. 2021).
[19] V. *supra*, note 17.

ce qui prouvait déjà beaucoup de choses, mais [Wood] tient encore sa langue. »

Mais « *le test crucial, le plus excitant, restait à venir. Accompagnés par l'assistant qui, à ce stade, [lui] lançait des regards assez hostiles, [ils] se rendent dans la salle du spectroscope, avec ses lentilles et ses prismes d'aluminium. (...) Cette expérience avait convaincu un certain nombre de visiteurs sceptiques, dans la mesure où il pouvait la reproduire en leur présence, en obtenant toujours les mêmes chiffres.* » Après une première démonstration concluante, Wood « *lui demande de répéter sa mesure et, tendant la main dans le noir, retire le prisme d'aluminium du spectroscope. Il tourne de nouveau sa mollette, annonçant les mêmes chiffres que précédemment. [Wood] replace le prisme avant que la lumière ne revienne, et Blondlot annonce à son assistant que ses yeux sont fatigués. Devenu clairement soupçonneux, l'assistant lui demande de le laisser reproduire la lecture. Avant qu'il n'éteigne la lumière, [Wood] avait remarqué qu'il avait replacé le prisme très exactement sur son petit support, avec deux des coins placés exactement sur le bord du disque de métal. Dès que la lumière fut baissée, il s'approcha du prisme, avec des bruits de pas audibles, mais* ne le toucha pas. *L'assistant commença à tourner la mollette et dit soudain à Blondlot, en Français, sur un ton pressant : "Je ne vois rien. Il n'y a pas de spectre. Je pense que l'Américain a causé un dérangement." Sur quoi il ralluma immédiatement la lumière et examina soigneusement le prisme. Il jeta un regard sombre [à Wood, mais celui-ci] ne laissa transparaître aucune réaction.* »[20] Le lendemain, Wood envoyait à la revue britannique *Nature* un compte-rendu de ses découvertes[21], mais « *sans mentionner l'incident du double piège* » ni identifier formellement le laboratoire de Blondlot.

IV. Émotions et science pathologique

A. CONTEXTUALITÉ DE LA SCIENCE PATHOLOGIQUE

Les rayons N constituent, avec les « rayons mitogénétiques » de Gurwitsch (1923) et les « perceptions extrasensorielles » de Rhine (1934) le principal exemple choisi par le Nobel de chimie Irving

[20] V. *supra*, note 17.

[21] Robert W. Wood, letter to *Nature*, 70, p. 530, 1904.

Langmuir pour analyser les caractéristiques de ce qu'il nomme *la science pathologique* (1953) [22]. Plus récemment, on pourrait aussi considérer, par exemple, la « mémoire de l'eau » (Benvéniste, 1988) ou la « fusion froide » chimique (Fleischmann & Pons, 1988). Parmi les critères de Langmuir, outre l'observation expérimentale revendiquée d'effets à la limite du détectable et d'une faible signification statistique, il relève que « *des théories fantaisistes et contraires à l'expérience sont suggérées* » et que les critiques sont souvent « *parées par des excuses* ad hoc *imaginées dans le feu de l'instant* ».

De telles hallucinations scientifiques peuvent aisément s'interpréter en termes de suspension *involontaire* d'incrédulité (ou du sens critique). Il est toutefois intéressant de relever que, en plus des failles d'ordre méthodologique identifiées par Langmuir, tous les exemples considérés impliquaient soit de puissantes passions extra-scientifiques, soit des enjeux économiques puissants.

Les premières sont évidentes dans le cas des rayons N. Le nom même de ceux-ci — N comme Nancy — constitue un aveu d'instrumentation nationaliste de la science, sur fond de « question de l'Alsace-Lorraine » brûlante au tournant du XXe siècle et de tensions nationalistes croissantes entre la France et l'Allemagne. Ce mélange des genres, science et politique, n'est pas exceptionnel à l'époque : les "rayons Becquerel" peuvent apparaître comme une réplique française aux très allemands "rayons Röntgen", et la liste des ajouts contemporains de nouveaux atomes au tableau de Mendeleïev est éloquente : Gallium (découvert en 1875) ; Germanium (1886) ; Polonium (1898) ; Lutécium (1907) ; Rhénium (1925), etc. ; certes vient s'interposer l'Europium, découvert en 1901…

Ces tensions nationalistes, voire xénophobes, affleurent aussi dans le témoignage de Robert Wood évoqué plus haut, de l'intervention personnelle du Kaiser dans une question purement scientifique à l'empressement de l'anglaise *Nature* à vilipender la science française, en passant par la méfiance de l'assistant de Blondlot envers « l'Américain ».

---

[22] Irving Langmuir, "Pathological Science", conf. de 1953 ; repris in *Physics Today*, pp. 36-48, 1989.

Les enjeux économique et sociaux, principalement d'ordre médical, sont tout aussi évidents. Augustin Charpentier, Professeur de médecine et Nancéen, identifie en particulier le ventre d'une femme enceinte comme une source de rayons N, ouvrant la voie à toute une série de diagnostics prénataux (dans la première décennie du XXe siècle !) Les recherches sur la « mémoire de l'eau » sont quant à elles sponsorisées par des laboratoires d'homéopathie, etc.

B. ÉMOTIONS INDIVIDUELLES ET COLLECTIVES

Pour tenter de cerner le rôle des émotions dans les processus de suspension involontaire de l'incrédulité à l'œuvre dans les situations de science pathologique, il semble donc nécessaire de distinguer deux échelles, individuelle et collective.

Au premier niveau, s'il est évidemment exclu de s'aventurer ici dans aucune forme de psychanalyse sauvage des acteurs de la tragi-comédie des rayons N, on ne peut douter qu'ils sont conscients du retentissement de leurs recherches parmi leurs pairs et bien au-delà, jusqu'au Kaiser lui-même. D'autre part, si le témoignage de Wood ne met absolument pas en cause la bonne foi de Blondlot, il dresse un portrait nettement plus ambigu de son assistant[23]. En dépit des probables efforts d'objectivité du Professeur nancéen, la tension est considérable et des émotions très diverses semblent affleurer en permanence.

On peut donc être tenté d'imaginer que, comme une forte pression paradigmatique peut modifier en profondeur le profil épistémologique de scientifiques professionnels[24], une forte pression politique, ou même simplement académique, pourrait significativement affecter leur appréciation de leurs propres travaux, et de leurs méthodes.

[23] Celui-là même qui, selon toute vraisemblance, a développé les photos publiées dans les *Comptes-Rendus*. Or, avec les technologies de l'époque, quelques secondes de plus ou de moins d'une plaque particulièrement prometteuse dans un bain révélateur peuvent suffire à provoquer la différence entre les deux images. Conscient ou (plus probablement) inconscient, ce type de traitement différencié est assez classique pour qu'on ait développé des techniques de traitement « en aveugle » des résultats d'expériences sensibles.

[24] V. *supra*, note 13.

Pour autant, à supposer même que de tels enjeux puissent participer à l'établissement d'une suspension involontaire d'incrédulité, ils n'interviennent *a priori* qu'à la racine du processus menant à une hallucination cognitive collective du type rayons N. Une fois un tel processus engagé, il s'auto-entretient, se nourrissant des observations qu'il permet à ses participants, et qui se valident mutuellement. La charge de la preuve est alors inversée et devient extrêmement difficile à établir à partir d'un simple constat d'incapacité à reproduire une expérience déjà très répandue. Dès 1906, *« en beaucoup de lieux, la question des rayons N apparaît comme "tabou". On n'a pas le droit de la soulever »* [25].

Dans ces conditions, il semble que le rétablissement d'une saine « incrédulité » passe par des voies ascientifiques, comme la diversion de l'attention (le flux de publications sur les rayons N, significatif jusqu'à la guerre, n'a pas repris après celle-ci), l'argument d'autorité (de la science parisienne contre celle de province ? [26]) ou le poids du ridicule (après l'éditorial ravageur de *Nature* relatant les facéties de Wood, ou le sondage organisé en 1906 par *La Revue scientifique* après un article ironique du chimiste Albert Turpain demandant *« si les questions scientifiques devaient désormais être tranchées par voie de plébiscite »* [27]).

Lorsque la rationalité scientifique dysfonctionne à ce point, tout semble se passer comme si seules d'autres émotions pouvaient venir à bout des émotions qui ont provoqué son déraillement…

Depuis Newton et ses *Principia*, la communauté physicienne aime les grandes architectures théoriques épurées, dont on a soigneusement retiré toute trace des échafaudages qui les ont rendues possibles. On évoque donc rarement, au bénéfice des étudiants en sciences, les fausses pistes et les incidents de parcours, *a fortiori* le souvenir cuisant des errances collectives comme celle des rayons N. C'est probablement dommage, et à double titre. D'une part, en effet, la stratégie de

---

[25] Henri Pierron, « Histoire et décadence des rayons N, Histoire d'une croyance », *L'Année psychologique,* vol. 13, 13, pp. 143-149, 1906.

[26] Mary-Jo Nye, *Science in the Provinces. Scientific Communities and Provincial Leadership in France, 1860—1930*, Un. California Press, 1986.

[27] Albert Turpain, « Les Rayons N existent-ils ? », *La Revue scientifique,* t. II, 1A8, pp. 545-552, 19 oct. 1904.

Langmuir de mettre en exergue quelques cas limpides de science pathologique, des rayons N à la « parapsychologie » de Joseph B. Rhine, pour mieux souligner les risques d'un relâchement de vigilance à propos des « bonnes pratiques » scientifiques semble plus que jamais d'actualité à l'heure des « *fake news* » et de la propagation instantanée des idées les plus sensationnelles.

Mais la mésaventure de René Blondlot pourrait par ailleurs, parmi d'autres, constituer un rappel utile de ce que la recherche est avant tout une affaire humaine et que la science soi-disant « pure », celle des manuels axiomatiques, n'est jamais que seconde [28] par rapport à celle qui naît, avec toutes ses scories, de l'imagination et des émotions intriquées des chercheurs.

---

[28] Ou troisième ? Popper qualifie ainsi de « monde 3 » celui dans lequel vivent ces constructions scientifiques canoniques, par opposition au « monde 2 », celui, d'ordre intime et psychologique, de nos représentations personnelles du monde, y compris les idées nouvelles au moment de leur création, et au « monde 1 », celui de la réalité physique. In Karl Popper, *La Connaissance objective* (*Objective Knowledge: An Evolutionary Approach,* 1972) ; Paris : Flammarion, coll. Champs, 2009.

Science, émotions et domination

Jean-Luc GAUTERO

L'une des représentations populaires des scientifiques est celle d'hommes froids, dépourvus d'émotions ou ne les manifestant pas, guidés seulement par une logique inflexible, à l'image du M. Spock de *Star Trek*. Que cette image corresponde ou non à une réalité (on évoquera la question ultérieurement), on peut sans doute en trouver l'une des sources dans les préconisations que formulait Bacon dans son *Novum Organum* à l'usage de ceux qui veulent développer le savoir — *scientia* (en général traduit par « science ») n'avait pas alors le sens contemporain de « science », ce qui correspond à notre actuelle « science » était plutôt appelé « philosophie naturelle », mais c'est dans ce domaine tout particulièrement que devaient s'appliquer les conseils de Bacon. Or pour lui, les émotions représentaient un obstacle à une connaissance vraie. Il écrivait en effet : « L'esprit humain ne reçoit pas avec sincérité la lumière des choses, mais il y mêle sa volonté et ses passions ; c'est ainsi qu'il se fait une science à son goût : car la vérité que l'homme reçoit le plus volontiers, c'est celle qu'il désire. Il rejette les vérités difficiles à saisir, à cause de son impatience à atteindre le résultat ; les principes qui le restreignent, parce que son espérance y trouve des bornes ; les lois les plus hautes de la nature parce qu'elles gênent ses superstitions ; la lumière de l'expérience, par une arrogance superbe, pour que son intelligence ne paraisse pas s'occuper d'objets méprisables et fugitifs ; les idées extraordinaires, parce qu'elles choquent les opinions vulgaires ; enfin, d'innombrables et secrètes passions pénètrent de toutes parts l'esprit et corrompent le jugement » [1]. Le terme ici traduit par « passions », « affectus », pourrait tout aussi bien l'être par « émotions », puisqu'il désigne d'après le Gaffiot les états de l'âme, les dispositions de l'âme, les sentiments. Ainsi Bacon conseille-t-il dans cette citation de se méfier de l'impatience, de l'espérance, du mépris, du dédain — sur ce dernier point, il insiste un peu plus loin : « Tout ce qui est digne de l'existence est digne de la science, qui est l'image de l'existence. Les choses viles existent aussi bien que les choses magnifiques. Bien plus, de même que parfois des odeurs exquises émanent de certaines substances putrides, comme le

[1] Francis Bacon, *Novum Organum*, tr. Lorquet, Hachette, 1857, p. 16.

musc et la civette ; ainsi, de faits vils et repoussants sortent quelquefois la plus pure lumière et la plus belle connaissance. Mais en voilà trop sur ce sujet, car ce genre de dédain n'appartient qu'aux enfants et aux femmes » [2]. C'est en raison de la fin de cet extrait qu'on a parlé au début des scientifiques en tant qu'hommes : Bacon a bien des qualités, mais la reconnaissance de l'égalité intellectuelle entre les femmes et les hommes ne fait pas partie du nombre, il estime, on le constate, que les femmes se laissent trop guider par leurs émotions.

Ailleurs, Bacon stigmatise l'émotion que constitue une admiration spontanée : « Nous ne faisons point une loi de s'astreindre dans ces recherches aux œuvres qui paraissent être le chef d'œuvre à la fois et le secret de l'art, et qui ont le privilège d'exciter l'admiration. L'admiration est fille de l'extraordinaire ; car tout ce qui est extraordinaire, quoiqu'au fond de nature vulgaire, produit l'admiration » [3]. Bref, ce sont bien les émotions dans leur ensemble qu'il condamne, les rangeant parmi les « idoles de la tribu », ces causes d'erreur qui abusent tous les êtres humains : « Voilà les idoles que nous appelons idoles de la tribu, qui ont leur origine, ou dans la régularité inhérente à l'essence de l'esprit humain, ou dans ses préjugés, ou dans son étroite portée, ou dans son instabilité continuelle, ou dans son commerce avec les passions, ou dans l'imbécillité des sens, ou dans le mode de l'impression que nous recevons des choses » [4]. L'expression traduite par « dans son commerce avec les passions », « *ab infusione affectuum* », pourrait aussi se traduire : « par l'effusion des émotions ».

De telles recommandations ne sont pas absurdes : l'étude de la nature, telle qu'elle va se développer à partir du début du dix-septième siècle, écrit Whitehead, « présuppose le fait ultime d'une matière – ou d'un matériau – brut, irréductible, déployé à travers tout l'espace en un flux de configurations. En lui-même un tel matériau est dénué de sens, de valeur, de but » [5]. Cette étude voit ainsi la nature comme « une triste *[dull]* affaire, muette, sans parfum, sans couleur ; rien que le cours précipité de la matière, sans fin ni signification » [6]. Quoi de plus

---

[2] *Id.*, p. 120.
[3] *Id.*, p. 130.
[4] *Id.*, p. 17.
[5] Whitehead, *La science et le monde moderne*, tr. Henri Vaillant, relue par Jean-Marie Breuvart, Ontos Verlag, Chromatiques whiteheadiennes IV, 2006, p. 48.
[6] *Id.*, p. 87.

approprié que d'étudier froidement et sans émotions une nature elle-même froide et sans émotions ? Cependant, Whitehead nous indique aussi qu'une telle vision de la nature n'est pas celle de Bacon, bien au contraire : « Bacon se tient en dehors de la ligne de pensée de la physique, qui finit par dominer le siècle. Plus tard, on adopta l'idée d'une matière passive sur laquelle agissaient des forces extérieures. Je pense que la ligne de pensée de Bacon a exprimé une vérité plus fondamentale que ne le firent ensuite les concepts matérialistes considérés comme étant en accord avec la physique » [7]. Il le fait en s'appuyant sur une citation de Bacon, plus précisément de son *Silva Silvarum*, qui commence ainsi : « Il est certain que tous les corps quels qu'ils soient, même s'ils ne possèdent pas d'organes des sens, ont cependant une perception, car lorsqu'un corps est appliqué contre un autre, il se produit une sorte d'élection en vue d'englober ce qui est agréable et d'exclure ou repousser ce qui est ingrat » [8]. Le terme d'émotion n'y figure certes pas, mais il semble assez raisonnable de voir de l'émotion dans cette « élection en vue d'englober ce qui est agréable et d'exclure ou repousser ce qui est ingrat ». Or autant il peut paraître raisonnable d'étudier froidement un monde froid, autant il peut sembler discutable de conserver cette froideur là où tous les corps matériels éprouvent des émotions. D'ailleurs, Whitehead lui-même confère à l'émotion un rôle cognitif fondamental : « La forme primitive de l'expérience physique est l'émotion — l'émotion aveugle » [9] ; « Dans le langage propre aux stades supérieurs de l'expérience, l'élément primitif est la *sympathie* » [10]. Sans émotion, donc, pas d'expérience ; et pour un empiriste tel que Whitehead (même si son empirisme est d'un type particulier, Didier Debaise le qualifie d'empirisme spéculatif [11]), sans expérience, pas de connaissance.

On espère ainsi avoir montré une contradiction dans la pensée de Bacon, entre d'une part une stigmatisation de l'émotion, à proscrire chez ceux qui cherchent à développer les savoirs sur le monde, et d'autre part une omniprésence de l'émotion dans ce monde, que lui-même reconnaît, et une nécessité de l'émotion pour toute connaissance.

---

[7] *Id.*, p. 46.

[8] *Id.*, p. 45

[9] Whitehead, *Procès et réalité*, tr. Charles, Élie, Fuchs, Gautero, Janicaud, Sasso et Villani, Gallimard, 1995, p. 274 (Deuxième partie, ch. VII, section III).

[10] *Ibid.*

[11] Didier Debaise, *Un empirisme spéculatif*, Vrin, 2006.

Cette contradiction n'est pas la seule, et on voudrait en faire apparaître une autre avant de les mettre en relation. La deuxième contradiction réside dans l'attitude qu'il préconise pour les humains à l'égard de la nature (notons au passage qu'il conviendrait de discuter la séparation tranchée que par commodité on effectue ici entre humanité et nature ; on trouverait à cette fin des arguments chez Bacon lui-même ; mais cela demanderait de tout autres développements). Cette contradiction est d'ailleurs à la source de polémiques entre les spécialistes, qui se focalisent sur l'un ou l'autre de ses termes. D'une part, dans son livre *The Death of Nature* [12], Carolyn Merchant reproche à Bacon de vouloir que l'humanité domine la nature comme un maître domine des adversaires vaincus, des esclaves, d'une domination qui se fait sans tendresse aucune, mais avec brutalité, et on trouve en effet chez lui des formules qui peuvent accréditer cette thèse : « s'il se trouve dans le monde des hommes qui aient à cœur [...] non pas de triompher d'un adversaire par la dialectique, mais de la nature par l'industrie » [13] : « La nature se décèle mieux par les tourments que l'art lui fait subir que lorsqu'elle est abandonnée à elle-même et laissée dans toute sa liberté » [14]. Mais d'autre part, Peter Pesic trouve qu'il fournit « une base robuste pour des préoccupations écologistes en ne concédant au jugement humain qu'une puissance appropriée et contrôlée » [15]. D'autres formules de Bacon battent en effet en brèche l'idée d'un pouvoir humain absolu et sans contrôle, il répète deux fois dans le *Novum Organum,* en des termes presque similaires : « On ne triomphe de la nature qu'en lui obéissant » [16], « On ne commande à la nature qu'en lui obéissant » [17]. Et il ouvre la suite des aphorismes qui constitue la première partie de ce même *Novum Organum* par la formule « L'homme, serviteur et interprète de la nature », dans laquelle la domination humaine a complètement disparu.

---

[12] Carolyn Merchant, *The Death of Nature*, Harper and Row, 1980.

[13] Bacon, *op. cit.,* p. 4.

[14] Bacon, *Œuvres*, tr. M.F. Riaux, Charpentier, Paris, 1843, p. 23.

[15] Peter Pesic, « Proteus Rebound », *ISIS,* 99.2 (2008), p. 309 : "a robust basis for ecological concern by conceding only appropriate and guarded power to human judgment".

[16] Bacon, *Novum organum,* p. 7.

[17] *Id.*, p. 73.

On peut aisément réconcilier cette dernière formule avec la volonté de commander à la nature en songeant que l'homme, dans sa relation avec la nature, correspond ainsi à la conception que Bacon a d'un bon prince : non pas celui qui impose sa volonté à ses sujets, mais celui qui comprend leur volonté mieux qu'eux-mêmes, de sorte qu'ils reconnaissent dans ses réalisations ce qu'ils souhaitaient sans forcément s'en rendre compte, qu'il ne leur fait donc pas violence puisqu'il réalise leurs désirs, peut-être inconscients : « quand Virgile s'enhardit à décerner à Auguste les meilleurs honneurs qui soient d'un point de vue humain, il le fit en ces termes : *Victorque volentes per populos dat jura, viamque affectat Olympo.* [Le vainqueur donne des lois à des peuples qui les acceptent de leur plein gré, et il prend le chemin de l'Olympe] » [18]. Mais la contradiction subsiste entre cette conception et la volonté de forcer la nature à parler en lui infligeant des tourments. Or si la nature est inerte, sans vie, ces « tourments » ne sont que la façon dont une émotion indue juge les expériences auxquelles on la soumet ; si tout en elle est vivant, vouloir être à la fois son (bon) maître, son interprète et son serviteur est parfaitement pertinent, mais il faut la faire parler comme un psychothérapeute peut faire parler ses patients, par libre association, et non comme un inquisiteur fait parler un suspect, en le torturant. Bacon ne disposait pas bien sûr de l'image du psychothérapeute.

Ernst Bloch nous apporte d'une certaine manière une clé de cette double contradiction : elle traduit en fait la contradiction entre deux étapes d'un processus historique que pressent Bacon, dont seule la première est accomplie à ce jour ; la deuxième le sera-t-elle ? Nous ne pouvons en avoir que l'espérance. Bacon annonce d'une part le développement de l'industrie capitaliste, d'autre part la société communiste qui devrait suivre. Car « la célèbre maxime de Bacon : “le savoir c'est la puissance”, *knowledge is power,* […] doit être comprise comme une polémique contre la noblesse féodale. Comme la connaissance apporte la richesse, la puissance de la richesse cède le pas à la richesse de la puissance, et là encore la philosophie de Bacon se révèle une idéologie qui soutient et prépare de longue main la révolution industrielle » [19]. C'est la première étape, Bacon prophète du capitalisme industriel. Mais

[18] Bacon, *Du progrès et de la promotion des savoirs*, tr. Michèle Le Dœuff, Tel Gallimard, 1991, p. 73-74.
[19] Ernst Bloch, *La philosophie de la Renaissance*, p. 115.

cette première étape cache, aux capitalistes qui ont cru qu'eux seuls accomplissaient les préconisations de Bacon, et à celles et ceux qui, quoiqu'anticapitalistes, ont fait confiance à ces prétentions capitalistes, et traitent dès lors Bacon comme un chien crevé, la deuxième étape qu'il pressentait également, bien plus : qu'il visait : « l'équation baconienne : "connaissance = puissance" [...] se sublime dans son utilitarisme, qui recourt chez lui à un déguisement philosophique. Il est vrai que la pensée utilitariste cache, en plus de la justification bourgeoise de la puissance de la richesse, une autre pensée : toute connaissance doit se mettre au service du *regnum hominis*, du "règne de l'homme" ; or ce règne de l'homme est pensé comme un *règne démocratique* » [20]. Ce règne démocratique de l'humain, que l'on peut préférer à celui de l'homme seul, c'est précisément le communisme pour Bloch.
Nous voilà bien loin des émotions ? Eh bien non ! Car ces deux étapes correspondent aux deux attitudes par rapport à la nature que l'on a pu distinguer : « Quand vinrent l'économie et la société bourgeoise [...] le grand principe de Bacon: "*Natura parendo vincitur*": on triomphe de la nature en lui obéissant, restait vivace, mais il fut contrarié par l'intérêt de l'"exploitation" de la nature, autrement dit par un intérêt qui n'a plus rien à voir avec la *natura naturans* que connaît encore Bacon et qu'il définit comme "*causa causarum*" et qui s'allie encore moins avec elle. De cette manière, la technique bourgeoise acquit, en dépit de tous ces bienfaits, un tel caractère d'artificialité et d'abstraction que dans mainte de ses inventions astucieuses, elle donne encore l'impression d'être non seulement dirigée façon inhumaine, mais de n'être pas fondée naturellement » [21]. La *natura naturans*, c'est précisément cette nature vivante, active, à laquelle il faudrait s'allier. La première étape, celle du capitalisme, est du côté de la domination sans émotions d'une nature inerte, et il en est de même pour la science du capitalisme. Certes Bloch parle ici de la technique, et non de la science, mais pour Bacon, science et technique, philosophie naturelle et magie naturelle, vont de pair, chacune doit se nourrir de l'autre, sans subordination malheureuse de l'une à l'autre.

---

[20] *Id.*, p. 116.

[21] Ernst Bloch, *Le Principe Espérance*, tome II, tr. Françoise Wuilmart, Gallimard, 1982, p. 255.

« Le concept capitaliste de la technique dans son ensemble (et sur ce point Schiller tout comme Hegel ont une réaction bien plus capitaliste que Goethe qui reste quant à lui dans la ligne la plus ancienne, la ligne faustienne de la Renaissance), ce concept donc reflète une plus grande part de la volonté de domination, de relation de maître à esclave, rappelant l'attitude de la Compagnie des Indes orientales, que d'amitié et de chaleureuse accolade » [22]. Bloch vient de nous présenter l'attitude de Hegel et de Schiller par rapport à la nature, qu'il juge purement instrumentale, pour lui opposer une attitude qui est celle de Goethe et de la Renaissance, donc de Bacon, une attitude qui traite la nature avec émotion : « La prise de position goethéenne est celle d'une confiance épanouissante en la nature, qui s'attend finalement à y trouver "le sein d'un ami" » [23]. L'émancipation humaine que doit amener l'étape suivante, celle du communisme, va donc de pair avec dans la Nature la reconnaissance d'un sujet, non pas un sujet froid et mécanique mais un sujet implicitement doté de sensations, d'émotions, pour lequel nous éprouvons en retour des émotions, de l'amitié, de la sympathie : « *la possibilité réelle d'arriver à un sujet de la nature, la disposition vers un tel sujet, existe bel et bien,* en la saisissant on l'amène à la relation faustienne avec le feu, relation qui ne triomphe de la nature que pour la médiatiser avec le meilleur, latent, qu'elle renferme, pour arriver à notre mieux à nous. Si le feu n'est que dompté, surveillé, il reste étranger. [...] Dans la forme de société qui persiste encore actuellement, on ne reconnaît à coup sûr rien qui s'apparente à cet esprit, à l'esprit du feu qui tourne sa face vers nous » [24].

L'idéal d'une science froide, sans émotions, que l'on peut trouver chez Bacon, est donc lié à ce qui, dans son programme pour le développement des savoirs, préfigure un développement capitaliste de la société, tourné vers la domination de la nature par l'humanité, mais aussi, par voie de conséquence, ainsi que l'écrit Marcuse, par une domination systémique qui s'exerce sur les êtres humains eux-mêmes : « Dans la société établie, la nature elle-même, de plus en plus efficacement maîtrisée, est devenue à son tour une nouvelle dimension de l'autorité exercée sur l'homme : le bras droit, le prolongement de la

[22] *Id.*, p. 271.
[23] *Ibid.*
[24] *Id.*, p. 299.

société et de son pouvoir » [25]. Mais une autre science est possible, qui laisse sa place à l'émotion, qui entretienne avec la nature des rapports communicationnels et non instrumentaux (c'est en critiquant les conceptions de Marcuse que Habermas introduit dans *La science et la technique comme « idéologie »* [26] sa célèbre distinction entre rationalité instrumentale et rationalité communicationnelle) : « Les sens émancipés, en conjonction avec une science naturelle partant de leur base, guideraient l'"appropriation humaine" de la nature. Celle-ci aurait alors "perdu sa simple utilité, l'utilité étant devenue l'utilité humaine" (Marx, *Manuscrits parisiens de 1844*), elle cesserait d'apparaître comme un simple matériau – matière organique ou inorganique – pour devenir une force de vie ne devant rien à personne, un sujet-objet » [27]. On aurait alors, laissant sa place à l'émotion, une science qui serait pleinement du côté de la libération, tant celle de l'humanité que celle de la nature : « Libérer la nature, c'est recouvrer en elle les forces exaltatrices de vie, ces qualités esthétiques sensuelles qui sont étrangères à une vie gâchée par la chaîne sans fin des activités que dicte le principe de rendement et de concurrence ; et ces qualités suggèrent les nouvelles qualités de la liberté » [28].

Reste à préciser un point, en corrigeant une expression peut-être malheureuse employée un peu plus haut, où il a été question d' « une autre science ». Il ne faut pas comprendre par là une science radicalement nouvelle, qui n'aurait rien à voir avec ce qu'actuellement nous appelons science, dont nous serions bien incapable de dire quoi que ce soit, si ce n'est qu'elle nous amènerait à rejeter notre science actuelle : « la "libération de la nature" ne peut signifier un retour à un stade prétechnologique, mais consiste au contraire à employer toujours davantage les succès de la civilisation technologique pour libérer l'homme et la nature des abus destructeurs de la science et de la technologie au service de l'exploitation » [29]. Si la science actuelle était tout entière du côté de la domination, il serait absurde de vouloir l'utiliser un tant soit peu pour la libération. Mais la contradiction que l'on trouve chez Bacon, celle qui nous a servi de point de départ,

---

[25] Herbert Marcuse, « Nature et Révolution », *in Contre-révolution et révolte*, tr. Didier Coste, Seuil, 1973, pp. 82-83.

[26] Jürgen Habermas, *La technique et la science comme idéologie*, Denoël/Gonthier, 1978, tr. Jean-René Ladmiral.

[27] Marcuse, *op. cit.*, p. 88.

[28] *Id.*, p. 83.

[29] *Id.*, p. 82.

est aussi une contradiction de la science telle qu'elle s'est développée (au rebours des proclamations de ses adorateurs, qui proclament que tout en elle est bon, que seule son application est mauvaise, ou de ceux qui la diabolisent en soutenant qu'elle est indissociable des abus de son utilisation) : l'image du scientifique froid, qui proscrit les émotions, est en partie une réalité (j'ai souvenir de cours de biologie au collège où les enseignants nous faisaient bien comprendre, quand ils ne nous le disaient pas explicitement, qu'il fallait sans émotion disséquer les animaux que l'on fournissait sous peine de faire preuve de sensiblerie mal placée), mais si elle n'est une réalité qu'en partie, c'est aussi qu'elle est en partie fausse.

Une formule comme celle de Jean Rostand : « Le biologiste passe ; la grenouille reste » [30] manifeste bien de l'émotion à l'égard de celle qu'il étudie ; quand Haeckel, par ailleurs fort peu recommandable, évoque « le temple de la Nature, les vertes forêts, la mer bleue, les monts couverts de neige » [31], ses termes, loin d'être froids, sont emplis d'émotion. Non que le développement de la science se soit conformé aux instructions de Bacon — ce serait lui accorder une importance exagérée — mais il a bien su reconnaître, dans ses contradictions mêmes, un processus qui s'amorçait en son temps et qui se poursuit aujourd'hui. Mais se poursuit-il vraiment ? Weber a mis en évidence que l'esprit du capitalisme naissant cherchait le profit à long terme, et c'est cette prise en compte du long terme qui a tout d'abord conduit ce système économique à stimuler la science. Maintenant que les processus se sont accélérés, cette prise en compte du long terme est négligée, comme l'est la science elle-même, soumise à la recherche d'une application immédiate dont Bacon déjà dénonçait les méfaits, quoique, il convient de le répéter, sans aucun mépris, bien au contraire, pour l'idée d'une science appliquée. Si l'on veut que survive la science, sans doute faut-il en extirper cet héritage du capitalisme qu'est la proscription des émotions. En acceptant les émotions, on rejettera en même temps ce qui rangeait la science du côté de la domination pour en faire enfin pleinement une science émancipatrice.

---

[30] Jean Rostand, *Inquiétudes d'un biologiste*, Livre de poche, 1973, p. 66, ch. III.
[31] Ernst Haeckel (1902), *Les énigmes de l'Univers,* tr. par Camille Bos, Schleicher Frères, 1902, p. 385, ch. XVIII « Notre religion moniste », I « L'Idéal de la Vérité ».

Flux migratoires, fictions de l'exil ?

Odile GANNIER

« Y a-t-il trop de romans sur les migrants ? » titrait le magazine *Le Point* du 18 décembre 2019, dans un article signé Valérie Marin La Meslée. Le titre de cet article surprend au regard du contenu, qui valorise au contraire les récentes publications fictionnelles sur le sujet. Le sous-titre de l'article a beau déjouer le choc de la manchette, il ne contient pas les commentaires souvent xénophobes des lecteurs qui n'ont guère dû s'aventurer plus loin la tête froide ou y ont vu une provocation : « Voici une sélection qui prouve le contraire, tant les écrivains de cette rentrée y ont déjoué les clichés et le piège des bons sentiments », note la journaliste. Les « bons sentiments » à éviter seraient sans doute les réactions de l'émotion empathique, les élans généreux, la solidarité suscitée envers des êtres humains déracinés et en situation précaire. En réalité, les réactions de lecteurs montrent que le titre, malgré sa forme interrogative, est rapidement interprété de deux façons : la première, c'est qu'une abondante floraison de « romans sur les migrants » serait la preuve irréfutable qu'en effet « il y a trop de migrants » à leur goût – et que donc la littérature *aussi* serait envahie par leur présence, avec la complicité coupable des éditeurs ; la deuxième, c'est que la publication trop complaisante de romans offrirait un danger plus grand que les informations nombreuses ou les témoignages récurrents auxquels on ne peut se soustraire parce qu'ils alimentent fréquemment l'actualité. Mais la connaissance rationnelle, chiffrée, du nombre d'émigrants tentant à tout prix la traversée de la Méditerranée est diffusée par la communication abstraite, et répétitive jusqu'à sa banalisation, du nombre de morts en mer ; pourtant elle semblerait finalement de peu de conséquence jusqu'à ce que l'émotion ne renvoie aux indifférents de la veille une image trop saisissante de la réalité humaine : à preuve la commotion créée en 2015 par la photo du petit Aylan retrouvé noyé sur une plage, son bermuda et son tee-shirt rouge dévoilant l'évidence de son corps d'enfant – évoquant peut-être chez certains le manteau rouge de fillette dans *La Liste de Schindler* – et mettant les Européens face à leur ressenti personnel et à leur mauvaise conscience collective. Après cette flambée d'empathie, le savoir collectif est revenu à la portion congrue, et les discussions sur les flux migratoires, les quotas et les ports d'accueil des réfugiés sont retournées aux politiques, aux démographes, aux diplomates, aux douaniers… Mais les romans assez nombreux en effet, maintenant, ravivent le terrible souvenir.

Le titre de l'article, au demeurant une rapide recension de quelques romans, soulève la question de la reconnaissance d'une production littéraire : dirait-on « y a-t-il trop de romans policiers ? » ou « publie-t-on trop de romans d'amour ? » ? Comme si l'impact de la littérature attirait trop de sympathie et exerçait une concurrence dangereuse avec la loi ou la politique. Les lecteurs y sont soumis à l'empire de leur imagination, ce qui renvoie à la conception traditionnelle des effets pernicieux du roman.

On mesure en effet l'écart qui existe entre deux réalités concurrentes : d'une part les données froides des statistiques – celles des « flux migratoires », des décomptes d'arrivées ou des reconduites aux frontières –, les annonces de naufrages ou de sauvetages, les inculpations pour « délit de solidarité » (même s'il ne porte pas ce nom dans la loi française, mais « aide à la circulation et au séjour irrégulier », ce qui entre en conflit parfois évident avec le délit inverse de « non-assistance à personne en danger », et brise en outre la solidarité sacrée des gens de mer) ; et d'autre part la réalité des trajectoires personnelles. Les itinéraires qui ont conduit les immigrants jusque-là ne sont guère l'objet de la curiosité collective et n'intéressent la communauté européenne que pour leur menace potentielle, et leur gestion à l'intérieur de leurs « frontières extérieures ». Mais ces opérations de surveillance sont déléguées aux corps constitués par les habitants ordinaires qui peuvent ainsi les oublier.

Selon les types de récits, la connaissance de la réalité est évidemment différente. Entre la non-fiction et la fiction romanesque, la connaissance ne relève pas du même ordre : partant c'est le statut de la vérité qui est en jeu. Mais si l'on considère qu'un roman est moins fidèle à la réalité, pourquoi redouterait-on ses effets ?

I. Fiction/non-fiction

A priori, il est raisonnable de penser que pour avoir une idée exacte du nombre de migrants, de leur origine, de leur devenir, il faut s'informer dans les formes les plus objectives : statistiques officielles, revues de démographie et de sociologie des migrations, recension d'organisations non gouvernementales, reportages en direct, entretiens avec des immigrants… toutes les formes dites de « non-fiction », centrées sur le factuel [1].

Si cela peut s'appliquer aux chiffres officiels de passage des frontières (quoiqu'ils soient sans doute à considérer avec attention, si l'on en croit un bon mot apocryphe de Churchill, « Je ne crois aux statistiques que lorsque je les ai moi-même falsifiées »), les frontières sont poreuses entre le factuel et le fictionnel dès que, par exemple, on passe au reportage, soumis à la mise en scène des reportages aujourd'hui pratiquée, que Gérard Genette nomme de ce fait « les quasi-fictions du "New Journalism" » [2]. S'y ajoute l'importance du moment où on interroge par exemple le rescapé : de préférence « à chaud », pour mettre à profit l'émotion du sensationnel. Certains articles différés prennent des précautions, en indiquant : « les prénoms ont été changés » ; mais dans le même temps, le respect de la vie privée dépouille ainsi les témoignages de la preuve de leur authenticité. Le public est d'ailleurs avide d'immédiateté et de précisions frappantes – mais pas forcément nouvelles, le cliché et l'anecdote [3] suffisant souvent au public pressé et au « prêt-à-penser ». Dans cette sphère évoluent de nouveaux philosophes prêts à « décrypter » ces faits et à faire bon usage de discours déjà tenus dans des circonstances analogues : « Platon avait un mot magnifique pour tous ces gens, celui de *doxosophe* : ce "technicien-de-l'opinion-qui-se-croit-savant" » [4]. De fait, cette mise en scène s'accompagne d'une médiation convenue pour les uns, un peu pipée pour les autres.

---

[1] De très nombreux travaux ont désormais porté sur la question du récit factuel ou fictionnel, ainsi que la littérature de témoignage.

[2] Gérard Genette, « Récit fictionnel, récit factuel », *Fiction et diction*, Paris, Le Seuil, 1991, « Poétique », p. 93 (n.).

[3] Pierre Bourdieu, *Sur la télévision*, suivi de *L'emprise du journalisme*, Paris, Éditions Raisons d'agir, 2008, p. 59.

[4] Pierre Bourdieu, « La main droite et la main gauche de l'État » [1992], *Contre-feux*, Paris, Éditions Raisons d'agir, 1998, p. 15.

Comme le souligne Gérard Genette,

> « le récit n'existe pour ainsi dire nulle part dans sa forme rigoureuse. La moindre observation générale, le moindre adjectif un peu plus que descriptif, la plus discrète comparaison, le plus modeste « peut-être », la plus inoffensive des articulations logiques introduisent dans sa trame un type de parole qui lui est étranger, et comme réfractaire » [5].

La modulation du récit est inéluctable si le journaliste présente lui-même l'histoire à la troisième personne (parce qu'il insère ses propres schémas), ou si au contraire dans le cadre de récits-témoignages l'exilé lui-même présente son expérience à la première personne, avec l'arsenal de la persuasion ou à tout le moins le souci naturel d'être entendu. Dans un entretien, à l'évidence, la forme des questions oriente les réponses – si tant est que la communication ne soit pas altérée par la différence de langue et la traduction dans un sens et dans l'autre. En outre, si le migrant a la parole, ce à quoi d'ailleurs il ne tient pas forcément, il n'a en général pas le loisir de la monopoliser très longtemps. Il doit opérer des choix dans les éléments de son récit et il lui est parfois conseillé de mettre en exergue le pathétique : la misère, la faim, la guerre sont cruellement banales. En disant qu'il redoute la répression dans son pays, au lieu de susciter la compassion, le migrant semble parfois soupçonné d'avoir quelque responsabilité dans son malheur.

Tout dépend aussi de l'interlocuteur auquel les migrants racontent leur histoire, à géométrie variable donc : autorités, journalistes, ethnologues… :

> « Les récits d'exil ne peuvent pas simplement être abordés en tant que « récits de pratiques ». Ils doivent plutôt, à tout moment, se présenter comme une « pratique en soi », pratique fortement conditionnée par le fait que les individus ont dû à maintes reprises faire le récit de leur migration avant de s'adresser à l'ethnologue. […] [Les immigrants] toutes les fois où ils ont dû produire le récit de leur migration – au cours des démarches nécessaires pour acquérir le titre de réfugié – laissent leurs traces sur la forme des récits. Se constituer en tant que sujet auprès des instances

---

[5] Gérard Genette, « Frontières du récit », *Communications*, 8, 1966, *L'analyse structurale du récit*, Paris, Le Seuil, « Points », 1981, pp. 158-169, ici p. 168.

administratives dans le pays hôte représente autant de travail pour le revendicateur de statut, considérant que sa survie matérielle et morale dépend de son habileté à produire un sujet acceptable […] »[6].

Pour assurer la crédibilité du récit, l'exactitude du récit est cependant considérée comme primordiale, qu'il soit fait de manière indirecte par un reporter ou des sauveteurs, ou au contraire de façon directe par le témoignage de l'émigrant lui-même ; de préférence les destinataires de ces récits cherchent la preuve de leur validité dans le recoupement des différentes sources. Mais là entre en ligne de compte le biais du point de vue, de l'intervieweur comme de l'organe de presse qui le diligente, du chercheur, de l'écrivain qui réécrit le témoignage… Comme l'a montré Bourdieu, le journalisme construit son objet[7] autant que la littérature, mais n'en convient pas. Le récit assumé par une organisation comme « Amnesty International » est considéré comme fiable même s'il n'est pas exhaustif et extérieur à l'action. Le récit assumé par le migrant lui-même est considéré comme authentique, mais il est subjectif. Dans ces textes de non-fiction, le témoignage peut être exact ou mensonger, avec toute la gamme intermédiaire du partiellement inexact. Un « harraga », un émigrant qui a brûlé ses papiers ou détruit ses empreintes digitales, flotte de toutes manières dans l'indécidable.

Le récit long ostensiblement fondé sur un témoignage affiche sa véracité tout en utilisant les ressources du roman : un rythme, des personnages, une tension narrative. Ainsi, Fabio Geda, dans *Nel mare ci sono i coccodrilli* (2010) donne à l'histoire d'un jeune Afghan – qui a réussi à traverser tout le continent jusqu'en Italie entre sa onzième et sa dix-huitième année environ – un titre romanesque, *Dans la mer il y a des crocodiles*, et un sous-titre journalistique, *L'histoire vraie d'Enaiatollah Akbari*. La parole est donnée au jeune homme, entrecoupée de loin en loin par des bribes de dialogue, qui sont autant de relances du récit par « *Fabio* », l'interlocuteur dont le statut est incertain entre auditeur et rédacteur, mais qui n'en signe pas moins lui-

[6] Deirdre Meintel, « Récits d'exil et mémoire sociale de réfugiés », *in* François Laplantine, Joseph Lévy, Jean-Baptiste Martin et Alexis Nouss (dir.), *Récit et connaissance*, Lyon, Presses universitaires de Lyon, 1998, pp. 43-55, ici pp. 44-45 ; nouvelle édition en ligne http://books.openedition.org/pul/11226
[7] Pierre Bourdieu, *Sur la télévision*, *op. cit.*, p. 21.

même le volume. Le lecteur est tenu en haleine par les péripéties, les risques continuels, l'astuce, la chance, les rencontres. Si l'on en croit les refus d'Enaiat de parler des rencontres, c'est pour être plus factuel :

> « *Je n'ai pas envie de parler des gens. Je n'ai pas envie de parler des lieux. Ce n'est pas important.*
> *Pourquoi ?*
> *Les faits sont importants. L'histoire est importante. Ce qui change ta vie, c'est ce qui t'arrive, pas les lieux ni les gens* » [8].

Raconter son histoire est pour le jeune rescapé de cet itinéraire le moyen de recouvrer son identité, une existence humaine – les faits sans le pathétique –, et pour le journaliste l'occasion de lui faire raconter son voyage depuis son départ de son village – l'aventure d'un enfant traversant mille embûches. Mais l'exilé n'est-il pas un peu dépossédé de son propre récit ?

La dénomination générique de « migrants » est aussi, déjà, un gauchissement de leur identité. Avec le terme « migrants » s'efface toute référence des *é*migrants à leur histoire, leur lieu d'origine et leur arrachement à leur terre natale. Les *im*migrants sont pleins d'espoir et de projets, mais s'ils ne sont plus que « migrants », ils sont privés de leur destination. Les émigrés ont tourné la page et les immigrés ont refait leur vie. La représentation de la vie de ces gens réside donc dans les préfixes : sans ces indices spatiaux, ils sont condamnés à l'errance, sans être reçus nulle part, ni respectés dans leur être. Employer le terme générique « migrants » semble respecter leurs allées et venues, mais on souhaite surtout ne pas les voir s'installer et ne pas les connaître, et on préfère n'être qu'une escale sur une route qui les poussera plus loin. La substantivation du participe présent les essentialise et les coupe définitivement de tout autre espoir que celui de pouvoir passer au-delà. On leur accorde tout juste le statut d'oiseaux migrateurs.

[8] Fabio Geda, *Dans la mer il y a des crocodiles*, tr. Samuel Sfez, Paris, Liana Levi, 2011, p. 50. Les passages supposés dialogués sont en italiques dans le texte.

II. Le réel configuré

Si on ne se fie pas au paratexte généralement procuré par l'éditeur, le témoignage relève du régime de la véridicité : l'assurance que la réalité – du monde –, référentielle, est exactement celle qui est représentée par les mots ou l'image.

Dans le cas de certains témoignages réputés authentiques, mais forgés grâce à des traits susceptibles d'être exacts, la suspicion s'installe : si les textes proclamés le fruit d'une expérience personnelle ne sont pas véritablement celle de l'auteur, mais que celui-ci regroupe, arrange, mélange, superpose – ce qui est légitime dans un roman –, la critique se fait acerbe : les relations de migrants doivent avoir le statut d'une déposition. Or il existe de nombreux journaux et témoignages réellement fondés sur un vécu, qui portent néanmoins la trace d'un travail littéraire, dans le but d'être mieux compris ou lus par un plus grand nombre, comme *Je viens d'ailleurs* de Chahdortt Djavann (2002) ou *Manuel d'exil* de Velibor Čolič (2016), sous-titré au second degré *Comment réussir son exil en trente-cinq leçons*. Malgré l'expérience indéniablement très proche de la vie de leurs auteurs, le texte de la première est prudemment qualifié de roman par son éditeur Gallimard, ce qui évacue définitivement les débats politiques avec l'Iran, tandis que le second, qui se présente comme écrivain bosniaque en exil, a manifestement vécu cette expatriation mais élaboré son récit, ne serait-ce que par le détachement et l'humour.

La frontière inter-générique est donc, en fait, plus élastique que celle qui interdit aux immigrants de pénétrer dans le territoire européen. À l'évidence, comme l'a démontré Jean-Marie Schaeffer dans son ouvrage *Pourquoi la fiction* [9], cette incertitude catégorielle entre les genres est due au fait que le récit factuel et le récit fictionnel échangent des procédés narratifs, au point qu'il peut être vain de chercher dans la structure énonciative la preuve d'une différence de statut entre les deux genres. « Contre l'exagération sous toutes ses formes (ornements de style, enjolivements rétrospectifs, sensationnalisme), les témoins professent un "refus du gigantesque et de l'apocalyptique" qui ouvre de

[9] Jean-Marie Schaeffer, *Pourquoi la fiction*, Paris, Le Seuil, 1999.

nouvelles perspectives à la littérature » [10], affirment Frédérik Detue et Charlotte Lacoste traitant des rapports entre témoignage et traitement romanesque du récit. Le roman, lui, relève ouvertement du domaine de la fiction (et il s'en réclame souvent dans le péritexte) : le doute peut éventuellement porter sur sa vraisemblance, son inexactitude historique ou factuelle, sa validité interne, mais le texte ne peut encourir l'accusation de mensonge ou de tromperie, puisque le recours à l'invention le caractérise par définition. Jean-Marie Schaeffer souligne le statut spécial de la littérature :

> « Certes, les fictions artistiques peuvent faire l'objet de commentaires, donner lieu à des réécritures ou encore être évaluées par rapport à la cohérence de l'univers construit et au caractère désirable ou non de leurs normes explicites ou implicites, mais tout cela n'a rien à voir avec la validation d'une expérience de pensée » [11].

La question n'est pas, pour le roman qui s'affiche comme tel, la concordance référentielle : le roman, y compris le roman dit réaliste, assume par nature sa liberté par rapport à son modèle dans la vie réelle. Cette liberté l'amène à un autre mode de vérité, la vraisemblance pour les éléments de l'action, la validité pour tout raisonnement, le « compréhensible » pour les réactions des personnages. Pour Lorenzo Bonoli,

> « Le texte réaliste dans sa nature de « fiction réelle » se trouve dans une position particulière : d'une part, sa nature fictionnelle implique une coupure avec la réalité, mais, de l'autre, son aspiration réaliste vise à résorber cette coupure afin de se donner à lire comme une description du réel » [12].

Le réel se trouve ainsi construit ou, si l'on veut utiliser le vocabulaire de Ricoeur, « configuré ». C'est du reste déjà ce qu'avait démontré Maupassant (dès 1887) à propos du romancier réaliste.

---

[10] Frédérik Detue et Charlotte Lacoste, « Ce que le témoignage fait à la littérature », *Europe*, 2016, *Témoigner en littérature*, pp. 3-15, ici p. 12, citant Georges Perec, « Robert Antelme ou la vérité de la littérature », [1963], *L.G. : Une aventure des années soixante*, Paris, Le Seuil, coll. « La Librairie du XXe siècle », 1992, p. 94.

[11] Jean-Marie Schaeffer, « Quelles vérités pour quelles fictions ? », *L'Homme*, n°s 175-176, juillet-septembre 2005, pp. 19-36 ; cons. 26 sept. 2020. URL : http://journals.openedition.org/lhomme/29493, § 13.

[12] Lorenzo Bonoli, « Écritures de la réalité », *Poétique*, 2004/1 n° 137, Le Seuil, pp. 19-34, https://www.cairn.info/revue-poetique-2004-1-page-19.htm, § 7.

> « Le vrai peut quelquefois n'être pas vraisemblable.
> Le réaliste, s'il est un artiste, cherchera, non pas à nous montrer la photographie banale de la vie, mais à nous en donner la vision plus complète, plus saisissante, plus probante que la réalité même » [13].

Ainsi c'est bien un « effet de réel » [14] selon le mot de Roland Barthes qui vaut en littérature pour la représentation d'un réel exactement référentiel ; mais, pour J.-M. Schaeffer,

> « la « fiction » dont il s'agit n'est pas celle du champ sémantique lié à la feintise et à la simulation « et donc du mensonge et de l'illusion de vérité » mais celui du « modeler-façonner-construire », autrement dit : le terme « fiction » désigne « la projection symbolique et formelle *(poiétique)* d'une réalité » [15].

À ce titre, le roman détient une autre vérité, construite par la mise en scène fictionnelle, mais plus profonde, plus universelle. La mention « inspiré d'un fait réel », ou « d'après une histoire vraie », est censée attiser l'affect immédiat du lecteur, qui mesure le fait qu'il aurait pu se trouver dans la même situation, qui apprécie sa chance d'y avoir échappé, ou qui se rappelle à cette occasion des expériences similaires. Que l'histoire soit romancée le soulage d'ailleurs du poids de la nécessité d'agir. En fait, le non-rationnel (l'émotion) devient un critère d'appréciation et de connaissance qui n'a pas besoin d'être soumis à la violence des faits attestés. De la curiosité on passe plus facilement à la compréhension.

---

[13] Maupassant, Préface de *Pierre et Jean* [1887], Gallimard, « Folio », 1982, p. 51.

[14] Roland Barthes, « L'effet de réel », *Communications*, n° 11, Paris, Le Seuil, 1968, pp. 84-89.

[15] Jean-Marie Schaeffer, « Quelles vérités pour quelles fictions ? », *loc. cit.*, § 20, citant Silvana Borutti, « Fiction et construction de l'objet en anthropologie », *in* Francis Affergan *et al.*, *Figures de l'humain : les représentations en anthropologie,* Paris, Éd. de l'École des hautes études en sciences sociales, 2003, p. 75.

III. Les redoutables pouvoirs de la fiction

Maupassant le précisait déjà :

> « [Le] but [du romancier] n'est point de nous raconter une histoire, de nous amuser ou de nous attendrir, mais de nous forcer à penser, à comprendre le sens profond et caché des événements. À force d'avoir vu et médité, il regarde l'univers, les choses, les faits et les hommes d'une certaine façon qui lui est propre et qui résulte de l'ensemble de ses observations réfléchies. C'est cette vision personnelle du monde qu'il cherche à nous communiquer en la reproduisant dans un livre » [16].

Le roman en général ne présente pas tant une succession de témoignages personnels qu'une exemplification par condensation et archétypes, et cela en vue d'un effet sur le lecteur, sur sa capacité à réfléchir, imaginer, se projeter et s'émouvoir.

Parler de « romans "*sur*" les migrants » suppose d'ailleurs qu'il n'est pas question de romans écrits *par* les migrants eux-mêmes. Dans *Passer, quoi qu'il en coûte* (2017), Nikki Giannari et Georges Didi-Huberman créent un double lien avec les « passants d'Idomeni », qui veulent quitter le camp de rétention : décrire leur passage en leur rendant hommage sous la forme d'un long poème (pour l'écrivaine et cinéaste grecque) et commenter le statut de ces réfugiés (pour le philosophe), revient à témoigner de ce qu'ils ont vu, à parler au nom des autres, privés de voix. Le roman de Marie Darrieussecq, *La Mer à l'envers* (2019), cité par V. Marin La Meslée, illustre la difficulté de parler des migrants en tant qu'Occidentale : la narratrice, passagère un peu futile sur un bateau de croisière qui se trouve recueillir des naufragés en Méditerranée, prend conscience du sort des émigrants clandestins en croisant le destin de Younès, jeune Nigérien rappelant Jonas jeté à la mer et survivant du ventre de la baleine. Cette rencontre perturbe d'abord le destin de Rose, aux soucis somme toute dérisoires, puis l'engage plus avant. Un commentaire extérieur sur les migrants peut évidemment être valide et important, mais parce qu'il transmet un message idéologique, il ne peut être neutre : Maylis de Kerangal méditant sur Lampedusa et un naufrage de 2013 dans *À ce stade de la nuit* (2015) ne donne qu'un écho de la catastrophe humanitaire, passé

[16] Maupassant, Préface de *Pierre et Jean*, *op. cit.*, pp. 49-50.

par le filtre de sa sensibilité mais borné par son impuissance ; le manifeste *Frères migrants* lancé par Chamoiseau en 2017 – avec le bandeau rouge des éditions du Seuil « Contre la barbarie » – milite pour la mondialité et l'accueil au-delà des frontières au nom de l'humanité. En vertu de l'idéal de la Relation proposé par Edouard Glissant,

> « [tout homme] pourra disposer ainsi d'une “géographie cordiale”, il pourra s'inventer son pays composite, son pays-archipel, dans la substance du monde et l'habiter à sa façon, dans l'évidence et le mystère. Ce sont ces “Lieux” que vont révéler les migrances à venir, et que soupçonnent peut-être les migrances d'à-présent » [17].

La connaissance ne se situe donc pas au ras des faits, mais dans une interprétation supérieure. C'est l'émotion intellectuelle du penseur et non l'émotion éphémère du journaliste, l'impression différée et non immédiate, qui entraîne une véritable compréhension.

Le récit du « migrant » concerne sa propre histoire, par exemple son côté de la Méditerranée, mais les conditions dans lesquelles on l'écoute appartiennent à un autre champ complexe dans lequel il s'insère beaucoup moins bien, puisqu'on exige plutôt de lui une vérité brute : le roman des migrations, lui, peut englober l'ensemble, que ce soit côté sud comme *Cannibales* du Marocain Mahi Binebine (1999) ou *Le Ventre de l'Atlantique* de Fatou Diome (2003) ; ou côté nord, comme *Eldorado* de Laurent Gaudé (2006), ce roman alternant les points de vue des candidats à l'émigration, sans être une version romancée d'un témoignage personnel. Le roman, détaché de l'obligation de la véridicité étroite, peut permettre une vue plus longue. Dans *Mur Méditerranée* (2019), l'écrivain d'origine haïtienne Louis-Philippe Dalembert présente trois destins d'émigrantes – une Nigériane, une Erythréenne, une Syrienne, de classe et de religion différente – embarquées dans la même traversée vers Lampedusa. L'idée a beau lui en être venue par un sauvetage réel, c'est par l'exemplification qu'il propose de ces émigrantes, et surtout par l'évocation des motifs de leur départ et la preuve de leur courage tenace dans l'adversité, que Dalembert transforme des « migrantes » anonymes, simple chiffre dans ces « flux migratoires » qui imposent des patrouilles en mer aux pays du nord, en modèles de femmes que l'on peut comprendre voire admirer

---

[17] Patrick Chamoiseau, *Frères migrants*, Paris, Le Seuil, 2017, p. 92.

pour leur humanité. Il n'est sans doute pas indifférent que Dalembert ou Marie Ndiaye, qui traite aussi d'un semblable destin dans *Trois femmes puissantes*, Mahi Binebine, Fatou Diome ou Léonora Miano soient eux-mêmes des expatriés.

Pour Raphaël Baroni,

> « Un lieu de confusion possible entre les récits factuels et les récits fictionnels se trouve probablement dans le fait de superposer la tension narrative à la résistance du réel. Si les récits factuels peuvent susciter des surprises, cela tient à leur soumission à une source extratextuelle qui leur échappe et qui fait résistance, alors que, dans le cas des récits fictionnels, la surprise fait partie intégrante du geste narratif, et l'on peut toujours supposer qu'elle est le résultat d'une stratégie discursive » [18].

Dans le témoignage, l'histoire des émigrants satisfait le désir des lecteurs de connaître des détails sur leur passé, leur pays, les difficultés du chemin ; et aussi les raisons de leur départ. La fin est connue et la suite sans intérêt puisque voilà l'exilé racontant son histoire. Mais le témoignage ne se préoccupe plus guère de la suite : la tension narrative s'arrête en général à l'arrivée. Le roman au contraire suit les personnages, et le lecteur apprécie d'avancer avec le voyageur contraint dans son trajet souvent compliqué, de l'accompagner au-delà, de connaître toute son histoire. À la différence du récit non fictionnel, la littérature révèle, derrière l'exemple singulier, une multitude de destinées qui ne prétendent pas à la créance absolue du lecteur : c'est une autre forme de connaissance qui emporte son adhésion.

Ainsi le roman, s'il est réussi, et quoiqu'il révèle une forme de réalité construite, exerce un effet plus important et plus durable sur le lecteur. Béatrice Bloch relève ainsi cette caractéristique du roman :

> « Parce que le lecteur est surpris, le texte laisse en lui une trace, une marque dans le psychisme, qui le conduit à s'impliquer sur le plan émotif et à mémoriser davantage […] » [19].

---

[18] Raphaël Baroni, « Histoires vécues, fictions, récits factuels », *Poétique*, Paris, Le Seuil, 2007/3, n° 151, pp. 259-277, ici p. 266.

[19] Béatrice Bloch, « La construction de l'émotion chez le lecteur. Immersion et persuasion esthétique », *Poétique*, Paris, Le Seuil, 2010/3 n° 163, pp. 339-348, ici p. 344.

« Écrire », disait aussi Sartre en 1948, « c'est donc à la fois dévoiler le monde et le proposer comme une tâche à la générosité du lecteur » [20] ; « l'objet littéraire n'a d'autre substance que la subjectivité du lecteur » [21] qui n'est donc pas spectateur curieux mais accompagnateur actif. La vérité littéraire, d'un autre ordre, introduit le lecteur à un niveau de connaissance très différent de celui qui parcourt des données présentées comme strictement informatives.

[20] Jean-Paul Sartre, « Pourquoi écrire ? », *Qu'est-ce que la littérature ?* [1948], Gallimard, « Folio », 1986, p. 76.
[21] *Ibid.*, p. 57.

Conclusion

Ainsi le terme « factuel » opposé à « fictionnel » ne suffit pas à expliquer la différence d'appréhension entre une vérité (ou valeur absolue de référence) supposée « brute » (et qui se trouve en fait le plus souvent déjà « arrangée »), et une véracité élaborée, qui ne trompe pas ou qui n'en a pas l'intention, connue pour renvoyer à un autre système de validation, un autre savoir à assimiler.

> « Tous les récits mêlent, en effet, des références réelles et imaginaires et, lorsqu'on en qualifie certains de « factuels » et d'autres de « fictionnels », on ne veut pas signifier que leurs contenus respectifs soient intégralement de l'ordre des choses empiriques (pour les récits factuels) ou de l'ordre des choses imaginaires (pour les récits fictionnels » [22].

Ce qui est en jeu, c'est l'horizon d'attente créé par le récit et la réaction prévisible du lecteur modèle.

Demander « Y a-t-il trop de romans sur les migrants ? » revient à remuer un ensemble de présupposés plus ou moins fangeux, puisque la question parallèle « Y a-t-il trop de récits de voyage ? » serait mise – manifestement un peu vite – au rayon des stupidités, tant il nous paraît naturel que l'Occident « voyage » et que le Sud « migre ». L'émotion, qu'elle soit curiosité, empathie, pitié, mauvaise conscience, solidarité, compréhension, fait bien bouger les lignes rationnelles : « Dans la Relation, l'identité n'est pas une donnée fixe. Comme le sentiment d'identité, elle est un moment d'une expérience au monde. »[23] L'objet de la littérature a toujours été *placere*, *docere*, *movere :* plaire, mais aussi allier science et émotion, savoir et action. Le nombre des romans « sur les migrants » n'est ainsi pas en cause en soi, mais on en voit les sous-entendus d'ordre littéraire : la littérature possède bien des pouvoirs subversifs parce qu'elle présente – et s'en flatte – un mode de connaissance à la fois rationnelle et émotionnelle ; comme le disait ironiquement Voltaire, « De l'horrible danger de la lecture » …

---

[22] Alessandro Leiduan, « Préface. Nouvelles frontières du récit », *Cahiers de Narratologie* en ligne, n° 26, *Nouvelles frontières du récit. Au-delà de l'opposition entre factuel et fictionnel*, septembre 2014, cons. 22 sept. 2020, http://journals.openedition.org/narratologie/6815

[23] Patrick Chamoiseau, *Frères migrants*, *op. cit.*, p. 94.

Pour une approche juridique antécédente des émotions politiques - L'exemple de la construction européenne

Jean-Sylvestre BERGÉ [1]

On peut développer différentes approches sur le droit. C'est ce que l'on appelle le pluralisme juridique qui peut prendre des formes extrêmement variées.
Au titre de cette diversité d'approches, il faut notamment compter sur la distinction entre les analyses internes et externes sur le droit. Les premières commandent que le droit soit étudié de l'intérieur. C'est ainsi par le droit et à travers le droit que l'on peut l'observer au plus près. Mais il existe également des analyses externes qui consistent à sortir du droit en général ou d'une construction du droit en particulier, pour mieux essayer d'y revenir.
C'est cette démarche externe que je voudrais ici mobiliser.

*

*   *

Comme juriste, je ne suis pas un spécialiste des émotions. Je n'ai jamais pris part à ce courant d'idées qui est notamment porté en France dans une dimension collective par notre collègue Emmanuel Jeuland [2].
Je retiendrai les définitions élémentaires qu'en propose le Dictionnaire Larousse :

- ◊ *Trouble subit, agitation passagère causés par un sentiment vif de peur, de surprise, de joie, etc. : Parler avec émotion de quelqu'un.*
- ◊ *Réaction affective transitoire d'assez grande intensité, habituellement provoquée par une stimulation venue de l'environnement.*
- ◊ *Sous l'Ancien Régime, révolte populaire non organisée et généralement de courte durée.*

Partant de ces définitions, je pourrais dire que l'émotion s'oppose à la rationalité. Comme juriste, je pourrais alors considérer que, chaque fois

---

[1] Jean-Sylvestre.Berge@univ-cotedazur.fr – www.universitates.eu – Le style oral de cette communication a été conservé. L'appareil scientifique a été réduit en conséquence.
[2] Voir notamment de cet auteur, *La justice des émotions*, IRJS Éditions, 2020.

que le droit se construit autour d'une rationalité, il refoule tout ce qui est étranger à ses constructions, hors de son champ d'études. Il en irait ainsi de l'émotion qui a un caractère beaucoup trop subit et irréfléchi pour le droit.
Prenons un exemple pour comprendre : un juge que ferait part dans sa décision d'une émotion se disqualifierait aux yeux de tous. Si le juge a bien le droit d'avoir des émotions, il ne doit surtout pas en faire état, car de telles manifestations émotives sont considérées comme étrangères à la rationalité juridique.
Vue sous cet angle, l'émotion, quand elle existe, doit rester le plus souvent cachée.
La question que je voudrais alors poser est la suivante : où est-elle cachée ? C'est ici qu'intervient ma proposition d'analyse antécédente.

*

*   *

Si l'on tient, comme dans notre hypothèse de travail, l'émotion comme extérieure au droit, alors il peut être intéressant de s'ouvrir à une approche antécédente du droit qui permet d'examiner tout ce qui préexiste à la règle de droit et qui est susceptible d'y être rapporté d'une manière ou d'une autre.
Une telle recherche sur les antécédents en droit ne résulte pas d'une théorie juridique prête à l'emploi qui permettrait de tracer mécaniquement les grandes lignes d'analyse.
Il faut inventer une nouvelle méthode.
Cela ne veut pas dire pour autant qu'elle s'affranchit totalement des théories existantes.
Mais en quoi peut bien consister une telle approche antécédente en droit ?
Pour répondre à cette interrogation, il faut essayer de se représenter ce que pourrait être une discussion ouverte sur les *a priori* du droit.
Le thème des « a priori » peut avoir pour objectif de conduire un travail critique de déconstruction/reconstruction de notions centrales dans différentes disciplines, notamment en droit.
De manière très générale, on peut dire qu'un a priori est un présupposé à nos constructions disciplinaires, présupposé qui a pour caractéristique d'être faiblement ou pas du tout délibéré.
Pour le dire autrement, est un a priori la représentation non savante des objets (au sens large) auxquels nous appliquons nos constructions. Dès

lors que nous concentrons nos analyses sur lesdites constructions, nous investissons en général peu ou pas du tout, cette approche antécédente qui consiste à expliciter notre conception, perception, compréhension des objets que nous avons la prétention de travailler par nos différents savoirs et, notamment, les savoirs juridiques.
Il y a plusieurs manières de se poser la question du rapport entre les a priori et le droit. On peut ainsi essayer de distinguer trois approches.
Selon une approche que l'on peut qualifier de technicienne, le droit est conçu avant tout comme une discipline appliquée qui repose sur un appareil technique spécifique, nourri de vocabulaire et de méthodes de raisonnement propres. Si l'on veut être audible en droit, il faut être techniquement irréprochable, c'est-à-dire rigoureux et respectueux des canons de la discipline. Ce point de vue technique est tellement important que la grande majorité des juristes en font l'alpha et l'oméga de leur savoir. Dans cette première perspective, les a priori n'existent en général pas. Le juriste commence son analyse à la règle de droit. Il ne s'interroge que rarement sur l'existence d'une conception, perception, compréhension ordinaire des objets auxquels il applique ses constructions.
Au terme d'une deuxième approche que l'on peut qualifier de pratique, le droit commence au fait. Le praticien sait que l'essentiel de son travail consiste à façonner le fait de manière à lui faire produire tel ou tel effet juridique. Dans ce travail « à façon », il y a tout l'appareil juridique de qualification, c'est-à-dire de traduction du fait en droit. Mais il y a aussi de la place pour un travail sur les a priori. Chaque fois que le fait ne reçoit pas - ou pas encore - une qualification juridique normée, mais qu'il joue un rôle potentiellement déterminant dans la solution juridique, on peut dire qu'il s'agit d'un a priori.
Reste une troisième approche que l'on peut qualifier de théorique. Le droit est aussi une affaire de théoriciens. Nous avons besoin de constructions abstraites pour modéliser les techniques et pratiques du droit. C'est d'ailleurs la fonction principale des chercheurs que d'abstraire du réel des modèles et de proposer, le cas échéant, des super modèles. Dans cette approche théorique, il se peut que le juriste construise des a priori non délibérables et non vérifiables par la technique ou la pratique juridiques. Si l'on accepte un parallèle avec la théorie des sciences, la démarche se veut ici kantienne. Elle est clairement métaphysique.
Ces trois approches peuvent conduire le juriste à adopter des attitudes très différentes les unes des autres. Il peut essayer de construire un lien

entre l'a priori et le droit. Il peut les tenir pour séparés et accepter, éventuellement, de les étudier en parallèle avec d'autres disciplines. Il peut, enfin, remettre en cause l'existence ou l'utilité même des a priori en droit.

*

* *

Si l'on s'en tient à une démarche essentiellement théorique, c'est, sans aucun doute, la recherche d'un lien entre l'antécédent et le droit qui est la plus intéressante.

Sans prétendre à l'exhaustivité, essayons de formuler différentes hypothèses de travail en nous appuyant sur des travaux très connus chez les juristes, le plus souvent à un niveau que l'on peut qualifier de mondial.

Pour commencer, on peut chercher, à la façon du juriste autrichien, Hans Kelsen [3], à postuler en droit l'existence de normes hypothétiques fondamentales (*Gundnorm*), par essence non discutée et de nature à légitimer d'autres normes. L'antécédent prend ici la forme d'un a priori théorique qui permet de consolider l'édifice normatif qui, pour le dire simplement, repose sur la validation de chaque norme par la référence à une autre norme (par exemple, la loi validée par la constitution). Si l'on prend la norme la plus élevée – la norme constitutionnelle – il faut bien se référer pour sa validation à une autre norme. C'est ici qu'intervient l'a priori fondamental hypothétique imaginé par cet auteur.

Autre démarche, on peut, à la manière du juriste italien, Santi Romano [4], considérer que toute organisation sociale donne naissance à un ordonnancement juridique (ordinamento giuridico). Cet auteur a fourni ce travail très important consistant à faire entrer dans le droit, le fait de l'ordre social tenu généralement pour « antécédent » (l'auteur utilise plusieurs fois l'expression « antecedente ») au droit. Il peut s'agir bien sûr l'ordre social étatique. Mais l'auteur, en condamnant toute forme d'exclusivisme juridique, accepte de s'ouvrir à d'autres

[3] H. Kelsen, Théorie pure du droit (1934-1960), trad. française de la 2e éd. de la « Reine Rechtslehre » par Ch. Eisenmann, Dalloz, 1962.

[4] S. Romano, L'ordre juridique (travail original publié en en italien en 1918 et 1945), trad. P. Gothot et L. François de la 2ème édition, éd. Sirey 1975, rééd. Dalloz, 2002, préface P. Mayer ; voir également, notre commentaire : Les ordres juridiques, Dalloz, coll. Tiré à Part, 2015.

types d'organisation sociale : la société internationale, l'église, l'entreprise, l'école, la famille, la mafia, etc.

On peut enfin proposer de s'appuyer sur des travaux qui se sont efforcés de théoriser certains a priori. On songe notamment aux analyses de l'allemand Adolf Reinach [5] en droit civil et de l'italien Francesco Carnelutti [6] en droit commercial. Les figures de la « possession, promesse, prétention et obligation », chères au premier auteur, et celle emblématique de la « circulation », étudiée par le second, sont autant de pistes susceptibles de nourrir une approche sans doute renouvelée sur ce que l'on peut appeler les modalités antécédentes du droit.

*

*   *

Partant de ces différents exemples d'analyses, on peut essayer de reboucler au thème des émotions.

Pour ce faire, je considérerai la manière dont les juristes reçoivent la construction européenne[7], spécialement au regard de sa dimension politique [8].

Deux thèses s'affrontent sur la réception par les juristes du phénomène politique européen : la thèse du non-droit et la thèse du super-droit.

La thèse selon laquelle le droit européen n'est pas véritablement du droit existe depuis toujours. La construction européenne contemporaine, qu'elle se fasse à Strasbourg, siège du Conseil de l'Europe, de la Cour européenne des droits de l'homme et du Parlement européen, à Bruxelles, où sont installées deux des principales institutions de l'Union européenne (le Conseil et la Commission), à Luxembourg, lieu d'implantation de la Cour de justice de l'Union européenne ou en tout autre lieu, a, depuis l'origine, suscité la critique de ceux qui nourrissent des doutes sur sa juridicité.

---

[5] A. Reinach, Les Fondements a priori du droit civil (travail original publié en allemand en 1913), trad. R. de Calan, Vrin, 2004.

[6] F. Carnelutti, Teoria giuridica della circolazione, Cedam, 1933.

[7] Pour une approche d'ensemble du phénomène juridique européen, voir J.-S. Bergé, S. Robin-Olivier, *Droit européen (Union européenne – Conseil de l'Europe)*, Puf, 2011.

[8] Pour une analyse de ce type dans une autre spécialité juridique, voir récemment : P. Kinsch, « Le rôle du politique en droit international privé », *RCADI* T. 402, Brill Nijhoff, 2019, p. 11.

Ces doutes ont été exprimés de différentes manières. Une première attitude consiste à refuser toute immixtion du droit européen dans certains domaines du droit dans lesquels il n'aurait pas vocation à intervenir. Ainsi, on considère parfois que le droit européen ne saurait s'intéresser au droit privé ou encore qu'il est inapte à régir des branches généralistes du droit.
Une autre attitude, plus radicale encore, s'attache à dénoncer le caractère purement et simplement « étranger » du droit européen. Le droit européen n'est pas « du droit » en ce sens qu'il ne fait pas partie de « notre droit ». C'est un droit « venu d'ailleurs » pour reprendre l'expression célèbre d'un auteur. Il est fait par d'autres, souvent dans une autre langue que la nôtre. Il est étranger à notre culture juridique. Il ne fait pas partie de notre univers juridique.
Un tel discours relève d'une conception nationaliste du droit : le droit européen se voit tout simplement reprocher de ne pas être un droit national. Dès lors qu'il n'est pas conçu à l'intérieur d'un État, qu'il n'est pas le fruit d'un vote dans les parlements nationaux, son caractère démocratique ferait défaut. Il serait d'ailleurs impropre de le qualifier de « système juridique », faute pour lui de satisfaire aux exigences de cohérence, de légalité et de complétude qui caractériseraient la structure étatique.
Cette lecture du droit européen va généralement de pair avec une approche légaliste du droit. Au nom de la toute-puissance de la loi, sont dénoncées, d'une part, l'importance des pouvoirs d'interprétation conférés à des juridictions supranationales telles que la Cour de justice de l'Union européenne (Luxembourg) ou la Cour européenne des droits de l'homme (Strasbourg) et, d'autre part, la concentration du pouvoir d'initiative entre les mains d'institutions internationales au caractère hautement bureaucratique telles que la Commission européenne (Bruxelles). En somme, le droit européen est présenté comme un droit excessif, qui excède les limites raisonnables qu'il conviendrait d'assigner à des normes qui ne sont pas issues de l'intérieur d'un système étatique, seul capable, selon les tenants de cette thèse, de recevoir le label démocratique.
La thèse du non-droit européen s'analyse clairement comme une réaction à ce que l'on peut appeler la thèse du super-droit européen. En dépit des crises parfois très graves qui jalonnent son histoire, la construction européenne est marquée depuis plus de deux générations par des avancées considérables. Cette évolution s'est traduite par

l'affirmation d'un droit européen « supérieur » tant au droit international qu'au droit national.
La supériorité du droit européen a d'abord été reconnue à l'égard du droit international en général. Au nom de sa spécificité, le droit européen (essentiellement le droit de l'Union européenne) a été présenté comme un droit « autonome », détaché du droit international dont il est évidemment issu. Sa capacité à produire des effets juridiques au-delà des schémas traditionnellement offerts par le droit international a fait de lui une sorte de super-droit, capable d'épouser les contours d'une réalité juridique nouvelle à laquelle un auteur a donné le nom de « droit de l'intégration ».
Cette supériorité du droit européen s'est ensuite affirmée sur le droit national. Le droit européen a acquis une force et une existence propre en s'imposant aux ordres juridiques des États membres au nom de principes bien connus tels que la primauté et ses deux alliés, l'immédiateté et l'effet direct.
Par un phénomène de mimétisme, les emprunts au langage juridique étatique, spécialement constitutionnel, se sont faits de plus en plus nombreux. Il faut dire que la jurisprudence de la Cour de justice de l'Union européenne a fortement encouragé cette inspiration tirée du droit des États. C'est ainsi qu'elle n'a pas craint d'évoquer la « valeur constitutionnelle » des Traités fondateurs ou le « caractère législatif » de certains pouvoirs exercés au niveau européen [9]. La Cour européenne des droits de l'homme n'a pas poussé la logique constitutionnelle aussi loin, mais elle s'en est approchée, qualifiant la Convention européenne de sauvegarde des droits de l'homme et des libertés fondamentales « d'instrument constitutionnel de l'ordre public européen » [10]. Ce mouvement s'est poursuivi sous l'action des États membres de l'Union européenne, dont les dirigeants ont signé à Rome, le 29 octobre 2004, un Traité établissant une « Constitution » pour l'Europe (jamais entré en vigueur).
Que penser des thèses sur le non-droit et super-droit européen ? L'une est-elle exacte, l'autre fausse ? Faut-il les considérer comme exactement symétriques et, le cas échéant, les écarter pour en préférer une troisième, une quatrième, etc. ?

[9] Voir, par exemple, CJCE, 9 mars 1978, *Simmenthal*, aff. 106/77.
[10] Voir, par exemple, CEDH (GC), 23 mars 1995, req. n° 15318/89, *Loizidou c/ Turquie*.

Face à de telles interrogations, le juriste peut avoir plusieurs attitudes. Il peut croire en toute sincérité en une théorie du droit apte à le renseigner de manière plus ou moins définitive sur la frontière entre le droit, le non-droit, l'infra-droit ou le super-droit. Il peut aussi considérer que la vertu de l'intégration européenne est d'inviter à reprendre, sur de nouvelles bases, la discussion sur les voies de fabrication du droit.
Je suivrai cette seconde piste.

*

*　　　*

Pour appréhender les discussions sur la construction juridique européenne, il nous semble nécessaire de développer une approche antécédente du droit et de relier cela à la question des émotions.
La construction européenne nourrit chez les juristes toutes sortes d'a priori favorables ou défavorables. L'on croit ou l'on ne croit pas à la capacité de l'Europe à investir le champ de l'organisation de la vie en société et donc, notamment, du droit. Bien sûr, ce n'est pas l'idée de l'Europe qui est en tant que telle visée, mais bien sa capacité à pénétrer une sphère juridique largement dominée, depuis le XVIème siècle, par la figure de l'État.
Ces a priori ont une dimension éminemment politique. Or cette dimension varie fortement selon que les réalisations juridiques européennes suscitent une réaction méliorative ou péjorative de la part des juristes. Les européanistes convaincus et eux seuls ont construit et pensé le système juridique européen. Ses pourfendeurs se sont tenus soigneusement à l'écart, retranchés derrière les modèles préexistants dans le contexte national et international.
Ces a priori ne sont pas juridiquement rationnels. Il n'y a pas de rationalité juridique à être pour ou contre plus d'Europe.
Ces a priori politiques sont rarement exposés par les juristes.
Au mieux, ils transparaissent de manière éruptive à l'image d'une émotion politique, plus ou moins bien contrôlée.
La question cruciale se pose alors de savoir comment ce type d'émotion politique accède à une réflexion proprement juridique.
C'est ce que permet de faire l'approche antécédente. L'émotion politique préfigure l'analyse juridique. Cette émotion est largement extérieure au droit. Mais elle exerce une influence considérable sur le droit. On peut dire que c'est un antécédent émotionnel politique au droit.

*

*   *

Pour conclure, je dirais que l'approche antécédente des émotions est le moyen de faire dialoguer les dimensions externes et internes du droit. Comme le disait Francis Bacon : « L'esprit humain est porté naturellement à supposer dans les choses plus d'ordre et de ressemblance qu'il n'y en trouve ; et tandis que la nature est pleine d'exceptions et de différences, l'esprit voit partout harmonie, accord et similitude » [11]. Il y a dans l'émotion, une profonde altérité au droit. Elle est beaucoup trop éruptive et irrationnelle pour le droit. Mais elle est là qui joue un rôle qui est loin d'être négligeable en droit. Il faut nouer le dialogue entre émotion et droit. C'est ce que permet de faire, entre autres outils, l'approche antécédente.

---

[11] F. Bacon, *Novum Organum*, trad. Lorquet, éd. Hachette 1857, n° 45, p. 14.

Émotion et relation dans la justice et la science du droit

Emmanuel JEULAND

Le point de savoir si le droit peut être qualifié de science est discuté. Certes, Kelsen a mis à jour une science des normes juridiques, mais il n'entendait pas couvrir tout le droit. La question de l'émotion bouscule un peu plus la discussion. Si l'on fait une place à l'émotion des juges, comment garantir la scientificité voire plus simplement l'objectivité du droit ? Il faut, me semble-t-il, tenter de passer par une revalorisation des rapports de droit. Je crois, en effet, que les relations précèdent les normes, que les normes sont créées au sein des relations par interaction [1]. Or, l'émotion doit être articulée avec la relation, le terme de relation étant pris dans ses deux sens, celui de rapport de droit et celui de récit.

Le problème théorique et pratique que nous rencontrons dans la justice à propos de l'émotion est le suivant : traditionnellement juges et avocats étaient formés à se tenir à distance de leurs émotions, comme les scientifiques. Il fallait ignorer ces émotions. Cependant, il apparaît aujourd'hui clairement que juger sans tenir compte de ses émotions peut conduire à de mauvaises décisions [2]. Il faut donc avoir une nouvelle approche des émotions en matière judiciaire. Cependant, si le juge tient compte de ses émotions, ne risque-t-il pas de porter atteinte à l'application égale des lois, application d'une loi voulant souvent dire sanction ?

---

[1] L. Fuller, "Human interaction and the law" in *Principles of Social Order: Selected Essays of Lon L. Fuller* - Revised Edition, 1969.

[2] Notamment : A. Damasio, *L'erreur de Descartes*, Marcel Blanc (Traduction), *La raison des émotions*, 1984, réédition en janvier 2010 Essai (poche), Odile Jacob. *L. Feldman Barrett, How Emotions are Made: The Secret Life of the Brain, Houghton Mifflin Harcourt, 2017 ;* Fr. Schenk, « Les émotions de la raison », Revue européenne des sciences sociales, European Journal of Social Sciences, XLVII-144 | 2009, accessible sur OpenEditions journals.

Il y a une évolution récente prenant en compte les émotions dans la justice mais cette évolution ne parait pas encore satisfaisante. Après un état des lieux critique de la situation actuelle, je tâcherai de proposer une autre analyse fondée sur les relations de justice.

I. État des lieux

Le juge français est censé appliquer la loi de manière assez formelle sauf s'il a besoin de l'interpréter. Cette approche date de la Révolution même si, en réalité, jamais le juge n'a appliqué mécaniquement - si cela est possible - des règles. Traditionnellement, on enseigne au jeune juge de se tenir à distance de ses émotions. Cette solution qui n'est pas propre à la France [3] entre aujourd'hui en contradiction avec une réévaluation de l'émotion qui apparait nécessaire à la prise de décision. La réponse qui paraît être trouvée dans la magistrature actuellement consiste à reconnaitre – et non plus à mettre à distance – les émotions, tout en se prémunissant de ses émotions. Ainsi, un numéro vert a été mis à la disposition des juges secoués émotionnellement par une affaire. De même, le jeu des émotions est intégré dans les simulations qui ont lieu à l'École Nationale de la Magistrature. Selon sa fonction, on apprend à reconnaitre ses émotions. Dans un séminaire de formation continue à l'ENM, dirigé par une psychanalyste (ancienne magistrate), Mme de Maximy, on apprend à ne pas laisser polluer ses émotions par des traumatismes inconscients : par exemple, le juge des affaires familiales ayant eu un mauvais rapport à son père qui donne toujours la garde à la mère, car il est toujours en colère contre les pères. Mais cette évolution ne paraît pas aller jusqu'à tenir compte de ses émotions dans la prise de décision. Dans un séminaire de formation continue avec les magistrats à l'ENM que j'avais animé, certains juges ont témoigné que l'audience était une boule d'émotion, qu'ils passaient de la colère, au dégoût, à la surprise, à la honte voire au rire mais qu'ils se sentaient frustré. L'une de ces juges a dit pratiquer le yoga après les audiences correctionnelles. Les émotions restent cependant, dans cette approche, une affaire individuelle qu'il faut gérer comme l'on gère tout aujourd'hui au plus juste dans la justice, pour être efficace [4].

---

[3] T. A. Maroney, "The Persistent Cultural Script of Judicial Dispassion", in: California Law Review 99,2, 629–681, 2011.

[4] S. Schnädelbach (2015), "The Jurist as Manager of Emotions: German Debates on Rechtsgefühl in the Late 19th and Early 20th Century as Sites of Negotiating the

Cette solution ne me parait pas satisfaisante : les magistrats restent avec leurs émotions qu'ils ne peuvent pas montrer pour ne pas risquer de se montrer partial. Dans une affaire jugée aux assises, un magistrat professionnel avait laissé échapper un commentaire : « c'est horrible çà ». Il a été jugé partial et a été récusé. Le risque est alors que les juges répriment leurs émotions, ce qui peut créer de la souffrance au travail dans un contexte de pression des chiffres. Une enquête du syndicat de la magistrature que l'on ne peut qualifier de scientifique – mais qui est indicative – a révélé beaucoup de souffrance de la part de juges qui travaillent souvent tard et le weekend [5].

Un autre risque est que l'on supprime les lieux de justice les plus émotionnels. Ainsi, la cour d'assises est progressivement remplacée par cour criminelle composé de juges professionnels qui se sont « endurcis » comme dit un ancien président de cour d'assises [6].

Il existe donc une ambiguïté entre la prise en compte de l'émotion par les juges et la culture du chiffre, de l'évaluation et des indicateurs. D'autant plus que ce nouveau management visant à la fois la quantité et la qualité du travail ne cherche pas à prendre en compte le contenu du métier des gens de justice. Or, comme tout métier, il implique des imprécisions et des erreurs [7]. La culture de l'émotion a changé dans la justice, mais la situation reste insatisfaisante dans la mesure où les troubles de l'émotion restent une question abordée de manière individuelle et non pas collective.

Juristic Treatment of Emotions", in: InterDisciplines: Journal of History and Sociology 6,2, 47–73.

[5] Syndicat de la magistrature, *L'envers du décor, Enquête sur la charge de travail dans la magistrature*, juin 2019 : https://www.syndicat-magistrature.fr/toutes-nos-publications/nos-guides-et-livrets/2160-lenvers-du-decor-notre-grande-enquete-sur-la-charge-de-travail-dans-la-magistrature.html, consulté le 9 juillet 2021.

[6] D. Coujard, Propos tenus au cours d'un colloque organisé par les avocats sur la justice et les émotions, Campus, 4 juillet 2019.

[7] Ch. Dejours, Séminaire à la société de psychanalyse de Paris au sein du groupe psy-juge en octobre 2019 (je remercie Mme de Maximy pour son invitation).

II. Propositions

Il me paraît envisageable de faire deux propositions pour mieux prendre en compte l'émotion dans la justice française. Une première proposition part de l'idée que la relation de droit doit encadrer les émotions. Une seconde proposition, plus spéculative, part de l'idée que l'émotion crée la relation avant qu'il n'y ait des sujets de droits.

1re proposition.

Si l'on mêle les apports des philosophes et des sociologues, eux-mêmes informés par les psychologies, on peut dire que l'émotion comporte six éléments : elle a un objet (l'angoisse n'est pas une émotion car elle n'a pas d'objet), une durée (moins de quelques heures), elle est ressentie physiquement (palpitation, rougeur, tension etc.), elle est consciente (mais peut être réprimée), elle conduit à une réaction (fuite, sidération, combat) et/ou à une correction de l'émotion (si l'on s'aperçoit, par exemple, qu'il n'y avait pas lieu d'avoir peur) ; enfin elle a un effet collectif au sein de ce qui est parfois appelée une communauté émotionnelle [8] et peut donner lieu à une contagion émotionnelle. L'émotion est construite sociologiquement et culturellement même si son circuit est biologique. Il semble ainsi qu'un enfant ne crie pas de peur, s'il n'y a personne à proximité. Les émotions varient d'une culture à l'autre et s'apprennent au cours de l'enfance.

Il y a ainsi une culture de l'émotion au sein des tribunaux. L'émotion est un processus qui partant d'affects de plaisir ou de déplaisir conduit à imaginer, anticiper et simuler des réactions en préparant son corps à réagir. J'entends un bruissement dans un buisson, j'imagine un serpent en raison d'expériences et d'enseignements précédents, j'anticipe une attaque et me prépare à la fuite par une montée d'adrénaline, si un moineau s'échappe finalement du buisson ma crainte s'estompe immédiatement et je retrouve mon calme [9].

Je suggère d'intégrer les émotions de manière plus positive dans la justice sans tomber dans la dictature des émotions et dans une justice à l'émotion qui réagirait aux flambées de l'opinion publique (voir par

---

[8] B. H. Rosenwein, *Emotional Communities in the Early Middle Ages*, Ithaca, 2006.
[9] V. Feldman Barret, précit.

ex. les vidéos de victimes diffusées devant les tribunaux aux États-Unis). Aristote est enseigné dans quelques facultés de droit américaines car, dans l'éthique à Nicomaque, le philosophe indique que l'émotion est légitime si elle apparaît au bon moment et de la bonne manière (ex. la colère du juge sachant d'ailleurs que dans l'histoire de l'antiquité le procès pouvait viser à calmer la colère du juge [10]).

Il faut faire en sorte que l'émotion soit comprise comme objective autant qu'un raisonnement ou une sensation, une chose bleue est bleue pour tout le monde même s'il y a une part culturelle dans la conceptualisation des couleurs (sauf anomalie physique). De même, la mort fait peur, une tromperie rend en colère, etc. Il existe une certaine objectivité de l'émotion selon le philosophe Scheler [11]. Cela n'est possible qu'à la condition que le juge soit dans une situation impartiale. Il faut donc construire l'objectivité de l'émotion du juge afin qu'elle ne génère pas ce que Feldman Barret nomme le réalisme affectif (ex. le sentiment de malaise ressenti par un juge avant le déjeuner en raison de la faim qui peut le conduire à juger un détenu dangereux et à ne pas accepter sa libération conditionnelle) [12]. Si un juge a noué un lien antérieur au procès avec une partie, il ne peut avoir d'émotion objective, il n'est donc pas en situation d'impartialité et doit être récusé. La construction du lien procédural entre parties et juge doit permettre à celui-ci de ressentir des émotions objectivement. Dans ces conditions, le juge peut en tenir compte voire devrait en tenir compte. À vrai dire, ce ne devrait pas être une prescription comme ce peut être la tendance dans le mouvement *Law and Emotion* aux États-Unis [13]. On sait

[10] A. Corbin, J.-J. Courtine et G. Vigarello, *Histoire des émotions,* Seuil, T1, T2, T3 2017, dans le tome 1, on trouve notamment des indications sur la justice comme processus visant à calmer la colère du juge au cours de l'Antiquité ; v. aussi L. Huppes-Clysenaer and N. Coelho (ed.), *Aristotle and Emotions in Law and Politics*, Springer, 2018.

[11] M. Scheler, *Nature et formes de la sympathie* (1913), trad. Fr. M. Lefebvre, Payot 1971, disciple de Husserl, l'auteur est un phénoménologue qui a une approche émotionnelle du monde, il estime que les émotions peuvent être objectives, il en dégage des valeurs et donc des devoir-être, il dégage une conception de la personne comme déjà en relation et coresponsable, Levinas est dans cette lignée tout en dégageant l'aspect infini de la relation des relations ; B. Frère, La constitution intersubjective de Moi in G. Mahéo et E. Housset (dir.) *Max Scheler, Ethique et phénoménologie*, Presses universitaires de Rennes, 2015, 208-209.

[12] Ouvrage précit.

[13] R. Grossi, "Understanding Law and Emotion", Emotion Review, 2015 January 55-60, en ligne.

cependant qu'il n'existe pas de décision sans processus émotionnel. Une certaine part d'émotion est donc impliquée dans l'application d'une une norme, en particulier dans l'appréciation des faits, des preuves, la qualification, l'interprétation de la norme, voire l'évaluation et la motivation. Le raisonnement judiciaire n'a pas la forme d'un syllogisme formel mais d'un enthymème qui suppose une prémisse prenant la forme d'une valeur partagée (ex. loyauté), de faits vraisemblables, d'un dialogue puis d'une solution approchée qui est la moins mauvaise pour tout le monde [14].

Le terme de relation est aussi à prendre dans le sens de raconter, de narrer des faits, notamment au cours d'un procès (ex. le procès Charlie-Hebdo). Or, raconter implique un certain suspens, des effets rhétoriques et donc des émotions. Cela implique également de reconstruire les faits et parfois même de les co-construire (ce qui n'est pas ici péjoratif) avec des témoins ou des experts.

Il existe un risque cependant que la prise en compte de l'émotion tourne à l'équité, et au manque d'égalité entre les justiciables. Si l'on tient compte de l'émotion pour donner une solution équitable qui soit contraire au texte de la loi, on risque en effet de ne pas appliquer la loi de la même manière à tous les justiciables. Cependant, la loi elle-même peut être le fruit de l'émotion collective (ex la loi qui met fin à la fonction de juge d'instruction après le procès Outreau qui n'a jamais été appliquée). Une bonne loi est-elle seulement un commandement du souverain qu'il faut suivre ou un équilibre trouvé collectivement autour de la distribution des choses ? Chez Thomas d'Aquin, la loi doit porter sur la répartition des biens et des postes selon une justice distributive et selon le bien commun [15]. Cette dernière notion a été réinscrite dans la loi à propos des avis du procureur près la Cour de cassation rendus dans l'intérêt de la loi et le bien commun [16]. La loi peut alors être vue comme un élément d'altérité par rapport à un rapport de droit donné qui permet à celui-ci de se régénérer (par ex. la loi n° 72-3 du 3 janvier 1972 sur la filiation s'appliquant à un lien de filiation donné). Pour autant, en pratique, beaucoup de textes de loi impliquent une interprétation qui

[14] L. Huppes-Clysenaer and N. Coelho (ed.), *Aristotle and Emotions in Law and Politics*, Springer, 2018.

[15] M. Bastit, L*a naissance de la loi moderne,* PUF Leviathan, 1990.

[16] Art. L. 432-1 Code de l'organisation judiciaire.

suppose une méthode mêlant raison et émotion, si tant que les deux notions puissent réellement être distinguées.

La procédure crée des liens procéduraux pour canaliser les émotions et les recevoir de manière objective. Si une partie se montre trop passionnée lors d'une audience, le juge peut mettre fin à son intervention ; les délais permettent de calmer la colère d'une partie exprimée dans une plainte ou tout autre acte introductif d'instance. Le lien d'instance créé entre les parties est régi par le principe du contradictoire qui permet une opposition d'émotions et de raison. Il permet à chaque partie de comprendre l'émotion et les raisons de l'autre. La motivation du jugement peut traduire une émotion notamment par l'usage d'adverbes (ex. « dangereusement » à propos d'une conduite routière).

Le développement de la visioconférence imposé par le juge pendant la pandémie de Covid 19 paraît dangereux car il existe un besoin de présentiel pour « faire passer » ces émotions. Il faudrait au moins une audience physique par affaire civile comme cela a été décidé en matière pénale [17]. Il faut de la mesure dans l'usage des nouvelles technologies et ne pas succomber au mirage de l'équivalence fonctionnelle entre la visioconférence et l'audience en présentiel qui n'est fondée que sur la raison et non sur les émotions.
À l'inverse, le développement de la médiation permet sans doute d'exprimer davantage d'émotions non violente et de tenir compte des besoins de chacun. Le corps est impliqué dans la procédure de médiation avec ses perceptions, interoceptions (perceptions intérieures) et ses émotions. Cependant, la médiation risque de faire perdre de vue le droit et ne permet pas de bâtir une jurisprudence.

---

[17] V-LL. Benabou et E. Jeuland, « Procès - Vers la généralisation du principe de présence physique ? » Cons. const., 15 janv. 2021, n° 2020-872 QPC - Libres propos avec Valérie-Laure Benabou, JCP G, n° 6, 8 février 2021, 140 ; et « Procès - L'audience en visio-conférence : une exception au principe de présence physique » - Libres propos, JCP G n°s 1-2, 11 janvier 2021, 2.

2ème proposition.

D'un point de vue théorique, il se peut que la relation vienne avant ses termes et que l'émotion vienne avant la relation. Plusieurs philosophes contemporains considèrent en effet que la relation vient avant ses termes [18]. Sans entrer dans un débat philosophique complexe ayant des racines lointaines (remontant même au-delà de la notion de relation comme catégorie chez Aristote), on peut faire le choix, en tant que juriste, de cette approche en fonction de ses conséquences. Ainsi, cette approche permet d'expliquer plusieurs solutions qui apparaissent sinon comme des anomalies : qu'une tribu mélanésienne sans personnalité morale puisse agir en justice, que l'on puisse attaquer en justice une société qui a disparu, que le président de l'Autorité de la concurrence puisse être observateur devant la cour d'appel chargée de juger la décision de l'autorité alors que ladite autorité n'a pas la personnalité morale, etc. On peut aller plus loin en estimant qu'il existe des relations de droit entre des individus et des ensembles sans personnalité morale tels que la famille (le lien de famille), l'entreprise (la relation de travail) voir la nation (le lien de nationalité). Or, il se peut que ces relations qui précèdent leurs termes (au sens où la relation existe avant que le sujet n'ait acquis la personnalité juridique) émergent d'émotions préalables : la colère d'une tribu attaquant un pollueur, la colère d'un créancier attaquant une société qui a disparu, etc. De même, il a été montré que l'étranger est à peine un sujet de droit et qu'un lien juridique

[18] Notamment G. Deleuze, « Michel Tournier et le monde sans autrui », postface dans M. Tournier, *Vendredi ou les Limbes du Pacifique*, Paris, Folio, Gallimard, 1972, pp. 273-301 ; E. Glissant, *Philosophie de la Relation, poésie en étendue,* Gallimard, 2009, pp. 73-74 ; E. Housset, « L'intuition catégoriale de la relation : le renversement husserlien », Les Études philosophiques 2017/2 N° 172 | p. 289 :
https://www.cairn.info/revue-les-etudes-philosophiques-2017-2-page-289.htm ;
V. Morfino, « Ontologie de la relation et matérialisme de la contingence », *Università degli Studi di Milano-Bicocca,* Texte traduit de l'italien par Nathalie Gailius, Actuel Marx en Ligne n°18 (18/ 3/2003) citant Paci et Balibar ; E. Balibar, *La philosophie de Marx*, Paris, La Découverte, coll. Repères, pp. 27-28 citant Spinoza, v. également en philosophie des sciences : A. Marmordoro and D. Yates, *The Metaphysics of Relations,* Oxford University Press, 2016 spec. J. Ladyman p. 181 ; E. Ladevèze, *La loi d'universelle relation*, Paris, Alcan 1913 cité par le *Vocabulaire technique et critique de la philosophie, par A. Lalande* (1927), rééd. PUF, 2006 et plus récemment M. Bitbol, *De l'intérieur du monde : Pour une philosophie et une science des relations,* Flammarion, 2010.

d'hospitalité mériterait d'être reconnu [19]. L'émotion en tant qu'expression d'une rencontre existerait ainsi avant la relation. On serait alors à l'opposé des positions de Fichte qui considère que l'homme libre et rationnel crée un rapport de droit avec un autre homme libre et rationnel, se reconnaissant mutuellement libre [20]. On peut ainsi prendre en compte des relations sans sujet de droit, comme l'animal qui ne ressent pas d'émotion au sens culturel du terme, mais qui a une sensibilité. Plus largement des entités naturelles tels que les végétaux susceptibles d'avoir une sensibilité pourraient être impliquées dans des liens procéduraux, assistés par des substituts humains, sans être sujet de droit. Il n'y aurait pas en revanche de justice impliquant des robots sauf si l'on aboutissait à une véritable altérité des robots. Il faudrait sans doute que ces robots aient une véritable autonomie pour pouvoir avoir des émotions élaborées.

Sur un tout autre thème, cette seconde proposition invite à porter son attention sur le management judiciaire qui crée de la souffrance au travail par la pression qu'il impose aux juges et aux greffiers en les plaçant en position d'objet et non plus de sujet. Il pose ainsi un problème concernant les émotions dans la justice en détruisant les relations entre gens de justice par la concurrence, la mobilité (l'hypermobilité est critiquée dans les discours officiels du ministère mais maintenue dans les faits) et le manque de confiance qu'il induit. La relation précède ses termes en ce qu'elle crée des sujets autonomes dans l'interdépendance. Le mauvais management casse cette relation et génère des émotions négatives.

---

[19] C. de Vulpillières, *Les Portes de la loi. Souveraineté, droits de l'homme, hospitalité : quel(s) droit(s) pour les étrangers ?* Thèse Université Paris-Nanterre, 2019.

[20] J.G Fichte, *Fondement du droit naturel selon les principes de la doctrine de la science (1796-1797)*, trad. Fr. A Renaut, Quadrige, 1998, l'auteur invente le concept de rapport de droit comme rencontre de deux êtres libres et raisonnables.

Droit et émotions. Réflexions à partir du procès

Denys MAS

Quelle place les émotions tiennent-elle en droit ? La réponse est embarrassante.

Sans doute, les émotions innervent-elles le droit. Toutefois, dans le monde qui se meurt, le droit disposait des émotions selon ses réquisits. La place des émotions était ancillaire, elle relevait de l'ordre de la contingence :

> Le droit s'affiche comme une branche, une activité humaine, dépourvue d'émotions, à tout le moins en apparence. La robe permet de les masquer, les rites judiciaires (et plus généralement les règles de procédures) de les diluer jusqu'à leur quasi effacement. Les complets noirs, gris ou bleus sombres des gens de justice participent de cette mise à distance de l'émotionnel. Quand bien même fût-il plaidé, l'émotionnel n'y est jamais qu'instrumentalisé, vidé de sa spontanéité : il s'agit d'un émotionnel rhétorique, ce qui ne signifie pas inexistant ou feint mais simplement non spontané, non immédiat, à la sincérité « calculée »[1].

La modernité a cependant bouleversé la perspective. Dans le nouveau monde qui se profile, la place des émotions apparaît comme première.

Dans le monde de la post-vérité en effet les émotions semblent devoir primer le droit :

> L'âge de la post-vérité est un âge post-factuel. La connaissance et la réflexion, donc la culture, cèdent la place aux affects. […] La vérité perd toute espèce d'importance […]. Il ne s'agit plus de la trahir, de la déformer, de la contourner, ou encore de la réinventer, mais de l'ignorer tout simplement, parce que trop âpre, trop rébarbative, trop complexe à saisir. À quoi bon la connaissance ? À quoi bon la

---

[1] A. Papaux, Un droit sans émotions « iram non novit jus » : Esquisse des rapports entre sciences et droit, *Revue européenne des sciences sociales*, 2009, pp. 105–119, spéc. p. 107.

pensée ? Le « parler-vrai », affranchi de toute contrainte logique et morale, est devenu paradoxalement le substitut de la vérité écartée[2].

Une question pourtant demeure à débattre. Dans le monde ancien, la place ancillaire des émotions ne relevait-elle pas de l'illusion ?

Certes, le procès a été pensé comme un ensemble de mécanismes destinés à mettre à distance les émotions, qu'ils aient pour objet la composition des tribunaux, les modes de preuve, les formalités de rédaction des jugements, les voies de recours…

Il faudrait dans cette perspective parcourir les deux voies : romaine d'une part, canonique d'autre part, qui ont conduit jusqu'aux portes du procès moderne pour illustrer la chasse aux émotions que poursuivront les juristes au fils des siècles afin que le juge n'en devînt pas l'esclave, afin que les parties n'en devinssent pas les victimes lorsque le juge avait succombé.

On pourrait illustrer le propos à partir de la notion d'*ordo iudiciarius* dont, dans son décret, Gratien affirme que le respect est la condition de la venue à l'être d'un jugement : *nullo sine iudiciario ordine dampnari valeat* (C. 2, q. 6, c. 1)[3], *ordo iudiciarius* auquel l'élément spirituel n'est pas étranger[4].

Peur (*timore*), envie (*cupiditate*), amour (*amore*) ou haine (*odio*) sont de nature à retirer toute efficacité au jugement ainsi réduit à l'état de spectre :

> *Quatuor modis humanum iudicium pervertitur : timore, dum metu potestatis alicuius veritatem loqui pertimescimus ; cupiditate, dum premio animum alicuius corrumpimus ; odio, dum contra quemlibet adversarium molimur ; amore, dum amico vel propinquo prestare a contendimus* (C. 11, q. 3, c. 78).

---

[2] C. Godin, *La crise de la réalité*, [livre numérique], Champ Vallon, 2020, p. 162.
[3] *Corpus iuris canonici*, 2 vol., Graz, 2e éd., 1955, éd. Friedberg et Richter, *Decretum Magistri Gratiani* (I), p. 438.
[4] F. Della Rocca, Il processo in Graziano, *Studia Gratiana*, 1954, pp. 279–303.

> *Quicumque aut consanguinitate, aut amicitia, vel hostili odio, vel inimicitiis in iudicando ducitur, pervertit iudicium Christi, qui est iustitia, et fructum illius vertit in amaritudinem* (C. 11, q. 3, c. 79).

L'absence de venue à l'être d'une sentence ne trouve pas son unique cause dans la violation des formes et des formalités prescrites. L'*animus* du juge peut aussi en être la source :

> *Ex animo est iniusta, cum aliquis servata integritate iudiciarii ordinis in adulterum vel in quemlibet criminosum non amore iustitiae, sed livore odii, vel precio, aut favore adversariorum inductus sententiam profert. Unde Beda super epistolam Iacobi ait : "Ira enim viri iustitiam Dei non operatur :" quia qui iratus in aliquem sententiam profert, etsi ille quantum ad se iustam reportet sententiam, iste tamen, qui non amore iustitiae, sed livore odii in eum sententiam dedit, iustitiam Dei, in quem perturbatio non cadit, non imitatur.*

Emblématique apparaissent à cet égard les avatars du concept de nullité au travers de l'évolution de ces hypothèses particulières, tardivement introduite dans le droit de la Rome antique, que constituent les atteintes au *ius*[5].

Reflet de l'avis (*sententia*) d'un simple particulier choisi ou agréé par les parties afin – sur ordre du magistrat (*praetor*) – de trancher leur litige en fonction d'une règle de jugement (*formula*) élaborée par les parties sous la surveillance du magistrat voire avec son concours, le jugement (*iudicatum*) était, dans Rome ancienne, sans recours. La nature privée du procès, son organisation, son déroulement militaient pour une irrévocabilité de la décision rendue.

Pour que le litige trouvât sa solution définitive dans la décision du juge privé, il fallait toutefois que le jugement ne fût pas entaché d'une irrégularité qui prohibât de considérer la sentence comme *res iudicata*.

---

[5] P. Calamandrei, La teoria dell'error in iudicando nel diritto italiano intermedio (1914), dans M. Cappelletti (dir.), *Opere giuridiche*, 10 vol., Morano, 1965-1985, vol. VIII, *Altri studi sulla cassazione civile, sui vizi della sentenza e sulle impugnazioni*, pp. 147–244.

Certaines irrégularités avaient en effet pour conséquence de réduire le *iudicatum* à un néant juridique (*non esse iudicatum*). En dépit de son existence matérielle, le jugement irrégulier était – à l'image d'une convention entachée d'une anomalie[6] – sans valeur (*nullius momenti esse*), sans existence (*ne ullus*).

En l'absence d'une théorie générale qui permette de déterminer dans l'abstrait les hypothèses dans lesquelles un jugement devait être tenu pour valide ou considéré comme dépourvu de toute existence juridique, le dépouillement des sources a nonobstant permis de mettre en évidence que – pendant le cours de *l'ordo iudiciorum* – les raisons de l'inexistence du jugement résidaient toutes dans des manquements qui entachent la procédure[7].

Le jugement pouvait ainsi être nul parce qu'il avait été rendu par un juge dépourvu de pouvoir juridictionnel soit qu'il n'ait pas été régulièrement investi de la connaissance du litige, soit que le magistrat qui la lui avait conférée ne disposât point de cette prérogative, ou par un juge dépourvu de compétence matérielle ou territoriale, ou bien encore par un juge auquel la loi, la nature ou les mœurs prohibait l'exercice de cette fonction.

Le jugement pouvait encore être nul par suite de la personne des parties. Ainsi, était réputé sans valeur le jugement obtenu à l'encontre d'un dément (*furiosus*) ou d'un mineur non représenté (*indefensus minor*) ou encore celui obtenu en l'absence de l'autre partie. De même, le jugement rendu contre une personne décédée avant qu'un juge n'ait été désigné ou avant que la sentence n'ait été prononcée.
Le jugement pouvait enfin être nul parce que les formes de son

---

[6] S. Di Paola, *Contributi ad una teoria della invalidità e della inefficacia in diritto romano*, Giuffrè, 1966, qui observe que – dans la Rome antique – « Convention nulle a toujours signifié convention inexistante. Pour les romains la convention nulle était celle qui n'existait pas et inversement » (p. 73). Les juristes romains ne seraient jamais parvenus – même de manière implicite – à l'élaboration d'un concept de nullité qui diffère de l'inexistence. Le néant serait demeuré leur horizon ontologique (J. Laurent, C. Romano (dir.), *Le néant. Contribution à l'étude du non-être dans la philosophie*, PUF, 2 éd., 2010).

[7] P. Calamandrei, *La cassazione civile* (1920), 2 vol., dans M. Cappelletti (dir.), *Opere giuridiche*, vol. VI, *La cassazione civile. Storia e legislazioni* (I), n° 7, pp. 27-30.

prononcé n'avaient pas été respectées ou encore parce que le juge s'était rendu coupable d'un excès de pouvoir en enfreignant les termes de la formule (*formula*).

Cette limitation des causes de nullité aux irrégularités de procédure devait cependant être remise en cause. Les nouvelles formes de procéder qui se développeront à partir du règne de l'empereur Auguste (*cognitiones*) seront en effet le théâtre d'une extension des causes de nullité aux productions normatives des empereurs.

Le principat transformé en une monarchie absolue, les empereurs investiront le domaine des sources du droit dont ils finiront par s'affirmer unique créateur et unique interprète, réduisant l'office du juge à l'application d'une règle devenue un commandement[8].

Circonscrites aux irrégularités qui entachaient l'organisation ou le déroulement du « procès » voire le jugement dont les formalités n'avaient pas été respectées ou dont la teneur heurtait la nature des choses, les causes de nullité du jugement seront – à partir de l'époque des Sévères (193-235) – étendues aux atteintes au *ius*[9].

Ainsi, aucune irrégularité n'entacha-t-elle leur validité, les jugements rendus en contravention des *leges* et des *constitutiones* seront-ils condamnés au néant juridique.

Il en aurait été de l'unité juridique de l'empire, livrée aux erreurs voire aux abus des fonctionnaires dans l'interprétation des règles de droit, menacée par les particularismes et les coutumes locales. Il paraît surtout en avoir été de la volonté des empereurs de contrôler l'application des règles de droit élaborées par leurs soins, mais encore, et peut-être avant-tout, au rebours de la pratique antérieure, de maîtriser l'évolution de l'ordre juridique.
Quoi qu'il puisse en être, cette extension des causes de nullité aux atteintes au *ius* n'avait jamais pour objet que de permettre la répression des actes de rébellion du juge.

---

[8] G. Bassanelli Sommariva, *L'imperatore unico creatore ed interprete delle leggi e l'autonomia del giudice nel diritto giustinianeo*, Giuffrè, 1983.
[9] D. Tuzov, Contra ius sententiam dare. Profili dell'invalidità della sentenza contraria a diritto nella riflessione giurisprudenziale tardoclassica, dans L. Garofalo, *Res iudicata*, 2 vol., Jovene, 2015, vol. II, pp. 251–285.

Or, à la faveur d'une conception de la justice renouvelée par le christianisme, les canonistes, décrétistes, puis décrétalistes, finiront par en étendre le domaine à toute atteinte à la *iustitia* jusqu'à englober l'*animus* du juge[10].

Poursuivie au fil des siècles, la chasse aux émotions s'est adaptée aux évolutions de la technique :

> C'est parce que l'image possède un impact émotionnel intense que les appareils photographiques et les caméras de télévision sont encore interdits dans les prétoires en France. L'image ne doit pas troubler la sérénité d'un jugement qui se veut fondé sur les mots (les témoignages, les analyses d'experts, les déclarations, les aveux, les réquisitoires et les plaidoiries) et sur les choses (les pièces à conviction) (C. GODIN, *ibid.*, p. 62).

Est-ce à dire que les mécanismes mis en place aient permis de juguler les émotions ? Il s'en faut[11]. Le sentiment, le sentiment de justice semble toujours résister :

> [...] Il y aura toujours de bons et de mauvais juges [...]. Mais comment appliquer les lois sans les comprendre, et comment les comprendre sans son intelligence propre et personnelle ? Il est impossible de juger sans interpréter. Nous n'avons pour cela qu'un cerveau et qu'une conscience. Je ne comprends pas comment on peut arriver à se dédoubler pour juger « impassiblement » [...]. Un juge, est-ce donc un autre homme que les autres hommes ? N'a-t-il pas des nerfs, un cœur, un ventre, comme les autres ? [...] La justice sera toujours ce qu'elle est, c'est-à-dire dépourvue d'humanité, tant que le juge ne voudra pas admettre qu'il est faillible et imparfait. Mais allez donc persuader un magistrat qu'il est un homme pareil aux autres ! Il se considère, en général, comme une sorte d'augure, de demi-dieu infaillible dont les décisions doivent passer à l'état de dogme. Tant qu'un esprit régénérateur n'aura pas pénétré dans cette sorte de caste féodale qui jure avec notre état démocratique, le peuple sera réduit à une justice juridique, faite de discussions byzantines et d'interprétations pharisaïques. Je le dis bien haut : cela n'est pas de la vraie justice ! [...][12].

---

[10] P. Valdrini, *Injustices et protection des droits dans l'Eglise*, Cerdic, 1983.
[11] A. Forza, G. Menegon, R. Rumiati, *Il giudice emotivo. La decisione tra ragione e emozione*, Il Mulino, 2017.
[12] J. Huret, « Le bon juge », *Le Figaro*, 9 déc. 1900, entretien avec Paul Magnaud.

Sans doute, les juristes en ont-ils nourri l'espoir. La loi leur est apparue comme le moyen de garantir un jugement œuvre de la seule raison :

> Dans le système de la légalité, la justice, au sens juridique du terme, ne signifie rien d'autre que le respect de la loi, l'obéissance à la loi. La justice du juge n'est autre que l'application fidèle au cas particulier du droit positif : pour lui, la devise *fiat iustitia et pereat mundus* pourrait se traduire par cette autre : *lex servetur et pereat mundus*[13].

Nul, cependant, ne doute que le roi soit nu :

> [...] Au-delà de toute règle écrite, vous n'empêcherez pas le juge d'avoir une conscience personnelle, vous ne pouvez pas lui conseiller d'agir autrement qu'il ne doit. Vous n'empêcherez pas le juge de poursuivre la solution juste. Vous ne pouvez avoir logiquement la prétention de l'en empêcher [...][14].

> [...] Nous, juristes, prétendons raisonner logiquement à partir des lois mais au fond, quand même la pudeur nous conduit à ne pas invoquer ouvertement la justice, nos interprétations sont toujours guidées par cette même question : est-ce juste ou non [...][15].

Faut-il pour autant se résigner au règne des émotions ? Faut-il désespérer du procès comme œuvre de connaissance ?

L'équité n'est pas cet « instinct divin », cette « voix immortelle et céleste », cette « sublime émanation de la substance éternelle, qui rends l'homme semblable aux dieux » que Jean-Jacques Rousseau évoque dans sa cinquième lettre morale :

> [...] Il est donc au fond de toutes les âmes un principe inné de justice et de vérité morale antérieur à tous les préjugés nationaux, à toutes les maximes de l'éducation. Ce principe est la règle involontaire sur laquelle malgré nos propres maximes nous jugeons nos actions et

---

[13] P. Calamandrei, Appunti sul concetto di legalità (1944), dans M. Cappelletti (dir.), *Opere giuridiche*, vol. III, *Diritto e processo costituzionale*, pp. 52-126.

[14] M. Villey, « Une définition du droit », *in Seize essais de philosophie du droit*, Dalloz, 1969, pp. 14-37, spéc. p. 34.

[15] B. Biondi, Diritto e giustizia nel pensiero romano, *Jus*, 1958, pp. 289-314, spéc. p. 294.

celles d'autrui comme bonnes ou mauvaises, et c'est à ce principe que je donne le nom de conscience. […].

Conscience, conscience, instinct divin, voix immortelle et céleste, guide assuré d'un être ignorant et borné mais intelligent et libre, juge infaillible du bien et du mal, sublime émanation de la substance éternelle, qui rends l'homme semblable aux dieux ; c'est toi seule qui fais l'excellence de ma nature. Sans toi je ne sens rien en moi qui m'élève au-dessus des bêtes, que le triste privilège de m'égarer d'erreurs en erreurs à l'aide d'un entendement sans règle et d'une raison sans principe […][16].

L'équité n'est pas expression du sentiment débridé, elle est œuvre de raison mais d'une raison qui aurait retrouvé son humilité par la prise en compte de la nature des choses.

La faillite du modèle de la loi n'ouvre pas sur l'irrationnel mais sur le raisonnable, autrement dit sur une raison incarnée liée aux émotions de manière intime et intrinsèque.

La voie du cœur intelligent telle qu'elle a été évoquée par Hannah Arendt pourrait être la piste à suivre :

Le roi Salomon se rendit à Gabaon, qui était alors le lieu sacré le plus important, pour y offrir un sacrifice ; il immola sur l'autel un millier de bêtes en holocauste. À Gabaon, pendant la nuit, le Seigneur lui apparut en songe.

Dieu lui dit : « Demande ce que je dois te donner. » Salomon répondit : « Tu as traité ton serviteur David, mon père, avec une grande fidélité, lui qui a marché en ta présence dans la loyauté, la justice et la droiture de cœur envers toi. Tu lui as gardé cette grande fidélité, tu lui as donné un fils qui est assis maintenant sur son trône. Ainsi donc, Seigneur mon Dieu, c'est toi qui m'as fait roi, moi, ton serviteur, à la place de David, mon père ; or, je suis un tout jeune homme, ne sachant comment se comporter, et me voilà au milieu du peuple que tu as élu ; c'est un peuple nombreux, si nombreux qu'on ne peut ni l'évaluer ni le compter. Donne à ton serviteur un cœur attentif pour qu'il sache gouverner ton peuple et discerner le bien et

---

16 J.-J. Rousseau, *Œuvres complètes*, [livre numérique], Arvensa, 2015, *Les lettres morales* (1757-1758), pp. 1539–1541.

> le mal ; sans cela, comment gouverner ton peuple, qui est si important ? »
>
> Cette demande de Salomon plut au Seigneur, qui lui dit : « Puisque c'est cela que tu as demandé, et non pas de longs jours, ni la richesse, ni la mort de tes ennemis, mais puisque tu as demandé le discernement, l'art d'être attentif et de gouverner, je fais ce que tu as demandé : je te donne un cœur intelligent et sage, tel que personne n'en a eu avant toi et que personne n'en aura après toi. De plus, je te donne même ce que tu n'as pas demandé, la richesse et la gloire, si bien que pendant toute ta vie tu n'auras pas d'égal parmi les rois. Et si tu suis mes chemins, en gardant mes décrets et mes commandements comme l'a fait David, ton père, je t'accorderai de longs jours. »
>
> Salomon s'éveilla : il avait fait un songe ! Il rentra à Jérusalem et se présenta devant l'arche de l'Alliance du Seigneur. Il offrit des holocaustes et des sacrifices de paix, et donna un festin à tous ses serviteurs.[17]

On doit en effet à cet auteur « de pouvoir distinguer entre celui qui, à l'instar de Salomon, est affecté tout en cherchant à demeurer maître de ses émotions, celui que les émotions dominent et paralysent, et celui chez lequel l'absence d'émotions n'est que l'indice d'une imperméabilité au réel. Ce dernier ne demeure impassible que parce qu'il est tout simplement inaccessible à ce qui se produit sous ses yeux. Il est deux écueils, l'insensibilité qui, la plupart du temps, est un "phénomène pathologique" et "la sentimentalité qui représente une perversion du sentiment" en cela que le sujet ne s'enivre en réalité que de lui-même. »

[17] Premier livre des Rois, chapitre 3, n°s 5 à 15.

Comme le suggère le tableau composé par Nicolas Poussin, « pour rendre un jugement sage, équitable, Salomon doit être affecté par la situation sans pour autant être englouti par elle ; être hautement intéressé à l'action en cours sans être submergé par les passions – lesquelles, en revanche, envahissent les personnages qui se tiennent au pied du trône, décomposent les traits de leurs visages et paralysent leur faculté de discernement. Ce sont des cris qu'ils poussent, non des paroles qu'ils articulent. Le balancement parfait des gestes de Salomon, l'équilibre des formes, la symétrie du décor fortifient l'impression de maitrise de soi à laquelle parvient le roi et qui lui permet de rendre un jugement droit »[18].

L'équité apparaît ainsi comme le ressort même du droit voire son essence… une essence dont le procès permet une approche au travers de la dialectique. Encore faudrait-il, pour s'en apercevoir, que les juristes renoncent aux mythologies juridiques de la modernité pour redécouvrir le legs de la Rome antique[19].

---

[18] B. Levet, *Le musée imaginaire d'Hannah Arendt*, Stock, 2011, pp. 40-41.
[19] F. Gallo, *Celso e Kelsen. Per la rifondazione della scienza giuridica*, Giappichelli, 2010, réimp. 2020.

Le rapport entre l'émotion et la création du droit [1]

Eland GUERRIER

La société contemporaine fait face actuellement à des crises extrêmes. La menace de la hausse du terrorisme, des catastrophes sanitaires comme la pandémie de COVID-19 [2], des catastrophes naturelles [3], des menaces structurelles comme le changement climatique, la menace d'une guerre nucléaire ou d'une nouvelle guerre froide, autant de dangers qui perturbent actuellement l'imaginaire collectif. Situations que préfigure le sociologue Ulrich Beck en théorisant « *la société du risque* » [4] comme un processus au cours duquel l'humanité est passée d'une société industrielle où le problème central était la répartition des richesses à une société centrée sur la réparation des risques. La production sociale « *de richesses,* déclare-t-il, *est systématiquement*

---

[1] Il est à noter que cet article est largement tiré ou inspiré de ma thèse doctorale intitulée : *La gestion juridique des risques et des catastrophes naturelles en Haïti : les raisons d'une défaillance, les pistes d'une résilience*, Université Côte d'Azur, 2021, sous la direction de Madame le Professeur Pascale Steichen.

[2] Face à la pandémie causée par le coronavirus, « *les autorités d'un nombre important de pays ont pris des mesures sans précédent pour limiter la propagation du virus. Elles ont imposé, dans les derniers mois, des changements majeurs dans les comportements habituels des individus comme des entreprises* » (BANSE Emilie, BIGOT Alix, WUILLAUME Amélie et al., « Quelques enseignements sur les impacts sociaux et économiques de la stratégie de réponse à la pandémie du coronavirus en Belgique », *Louvain Med*, Vol. 139, N°s 05-06, mai-juin 2020, pp. 375-382). La crise COVID-19 ou les crises extrêmes impliquent ou nécessitent dans leur gestion une approche novatrice, « *des outils juridiques plus récents et plus créatif* » (PARMET E. Wendy and SINHA S. Michael., "Covid-19 — The Law and Limits of Quarantine", *The New England Journal of Medicine*, 9 avril 2020, Vol. 382. N° 15. pp. e28-30).

[3] YIOU Pascal et JEZEQUEL Aglaé montrent que « *la crise est un événement extrême (climatique) aux conséquences graves pour un écosystème ou la société. Nous évacuons d'emblée des événements extrêmes qui n'ont pas d'impacts socioéconomiques, par exemple une vague de chaleur sur une zone inhabitée. L'étude de l'aléa naturel relève des sciences de la terre, en incluant l'atmosphère et l'océan. L'étude de la crise demande une interaction avec des sciences sociales ou des acteurs économiques* » (YIOU Pascal et JEZEQUEL Aglaé, « Crise, catastrophe, risque et adaptation. L'adaptation au changement climatique. Une question de sociétés », 2017).

[4] BECK Ulrich, *La Société du risque : sur la voie d'une autre modernité,* Paris, Flammarion, coll. « Champs Essais », traduction de l'Allemand par BERNADI Laure et préfacé par LATOUR Bruno, 2008, 521 p.

corrélée à la production sociale de risques » [5]. On peut dire en ce sens que la société génère ses propres risques et accroît sa vulnérabilité [6]. Pour le dire simplement, le risque devient ainsi un enjeu collectif [7] et une composante essentielle du développement de la ville [8]. Ces situations sont sources d'incertitudes et d'instabilités. Les incertitudes, les crises sociales, sanitaires ou politiques sont sources d'angoisse et de frustration qui sont donc des « *défis émotionnels de la vie sociale* » [9]. Les émotions sont au cœur de la société contemporaine, elles s'étalent dans les médias [10] et envahissent l'espace public.

À notre avis, le droit ne reste pas indifférent face à cette dynamique. Il y a une interaction entre la norme et l'émotion, autrement dit, il y a un rapport entre l'émotion et l'évolution de la création du droit. Car, comme le fait remarquer le Doyen Jean Carbonnier « *partout dans le droit, l'homme est au premier plan. La psychologie juridique se doit donc* [...] *d'embrasser tous ceux qui entrent en contact avec le droit,* [...] » dans la mesure où « *le droit est fait par les hommes, pour les hommes* » [11]. Cela suppose que le droit s'inscrit dans le réel ; il prend en compte les enjeux sociaux et les défis émotionnels. Par cette

---

[5] BECK Ulrich, *ibid.*, p. 35. On peut dire que cette situation de crises permanentes trouve en ce sens son fondement dans la structure même de la société de production et de consommation qui nous entoure. Elle est la résultante de cet état de fait.

[6] Selon Madame Hélène Thomas, c'est la société qui produit les « *vulnérables* » (THOMAS Hélène, *Les vulnérables, la démocratie contre les pauvres*, Paris, éd. Du Croquant, « coll. TERRA », 2010).

[7] GILBERT Claude, *Risques collectifs et situations de crise : approche de la recherche en sciences humaines et sociales*, Paris, éd. L'Harmattan, 2003, 340 p.

[8] TOUBIN Marie, LHOMME Serge, DIAB Youssef et al., « La résilience urbaine : un nouveau concept opérationnel vecteur de durabilité urbaine ? », *Développement durable et territoires*, Vol. 3, n° 1 | Mai 2012. Consulté le 17 novembre 2020. Disponible en ligne : http://journals.openedition.org/developpementdurable/9208

[9] BRAUD Philippe, *Le Jardin des Délices démocratiques,* Paris, Presses de la Fondation Nationale des Sciences Politiques, 1991.

[10] TÉTU Jean-François, « L'émotion dans les médias : dispositifs, formes et figures », *Mots. Les langages du politique*, 75 | 2004. URL : http://journals.openedition.org/mots/2843, mis en ligne le 22 avril 2008, consulté le 19 septembre 2020.

[11] « [...] Les autorités non plus n'y doivent pas échapper ; il y a une psychologie du législateur et du juge. Notre procédure civile tout entière consiste en une série d'opérations mentales [...] » (CARBONNIER Jean, *Flexible droit : pour une sociologie du droit sans rigueur*, Paris, L.G.D.J, 2001, p. 417, cité par SALOMON Eva, *Le juge pénal et l'émotion*, Thèse de doctorat en Droit, Université Panthéon-Assas, 2015).

formule, on peut dire également que le Doyen Carbonnier « *insiste sur l'ancrage humain du droit et, par là même, sur l'importance qu'y tiennent les phénomènes mentaux* » [12]. Cet article vise à comprendre comment les émotions collectives que suscitent tel événement ou telle action donnée participent ou peuvent participer à la modification et la transformation des normes juridiques. On considéra dans cette analyse d'abord comment les catastrophes naturelles comme phénomène suscitant de grandes émotions collectives participent à la création ou l'évolution du droit (I). S'agissant de l'évolution du droit en matière des droits de l'homme, on verra ensuite comment l'émotion peut être un facteur de transformation et de modification du droit (II).

I. Catastrophes naturelles : quelques considérations sur l'émotion comme facteur de création et de modification du droit

Les catastrophes naturelles sont des phénomènes qui suscitent de grandes émotions collectives dans le monde. Les scandales ou les controverses qu'elles engendrent dans l'opinion publique contraignent parfois les pouvoirs publics à répondre ou à corriger les défaillances qu'elles révèlent. Avant de voir comment les émotions qu'engendrent les catastrophes naturelles participent à la transformation de la norme juridique (B), une clarification terminologique de ce concept s'impose (A).

---

[12] SALOMON Eva, *Le juge pénal et l'émotion*, ibid., p. 1.

A. CLARIFICATION DU SENS DU CONCEPT DE CATASTROPHES NATURELLES

Le *Dictionnaire historique de la langue française* définit la catastrophe comme l'événement « *subi qui cause un bouleversement pouvant entrainer des destructions, des morts* » [13]. Deux types de catastrophes peuvent être distingués : les phénomènes naturels (inondations, tremblement de terre, séisme, avalanches…) et les phénomènes liés à l'activité humaine (risques technologiques, accidents, attentats…) [14]. On doit préciser en outre que classiquement les phénomènes naturels sont classés en trois grands types : ceux qui sont du ressort géophysique ou géodynamique interne, comme les séismes, les volcans et autres ; ceux d'origine hydrométéorologique comme les cyclones, les sècheresses, les inondations, les ouragans, les érosions littorales et les typhons etc., et les risques d'origine géomorphologique, ce sont les mouvements de terrain essentiellement. Notre analyse se portera exclusivement sur les catastrophes naturelles. Celles-ci sont perçues comme « *un événement d'une intensité tragique maximale accompagné ou suivi de destructions multiples.* [La catastrophe] *fait planer* [en ce sens] *sur l'existence humaine une mort de masse* » [15]. Elle peut également conduire « *à une rupture grave du fonctionnement d'une société, impliquant des impacts et des pertes aussi bien humaines que matérielles, économiques ou environnementales et dont l'origine est un phénomène naturel* » [16]. Cette rupture peut entrainer la désorganisation

---

[13] REY Alain (dir.), *Dictionnaire historique de la langue française,* éd., Le Robert, Paris, 1992. Cité par LACROIX Caroline, *La Réparation des dommages en cas de catastrophes,* préface de Marie-France Steinlé-Feuerbach et avant-propos de Dimitri Houtcieff, LGDJ, Paris, 2008.

[14] VERGER Pierre, « Catastrophes en France, apports et difficultés de l'épidémiologie, Catastrophes naturelles », in AULAGNIER Marielle, VERGER Pierre, SCHWOEBEL Valérie, LANG Thierry, *Guide de mise en pl ace de dispositifs épidémiologiques après une catastrophe d'origine naturelle ou humaine* –, Inserm, Mars 2004.

[15] GODIN Christian, « Ouvertures à un concept : la catastrophe », *Le Portique* [En ligne], 22 | 2009, mis en ligne le 10 novembre 2010, consulté le 26 novembre 2018 à 20 :5. URL : http://journals.openedition.org/leportique/1993, op.cit.

[16] REVET Sandrine, « Les organisations internationales et la gestion des risques et des catastrophes « naturels », *Les Études du CERI* (Centre d'études et de recherches internationales), Sciences Po, N° 157 - septembre 2009. David Alexander définit les catastrophes naturelles comme « *un impact rapide, instantané ou profond de l'environnement naturel sur le système socio-économique* » (ALEXANDER E.

sociale et un effondrement total du système économique d'une société. Par exemple le séisme qui a frappé Haïti le 12 janvier 2020 a été une catastrophe sans précédent dans l'histoire du pays [17]. Non seulement à cause du nombre de victimes civiles et des dégâts matériels et économiques qu'il a occasionné mais aussi fondamentalement en raison de l'effondrement des infrastructures organisationnelles et institutionnelles qui s'ensuivit. Ce séisme a montré les limites des politiques préventives en matière de gestion des catastrophes naturelles en Haïti. Il a révélé les défauts du système de prévention des risques majeurs dans le pays et comment les citoyens sont exclus du processus.

Comme événement naturel, les catastrophes naturelles peuvent causer « *des perturbations dans le fonctionnement du système économique* » [18], institutionnel, juridique et administratif d'une société. Celles-ci sont également une rupture qui s'opère au sein du corps social dans la mesure où « *au-delà des pertes humaines et des conséquences économiques, c'est aussi la difficulté à faire face à l'événement qui caractérise la catastrophe* » [19]. Les catastrophes naturelles et les risques entretiennent une relation ambigüe. Mais les frontières qui les séparent ne sont pas toujours très nettes. Le risque d'amalgame dans le langage courant ou dans les médias est très courant et il est difficile d'y échapper. Le risque « *n'est pas la catastrophe mais la potentialité, voire l'éventualité, de l'accident* » [20]. Donc le risque est le contraire de la catastrophe dans la mesure où « *un risque peut ne pas se matérialiser en catastrophe. Le risque possède une dimension probabiliste qu'une catastrophe n'a malheureusement plus ; elle est devenue une*

David, *Naturel disaster*, Dordrecht, Boston, London, Kluwer Academic Publishers, 1999, p. 4).

[17] Le pays est frappé par un puissant séisme de magnitude 7.0 à 7.3 sur l'échelle de Richter faisant plus de 230 000 morts, 300 573 blessés et « *2 300 000 personnes déplacées* » (HAUSS Claude, « L'événement », in *Le séisme d'Haïti du 12 janvier 2010,* Rapport de la mission AFPS, septembre 2010, pp. 5-13). Plus de 300 000 édifices sont détruits jetant plus de 1,5 million de personnes à la rue.

[18] HALLEGATTE Stéphane and PRZYLUSKI Valentin, « The economics of natural disasters: concepts and methods », World Bank, Sustainable Development Network, Office of the Chief Economist, Washington, DC, 2010.

[19] STEICHEN Pascale, « La responsabilité environnementale et les catastrophes », in LAVIEILLE Jean-Marc, BÉTAILLE Julien et PRIEUR MICHEL (dir.), *Les catastrophes écologiques et le droit : échecs du droit, appels au droit, Bruxelles*, Bruylant, 2012, pp. 420-452.

[20] DARGONE Andrée et DARS René, *les risques naturels,* Paris, PUF, « coll. Que sais-je », 4e éd. 2005.

certitude »[21]. Manifestement les catastrophes naturelles font partie de ces événements qui bouleversent la société contemporaine qui influencent la structure sociale entrainant l'émergence d'une société du risque qui est en soi « *une société de la catastrophe* »[22]. Comme le note Madame le Professeur Pascale Steichen, dans la catastrophe naturelle, « *ce n'est pas l'homme qui est à l'origine du déclenchement de l'événement dommageable. Toutefois, si l'origine du risque est bien naturelle, la catastrophe est souvent la résultante d'un comportement humain inadéquat, soit en amont de la catastrophe, soit en aval dans sa gestion* »[23]. Cela suppose que l'aggravation de la catastrophe dépend des facteurs externes, c'est-à-dire des dispositifs de prévention et de gestion des risques.

Les catastrophes naturelles sont également une rupture qui s'opère au sein du corps social. Elles sont sources de grandes émotions, de la peine, de la colère, du dégout et parfois des frustrations. Les émotions qu'engendrent les catastrophes naturelles sont énormes. En outre, il faut dire que les catastrophes naturelles ont de graves conséquences psychologiques et émotionnelles[24] sur les personnes qui y sont exposées soit directement ou indirectement. S'agissant des victimes directes, plusieurs études scientifiques concluent que les catastrophes naturelles peuvent entraîner des troubles psychologiques importants notamment un état de stress post-traumatique (ESPT) qui est l'un des troubles les plus sévères qui peut persister plusieurs années.

Les images de catastrophes que les médias ou les réseaux sociaux diffusent ne nous laissent pas indifférents. Ainsi, la médiatisation des catastrophes naturelles reste un facteur déterminant

---

[21] DAUPHINE André, *Risques et catastrophes. Observer, spatialiser, comprendre, gérer*, Paris, Armand Colin, 3e éd. 2004.

[22] BECK Ulrich, *La Société du risque : sur la voie d'une autre modernité*, *op. cit.*, p. 43.

[23] STEICHEN Pascale, « La responsabilité environnementale et les catastrophes », *op. cit.*, p. 422.

[24] VERGER Pierre, ROTIL Michel, BARD Denis et al., « Évaluation des conséquences psychologiques des catastrophes environnementales : une étude de faisabilité à partir des inondations de 1992 dans le Vaucluse (France) », *Cahiers d'études et de recherches francophones / Santé*, Vol. 9, N° 5, 2000, pp. 313-318 ; voir : CREMNITER Didier, COQ Jean-Michel, CHIDIAC Nayla et LAURENT Angélique, « Catastrophes. Aspects psychiatriques et psychopathologiques actuels », EMC (Elsevier Masson SAS, Paris), *Psychiatrie*, 37-113-D-10, 2007.

dans l'amplification des émotions collectives. Elle confère « *une résonnance sociale à l'événement : soulignant son caractère intolérable, elle participe de la caractérisation de l'élément psychologique de la catastrophe* » [25]. De surcroît, cette médiatisation mobilise l'opinion publique. Cette dernière se sent concernée, impactée et blessée, parce que « *les personnes atteintes par la catastrophe sont tenues pour des victimes sans défense* » [26]. En ce sens, on peut dire que c'est la médiatisation de l'événement qui conscientise et éveille l'émotion collective. Dans la mesure où, aux yeux de la société, « *les dommages subis par une partie de la population lors d'une catastrophe apparaissent anormaux, inacceptables et injustes* » [27]. C'est ce sentiment de fragilité ou d'injustice qu'inspirent les catastrophes naturelles qui mobilisera l'opinion publique contre les responsables politiques. D'où notre second point, comment les émotions qu'engendrent les catastrophes naturelles participent à la transformation de la norme juridique.

B. LES ÉMOTIONS COLLECTIVES COMME FACTEUR DÉCLENCHEUR DE LA TRANSFORMATION DU DROIT

Face aux impacts négatifs des catastrophes naturelles, et grâce à leur médiatisation, l'opinion publique se mobilise pour exiger des pouvoirs publics des actions concrètes visant à prévenir les catastrophes postérieures. Autrement dit, face à l'exaspération populaire, au débordement de l'émotion sociale, les pouvoirs publics réagissent en vue de corriger les imperfections ou les défaillances du système de protection contre les risques. Dès lors, le droit, principalement le droit des catastrophes naturelles, devient l'outil idéal dans la mise en œuvre des politiques publiques en matière de protection contre les risques et les catastrophes naturelles en fournissant aux autorités politiques, les moyens juridiques appropriés pour faciliter la protection des citoyens. À ce titre, le droit assure à la fois la rationalisation du processus de gestion des risques et la sécurisation du corps social.

[25] LACROIX Caroline, *La Réparation des dommages en cas de catastrophes,* ibid., p. 3.
[26] *Ibid.*, p. 3.
[27] *Ibid.*, p. 3.

Le droit des catastrophes naturelles permet de se prémunir contre les risques majeurs et ses effets néfastes. Monsieur le Professeur Jacques Caillosse dans une analyse théorique sur le droit contemporain face aux risques majeurs estime que ceux qui élaborent le droit aujourd'hui visent fonctionnellement « *à conjurer des menaces dont l'avenir technologique paraît chargé : il s'agit par les mots d'agir préventivement sur des faits futurs, pour mieux les discipliner le moment venu. Le droit jouant ainsi, avec d'autres, son rôle dans la régulation des peurs profondes* » [28]. Désormais, la régulation des peurs profondes devient la nouvelle responsabilité du droit contemporain ; car, les émotions qu'engendrent les catastrophes naturelles constituent un facteur d'impulsion des réformes normatives ou de création du droit.

Si l'on prend le cas de la France [29] beaucoup de lois qui ont été prise en matière de sécurité civile sont des lois post-catastrophes [30]. Elles viennent toutes, soit renforcer les dispositifs de protection existant, soit créer de nouveaux outils de protection. En revanche, elles sont essentiellement une forme de réponse à un mécontentement populaire à la suite d'une catastrophe naturelle. Elles viennent répondre à un besoin de sécurité exprimé par les victimes, les associations de défense des victimes et l'opinion publique. L'émotion sociale exprimée n'est ni

---

[28] CAILLOSSE Jacques, « Droit de crise, droit en crise », in GILBERT Claude (dir.), *La Catastrophe. L'élu et le préfet*, Grenoble, Presse Universitaire de Grenoble (PUG), 1990, pp. 43-71.

[29] Durant les années 1980 et au début des années 1990 de nombreux travaux scientifiques vont s'emparer de la thématique des risques naturels, dans un climat politique et social de forte demande de connaissance sur le sujet notamment en raison de la répétition d'événements dommageables comme les inondations du Gers en 1977 ou celles de la Saône pendant l'hiver 1980-1981 qui ont été à l'origine de la mise en place d'une véritable politique de prévention caractérisée par le développement de la connaissance des aléas, la création d'outils pour assurer l'information des citoyens et par une gestion plus stricte des territoires.

[30] Loi n° 82-600 du 13 juillet 1982 relative à l'indemnisation des victimes de catastrophes naturelles ; loi n° 87-565 du 22 juillet 1987 relative à l'organisation de la sécurité civile, à la protection de la forêt contre l'incendie et à la prévention des risques majeurs ; Ces dispositions seront par la suite complétées et renforcées par la loi du 30 juillet 2003 relative à la prévention des risques technologiques et naturels instituant notamment les Commissions départementales des risques majeurs (CDRM) et les Schémas de prévention des risques naturels (SPRN). Cependant, « *la prise en compte des risques naturels est toutefois restées très liée au système juridico-administratif applicable aux risques technologiques majeurs* ». Ces différentes dispositions juridiques et administratives constituent la base du système de gestion des risques et des catastrophes naturelles en droit français.

neutre ni sans conséquence. Elle constitue un vecteur d'action, une force qui pousse les autorités politiques à agir. On peut dire en ce sens que les mesures de protection post-catastrophes viennent toutes apporter une réponse politique et juridique à une demande de sécurité et de protection formulée ou exprimée par l'opinion publique. L'affaire Xynthia reste un élément très révélateur de l'évolution du droit en matière de gestion des risques majeurs en France [31]. À la suite de cette affaire de nombreuses réformes et des modifications ont été effectuées pour adapter la législation et la réglementation aux enjeux en présence et pour faire face aux impacts des catastrophes naturelles [32].

---

[31] En effet, « *la nuit du 27 au 28 février 2010 a été marquée par le passage de la tempête de Xynthia, qui a provoqué, en France des dommages humains et matériels sans précédent et ce, plus particulièrement sur les côtes vendéennes et charentaises* » (ROMI Raphaël, « Xynthia, quelques considérations sur un imbroglio juridique autour des rapports entre l'État et la nature », In *Pour un droit économique de l'environnement*, op.cit., p. 505). L'affaire Xynthia a donné lieu à une vaste et longue polémique politique et médiatique en raison notamment de la négligence et du dysfonctionnement des structures des pouvoirs locaux (MERCIER Denis et CHADENAS Céline, « La tempête Xynthia et la cartographie des ''zones noires'' sur le littoral français : analyse critique à partir de l'exemple de La Faute-sur-Mer (Vendée) », *Norois*, 222 | 2012, 45-60).

[32] Comme le fait remarquer Madame Vanessa Mulot, au-delà de ces conséquences dramatiques, et catastrophiques, c'est tout un système qui est remis en cause allant de la politique d'aménagement du territoire, en passant par le système juridique de prévention des risques jusqu'au régime d'indemnisation des catastrophes naturelles, le dispositif Catnat en particulier. Or, la France dispose pourtant d'un arsenal législatif important, que ce soit en droit de l'urbanisme ou en droit des assurances. En théorie, le dispositif semble complet, mais dans la pratique, la tempête Xynthia a démontré ses lacunes, ses points faibles et son handicap (MULOT Vanessa, « Le droit à l'épreuve de la tempête Xynthia », *VertigO - la revue électronique en sciences de l'environnement* [Online], Hors-série 21 | avril 2015, Online since 20 February 2015, URL : http://journals.openedition.org/vertigo/15832 [consulté le 15 novembre 2019]. Madame la Professeure Hafida Belrhali affirme que l'affaire Xynthia est une accumulation de fautes de la commune, de l'État et de l'association syndicale de la vallée du Lay. Elle souligne aussi qu'il existe une véritable co-administration en matière de gestion des risques (CANS Chantal, PONTIER Jean-Marie, TOURET Thierry, « Xynthia, ou l'incurie fautive d'un maire obstiné », *AJDA,* N° 07 du 2/03/2015. 379 ; WACHSMANN Patrick, « Procès d'un procès ? », *Recueil Dalloz*, N° 05, 05/02/2015 p. 257 ; BELRHALI Hafida, « L'affaire *Xynthia* ou l'échec de la co-administration », *AJDA,* Revues de Dalloz, N° 30, 17/09/2018.1734).

II. Droits de l'homme : l'émotion comme facteur de transformation du droit

Dans le point précédent, nous avons vu en matière du droit des risques et des catastrophes naturelles que l'émotion collective est un facteur décisif dans l'évolution et la création du droit dans son ensemble. Elle constitue un vecteur d'action, une puissante force qui pousse les autorités politiques à agir dans l'intérêt général. Il y a un tout autre domaine où l'émotion joue un rôle considérable dans l'évolution du droit, c'est au niveau de la violation des droits de l'homme. Là encore l'opinion publique et la perception sociale des enjeux en est pour beaucoup. En effet, il convient ici d'étudier comment l'émotion peut être un facteur de transformation et de modification du droit en matière des droits de l'homme en analysant le cas du meurtre de George Flyod aux États-Unis (A). L'enjeu sera de comprendre l'impact institutionnel et juridique de celui-ci et le rôle de l'émotion collective dans une telle dynamique (B).

A. LA MORT DE GEORGES FLOYD : UN CAS DE VIOLATION DES DROITS DE L'HOMME

Georges Floyd est un afro-américain qui a été tué par quatre policiers de Minneapolis le 25 mai 2020 aux États-Unis. La mort violente de Georges Floyd a déclenché une grande vague de protestation aux États-Unis. Des centaines de milliers de personnes se sont réunis un peu partout sur le territoire américain – dans toutes les grandes villes et même dans certains comtés reculés – pour dénoncer les violences policières et le traitement « *discriminatoire des minorités par la police* » [33]. La mort de Georges Floyd s'inscrit aux États-Unis notamment dans une grande lignée de violences et de brutalités policières et de violation des droits humains [34]. Elle a donné lieu à une

[33] BONELI Laurent, « Violences policières, les racines d'une défiance. Les forces de l'ordre social », *Le Monde diplomatique,* Juillet 2020, pp. 1, 8 et 9.

[34] Amnesty International a déjà, par le passé, fait état de violations graves et scandaleuses des droits humains liées à l'usage d'une force meurtrière par des responsables de l'application des lois aux États-Unis. Après la mort de Michael Brown, adolescent noir de 18 ans tué par un policier à Ferguson, dans le Missouri, le 9 août 2014, l'organisation a publié un rapport sur les lois régissant le recours à la force meurtrière par la police. (Amnesty International, États-Unis : Le Monde vous regarde. Violations massives des droits des manifestant·e·s du mouvement Black Lives Matter par la Police américaine, 2020 :

immense vague de colère, d'indignation et d'émotion dans le monde. Avant de voir l'impact institutionnel et juridique des émotions collectives découlant de cette action, essayons de saisir ce meurtre dans une perspective de violation des droits de l'homme notamment la violation du droit à la vie, à la dignité et à la sécurité de sa personne.

La protection de la vie des citoyens fait partie des fonctions régaliennes de l'État. C'est l'un de ses devoirs fondamentaux. En effet, l'État a pour obligation de prendre toutes les dispositions appropriées pour protéger et assurer la sécurité de chaque citoyen. Les conventions et les traités internationaux en matière de droit de l'homme font de l'État le principal garant de ces droits. Ainsi, l'article 3 de la Déclaration universelle des droits de l'homme de 1948 (DUDH) dispose que « *tout individu a droit à la vie, à la liberté et à la sureté de sa personne* » [35]. Le droit à la vie est un droit fondamental, inaliénable et sacré. L'article 6 du Pacte international relatif aux droits civils et politiques (PIDCP) adopté par les Nations Unies le 16 décembre 1966 et ratifié par les États-Unis le 5 octobre 1977 et entré en vigueur le 8 juin 1992 précise que « *le droit à la vie est inhérent à la personne humaine. Ce droit doit être protégé par la loi* [...] ». Le droit à la vie, à la dignité et à la protection de sa personne est omniprésent dans le discours des droits de l'homme. L'article 2 de la Convention européenne des droits de l'homme énonce que « *le droit de toute personne à la vie est protégé par la loi. La mort ne peut être infligée à quiconque intentionnellement, sauf en exécution d'une sentence capitale prononcée par un tribunal au cas où le délit est puni de cette peine par la loi* ». Le droit à la vie est donc un droit relevant de la catégorie des droits inhérents à la personne humaine, c'est-à-dire des droits imprescriptibles et inaliénables.

---

https://www.amnesty.org/download/Documents/AMR5128072020FRENCH.pdf (consulté le 13 février 2021). Ainsi, la mort de George Floyd aux mains de la police a fait resurgir de graves questions sur la conduite de la police aux États-Unis qui a entraîné la mort de 1001 personnes non armées entre 2013 et 2019 (AYERS John W., ALTHOUSE Benjamin M., POLIAK Adam, Leas Eric C., NOBLES Alicia L., DREDZE Mark, SMITH Davey, « Quantifying Public Interest in Police Reforms by Mining Internet Search Data Following George Floyd's Death », *Journal of Medical Internet Research,* Vol. 22, N° 10, October 2020, e22574. URL : https://www.jmir.org/2020/10/e22574 (consulté le 13 février 2021).

[35] L'article 3 également de la Convention de Genève de 1949 condamne également les atteintes portées à la vie et à l'intégrité des personnes, et les atteintes à la dignité des personnes.

Ce droit découle directement du principe de dignité de la personne humaine qui est « *un principe dont chacun ressent intuitivement la réalité et la force, même si les appréciations relatives à sa consistance peuvent varier* » [36]. Ce droit fondamental protège l'Homme contre toute forme de violence, de barbarie et de persécution. Il garantit à l'individu une forme de protection qui dépasse le cadre temporel et social. Il consacre à chaque individu indistinctement une protection immuable contre la violence sociale, politique et étatique. Selon Monsieur Paul Cassia la « *dignité humaine est un attribut intrinsèque à tout individu de par son insertion à la collectivité humaine ; elle est dans l'ADN juridique de toute personne, sans même que chacun en soit nécessairement conscient* [...] *Elle est donc un attribut intrinsèque à chaque être humain, au même titre que la respiration, la digestion, la marche, le langage* » [37].

La Charte africaine des droits de l'homme et des peuples, qui établit un système régional de protection des droits de l'homme, adoptée le 28 juin 1981, dispose dans son article 4 que « *la personne humaine est inviolable. Tout être humain a droit au respect de sa vie et à l'intégrité physique et morale de sa personne* [...] ». Le principe de dignité humaine s'impose comme le fondement axiologique suprême et ultime des droits fondamentaux [38]. En ce sens que « *l'objet et le but des droits de l'homme seraient ainsi de protéger la dignité humaine* » [39]. L'État a donc la responsabilité de créer les conditions nécessaires pour garantir ce droit. Dans un État de droit principalement l'État doit assurer la protection de chaque citoyen indistinctement. Posé ainsi, aucun État,

---

[36] MATHIEU Bertrand, « La vie en droit constitutionnel comparé. Éléments de réflexions sur un droit incertain », in *Revue internationale de droit comparé,* Vol. 50 N° 4, octobre-décembre 1998, pp. 1031-1053. Au fond, au-delà de sa dignité et de ses droits, « *c'est l'homme lui-même qui est ainsi mis en avant.* [...] *La dignité humaine est donc une (unité) et unique (unicité). Partant, elle est nécessairement universelle* » (SERIAUX Alain, « La dignité humaine, principe universel du droit ? », *Actaphilosophica,* vol. 6, fasc. 2 -PAGG., 1997, pp. 289-301).

[37] CASSIA Paul, *Dignité(s). Une notion juridique insaisissable ?*, Paris, Dalloz, 2016.

[38] CHAMPEIL-DESPLATS Véronique, « Dignité de la personne humaine : peut-on parler d'une exception française ? », Les Cahiers de l'Institut Louis Favoreu, Presses Universitaires d'Aix Marseille, *Existe-t-il une exception française en matière de droits fondamentaux ?*, 2013, pp. 173-180.

[39] HENNEBEL Ludovic et TIGROUDJA Hélène, *Traité de droit international des droits de l'homme,* Paris, éd. A. Pédone, 2016, p. 68.

sous aucun prétexte que ce soit, ne peut se soustraire à cette obligation consistant à garantir à chaque citoyen la jouissance intégrale de ce droit.

La Police est une institution d'État qui a pour fonction de garantir, de protéger et préserver l'ordre social établi. C'est en ce sens qu'on parle de force de l'ordre, c'est-à-dire « *une institution consacrée au maintien d'un ordre social déterminé* » [40]. Comme le note Hannah L F Cooper si les officiers de police sont habilités à recourir à la force, ils doivent utiliser le minimum de force nécessaire pour « contrôler un incident, procéder à une arrestation, ou se protéger ou protéger d'autres personnes contre le danger ou la mort » [41]. C'est ce qu'on appelle l'usage légitime de la force ou la légitime défense. Or en réalité les policiers abusent toujours de cette force parce que « *quelle que soit la signification vestigiale attachée à l'expression ''usage légitime de la force'', elle est confirmée par la règle évidente et nécessaire selon laquelle les policiers peuvent constater qu'ils commettent des crimes de violence* » [42]. Surtout dans le contexte américain où le port d'armes est un droit constitutionnel, ce port généralisé d'armes à feu, « *au-delà d'accroître le taux d'homicide de manière significative, augmente les probabilités de multiplication des affaires de légitime défense, notamment lorsqu'il s'inscrit dans le cadre, d'une "culture d'autodéfense"* » [43]. Cependant en tant qu'agents de l'État, « *les policiers ont la responsabilité de respecter* [les obligations fondamentales en matière des droits de l'homme] *dans l'exercice de leurs fonctions de maintien de l'ordre* » dans la mesure où le « *droit international n'autorise les policiers à recourir à la force meurtrière qu'en dernier recours, pour se protéger ou protéger autrui de la mort ou d'une blessure grave* » [44].

---

[40] BONELI Laurent, « Violences policières, les racines d'une défiance », *op. cit.*
[41] COOPER Hannah L F, « War on Drugs Policing and Police Brutality », *Substance use & misuse*, Vol. 50, N° 8-9, 2015, pp. 1188-1194: https://doi.org/10.3109/10826084.2015.1007669 (consulté le 13 février 2021).
[42] KLOCKARS Carl B., « A Theory of Excessive Force and its Control », in GELLER William A., TOCH Hans, *Police Violence. Understanding and Controlling, Police Abuse of Force*, New Haven and London, Yale University Press, 1996, Chapter One.
[43] CODACCIONI Vanessa, *La légitime défense. Homicides sécuritaires, crimes racistes et violences policières*, CNRS éditions, 2018.
[44] Amnesty International, États-Unis : Le Monde vous regarde, *op. cit.*, p. 3.

En tant que garants de l'ordre et de la sécurité, « *les membres de la police peuvent recourir à la force afin de remplir les missions légales qui leur sont confiées. Ils doivent, dans ce contexte, régler des situations problématiques de manière pacifique chaque fois que cela est possible* » [45]. Il faut préciser dans cette perspective que l'exercice de la légitime défense doit être une exception et non la règle. Car, les normes internationales relatives au maintien de l'ordre précisent que « *la force, quelle qu'elle soit, ne peut être utilisée qu'en l'absence d'autres moyens susceptibles d'atteindre l'objectif légitime. Si le recours à la force est inévitable, il convient d'en user dans la limite de ce qui est nécessaire et de façon proportionnelle à l'objectif de maintien de l'ordre, en réduisant à leur minimum les dommages et les atteintes à l'intégrité physique et en préservant les vies humaines* » [46]. La police doit donc faire un usage prudent de la force afin de garantir et de protéger en toute circonstance le droit de l'individu à la jouissance du droit à la vie et à l'intégrité de sa personne. Le cas de George Floyd reste manifestement un cas extrême de violation des droits humains, car non seulement, il était menotté et plaqué au sol, donc vulnérable et en position de faiblesse, mais étant désarmé, il ne représentait aucune menace pour les Officiers de police de Minneapolis qui ont fait un usage mortel de la force.

B. L'IMPACT INSTITUTIONNEL ET JURIDIQUE DU MEURTRE DE GEORGES FLOYD : RÔLE DE L'ÉMOTION COLLECTIVE DANS CETTE DYNAMIQUE

La mort de Georges Floyd a retenti comme une onde de choc. Elle a provoqué de nombreuses manifestations, parfois violentes, un peu partout dans le monde et a relancé le débat sur le racisme structurel au sein de la police, les brutalités et les violences policières. Ce meurtre a beaucoup choqué l'opinion internationale. Il a engendré une vague d'émotions collectives et sociales. L'émotion que suscite cette action a relancé aux États-Unis les débats sur la réforme de la police et le traitement institutionnel des violences policières et le caractère ethnique et racial de celles-ci. Pour revenir à mon hypothèse de départ, le poids de l'opinion publique, le choc émotionnel des actes de

[45] FABRI Caroline, *Des violences policières : quand la force doit rester à la loi*, Université Catholique de Louvain, Mémoire de Master en Droit, 2016.
[46] Amnesty International, *ibid.*, p. 3.

violences et les pressions exercées par les manifestations sur les politiciens et les représentants de la police constituent un moyen ou un facteur essentiel dans la transformation du droit, le changement institutionnel et la modification des pratiques de fonctionnement.

Comme le souligne Madame Lynne Peeples, les manifestations conduites principalement par le mouvement *Black Lives Matters* [47] ont exercé une forte pression sur les services de police et les politiciens pour qu'ils fassent quelque chose : cela s'étend de la réforme des tactiques répressives des manifestations ou d'application de la loi à la suppression du financement ou même à la suppression des services de police [48]. Ces mouvements démontrent que le droit ou les pratiques de fonctionnement des institutions évoluent quand ils sont contraints par des forces sociales alternatives. Ainsi donc, l'opinion publique et l'émotion collective et sociale renforcées par les médias notamment les réseaux sociaux constituent des forces agissantes qui modifient le droit et transforment les pratiques institutionnelles. Elles poussent les acteurs politiques et législatifs à agir. Le droit contemporain est contraint

---

[47] Le regroupement Black Lives Matters est un mouvement militant et activistecréé en 2013 par Alicia Garza, Opal Tometi et Patrisse Cullors, trois femmes afro-américaines après la mort de Trayvon Martin (DENONCOURT Jasmine, « L'oppression policière des Afro-Américains et la création du mouvement Black Lives Matter », Observatoire des politiques publiques de l'Université de Sherbrooke, note d'analyse, Mars 2017). Ainsi comme le note Madame Denoncourt, Black Lives Matter organise des manifestations pour dénoncer le racisme au sens large, le profilage racial et la violence policière principalement exercée contre des personnes noires. Comme son nom l'indique, ce groupe veut mettre l'emphase sur le fait que la vie des Noirs est aussi importante que celle des Blancs (*ibid.*, p. 4). Le Mouvement Black Lives Matter a été formulé pour la première fois il y a quelques années à peine, mais c'est le leitmotiv des luttes antiracistes depuis des générations (NELSON Alondra, « The *Longue Durée* of Black Lives Matter », *American Journal of Public Health*, N° 106, 2016, pp. 1734_1737, https://doi.org/10.2105/AJPH.2016.303422 (consulté le 10 mars 2021).
Il faut préciser en outre qu'à l'instar des « *mobilisations précédentes telles que le mouvement altermondialiste, Occupy Wall Street (OWS) ou les lndignados, #BLM est basé sur une culture de décentralisation du pouvoir au cœur de laquelle les technologies de l'information et des communications (TIC) servent à l'organisation, à la communication et à la mobilisation* » (TWAHIRWA Rémy -Paulin, *Un débat national sur la valeur des vies : le cadrage des « vies noires », des « vies blanches » et de « toutes les vies » sur #blacklivesmatter, #whitelivesmatter et #alllivesmatter*, Mémoire de Maitrise en Science Politique, Université du Québec à Montréal, 2017.
[48] PEEPLES Lynne, « Brutality and racial bias: what the data say », *Nature,* Vol. 583, 2 July 2020, pp. 22-24.

désormais de réguler des aspirations sociales mouvantes, de tenir compte de nouveaux enjeux sociaux qui sont parfois incertains ou insaisissables. Il ne fait aucun doute que les graves crises actuelles nous laissent penser que nous sommes rentrés dans une situation de « *circulation totale au-delà du contrôle* » pour reprendre l'expression de Monsieur le Professeur Jean-Sylvestre Bergé [49]. Celle-ci est saisie ici comme un flux de phénomènes qui échappent au contrôle de l'homme : « *Les acteurs (États, entreprises, individus, notamment),* nous dit-il, *sont de plus en plus souvent dépassés par les mouvements de circulation qu'ils ont pourtant eux-mêmes provoqués. Les gaz à effet de serre sont un exemple majeur de cette situation de perte de contrôle. L'activité humaine produit des émissions de gaz qui, une fois libérées dans l'atmosphère, échappent au contrôle de l'homme. Ces gaz s'accumulent et circulent tout autour de la planète, sans possibilité pour celui qui a libéré le gaz de le récupérer* » [50]. Ce phénomène d'échappement, cette perte de contrôle perpétuelle liée aux flux globaux – changement climatique, crise sanitaire comme la pandémie de la Covd-19 – laisse le monde dans une forme d'incertitude structurelle, une forme d'impuissance permanente. Face à cette situation, le droit peut être doublement utile, d'une part, dans une dynamique de conceptualisation des phénomènes et de l'autre, dans la formulation des réponses à apporter au niveau transnational. Dès lors, on peut dire que le droit intervient principalement pour donner et favoriser une forme de stabilité sociale. Le droit sert en ce sens de bouclier de sauvetage social.

Les manifestions populaires de dénonciation des violences policières, le choc émotionnel collectif provoqué par des pratiques dégradantes de la police et l'opinion publique mobilisée et renforcée par les médias et les réseaux sociaux peuvent être et/ou sont dans une certaine mesure des appels au droit parce que « *les appels au droit sont en réalité des appels à l'innovation juridique pour relever des défis que lancent* [soit] *les catastrophes* [soit les injustices sociales] » [51]. Très souvent, ces mouvements réclament des transformations ou des changements dans

---

[49] BERGÉ Jean-Sylvestre, « Quelle approche des phénomènes par le droit ? Le cas de la circulation totale au-delà du contrôle », *Recueil Dalloz* 2017, p. 2546.
[50] *Ibid.*, p. 2546.
[51] DELMAS-MARTY Mireille, « Propos conclusifs sur les catastrophes écologiques et le droit : contradiction ou innovation », in LAVIEILLE Jean-Marc, BÉTAILLE Julien et PRIEUR Michel (dir.), *Les catastrophes écologiques et le droit : échecs du droit, appels au droit, Bruxelles*, Bruylant, 2012, pp. 573-579.

les pratiques de fonctionnement des institutions. Dans le champ juridique, comme le note Madame le Professeur Mireille Delmas-Marty, « *le changement ne se limite pas aux formes. Certes, ils commencent avec le formalisme juridique, mais la réponse passe aussi par la gouvernance, et plus profondément par la question éthique, celle des valeurs communes* » [52]. S'agissant des questions de société, l'émotion collective et sociale n'est jamais neutre. Celle-ci se présente comme une force alternative contraignante. Les demandes de justice sociale s'adressent principalement à l'État. Les corrections ou les changements doivent être apportés par l'État afin de garantir et de préserver les valeurs communes, le vivre ensemble ou encore la stabilité sociale [53].

L'émotion collective comme force agissante alternative permet aux autorités politiques et législatives de prendre en compte les demandes de justice sociale et d'amorcer des dynamiques de réformes institutionnelles et sociales. Beaucoup de voix s'élèvent actuellement aux États-Unis pour qu'il y ait des réformes en profondeur au sein de l'institution policière, des changements dans le maintien de l'ordre, des tactiques et un changement dans les rapports sociaux. Thomas O'Brien, chercheur au *Social Action Lab* de l'Université de l'Illinois en Urbana–Champaign déclare que « *si la police doit être au service des communautés, elle doit établir une relation de confiance avec les communautés qui sont susceptibles de se méfier d'elle* » [54]. La recherche démontre que les gestes que les gens perçoivent comme sincères peuvent favoriser à la fois la légitimité et la coopération [55].

---

[52] *Ibid.*, p. 575.

[53] S'agissant de la violence policière aux États-Unis et des facteurs de risques qui y contribuent, plusieurs études menées par des chercheurs universitaires et des représentants du gouvernement, entre autres, montrent qu'environ « *1 000 civils sont tués chaque année par des agents des forces de l'ordre aux États-Unis* » et selon une estimation, « *les hommes noirs sont 2,5 fois plus susceptibles que les hommes blancs d'être tués par la police au cours de leur vie* » (PEEPLES Lynne, *Ibid.*). Ces études mettent l'accent sur une sombre réalité. Une réalité qui jusqu'à récemment était restée méconnaissable.

[54] O'BRIEN C. Thomas, MEARES L. Tracey, TYLER Tom R., "Reconciling Police and Communities with Apologies, Acknowledgements, or Both: A Controlled Experiment", *The ANNALS of the American Academy of Political and Social Science*, Vol. 687, N° 1, 2020., pp. 202-215. Cité par PEEPLES Lynne, "Brutality and racial bias: what the data say".

[55] O'BRIEN C. Thomas, MEARES L. Tracey, TYLER Tom R., « Reconciling Police and Communities with Apologies, Acknowledgements, or Both: A Controlled Experiment », *ibid.*, p. 212.

Cette mutation dans les rapports sociaux permettra à la police de changer son rapport à la communauté en question et cela changera la perception de celle-ci vis-à-vis d'elle, car, « *les soulèvements de 2020 nous ont forcé à prendre en compte la manière dont les violences policières structurent notre société* » [56]. Il se trouve parfois, comme au Kenya par exemple, que « *les réactions sécuritaires continuent d'ébranler la confiance, déjà fragile, entre la communauté et la police, un problème qui est renforcé par une perception négative des forces de l'ordre, vues par les populations de ces quartiers comme violentes et n'ayant jamais à rendre de comptes pour leurs actions* » [57]. La confiance des citoyens dans la police est essentielle pour l'aider à faire son travail. À l'inverse, un manque de confiance sociale peut fragiliser et rendre difficile son travail, c'est pour cela qu'une modification des rapports sociaux entre la police et les citoyens est nécessaire.

Anthony Pregnolato affirme que l'étude des dénonciations des violences policières au sein du tribunal montre comment ces mobilisations contribuent à rendre visibles et explicites les représentations dominantes qui tendent à légitimer l'usage de la force publique à l'encontre de groupes sociaux marginalisés et criminalisés [58]. Mais en réalité, seule une réforme en profondeur de l'institution policière peut conduire véritablement à un changement de paradigme, car « *la crise de la violence policière*, nous dit Amna A. Akbar, *est plus qu'une crise de la police. C'est une crise de notre système juridique et* [la structure politique américaine] » [59]. Dès lors cela implique naturellement une transformation en profondeur parce que le « *pouvoir de la police n'est pas simplement constitué par la jurisprudence du quatrième amendement et sa capitulation face au pouvoir de la police. Le pouvoir de la police réside autant dans les budgets, les syndicats et l'échelle* [hiérarchique] *de la police que dans*

---

[56] AKBAR Amna A., "An Abolitionist Horizon for (Police) Reform", *California Law Review*, Vol. 108, pp. 1781-1846.

[57] MUTAHI Patrick, WANJIRU Kate, « Violences policières et solidarité pendant la crise sanitaire à Mathare », Kenya. 2020, https://elam.hypotheses.org/3318 (consulté le 16 février 2021).

[58] PREGNOLATO Anthony, « Les violences policières en procès : mort d'Amine Bentounsi : la condamnation exceptionnelle du policier Saboundjian », *Lien social et Politiques*, Vol. 84, 2020, pp. 163-183.

[59] AKBAR Amna A., "An Abolitionist Horizon for (Police) Reform", *op. cit.*, p. 1846.

la conviction que la police assure la sécurité publique et résout les problèmes sociaux » [60]. En ce sens, ce pouvoir est symbolique et profondément ancré dans la structure sociale. Il faut, en effet, tenir compte de son poids symbolique pour aboutir à un changement véritable au sein de cette institution très corporatiste.

Le changement doit passer par une modification de la perception sociale et des rapports sociaux entre les individus et la police. Il ne fait aucun doute que les gens sont particulièrement intéressés par ces questions dans la mesure où certains chercheurs affirment que les « *41 jours qui ont suivi la mort de M. Floyd correspondaient au plus grand nombre de recherches de ''réforme (s)'' de la police jamais enregistrée* [sur google], *la fraction quotidienne la plus élevée de toutes les recherches de "réforme (s)" éclipsant le passé de plus de 150 fois* » [61]. Cette étude repose sur l'ensemble des données métriques enregistrées sur internet – google en particulier – et les recherches effectuées par les internautes. Elle quantifie l'intérêt du public pour les réformes de la police et les tactiques, la refonte de la formation dispensée à l'académie et la réforme des syndicats ou des doctrines d'immunité. Il faut préciser en outre que les réseaux sociaux ont contribué au développement de l'intérêt du public pour les questions de sociétés. Les gens sont de plus en plus intéressés aux enjeux contemporains et les problèmes sociaux. Ils sont plus sensibilisés sur les questions sociales.

En termes de réformes structurelles, il faut dire que plusieurs projets de lois ont été soumis au Congrès en vue d'améliorer et réformer les pratiques policières, la responsabilité des agents et la transparence dans le fonctionnement de l'administration de police. Il s'agit de la *Justice Act* du sénateur Tim Scott présenté le 17 juin 2020. Cette loi est actuellement à l'étude au Sénat. Et un mois plus tard, soit le 17 juillet 2020, *« près de 30 États* [sur 51] *avaient présenté plus de 350 projets de loi pour réviser leurs approches en matière de maintien de l'ordre* » [62]. De surcroît, presque tous les rapports et études qui ont été

---

[60] *Ibid.*, p. 1842.

[61] AYERS John W., ALTHOUSE Benjamin M., POLIAK Adam, Leas Eric C., NOBLES Alicia L., DREDZE Mark, SMITH Davey, "Quantifying Public Interest in Police Reforms by Mining Internet Search Data Following George Floyd's Death", *op. cit.*

[62] DE LA ROSA Bill, "Getting Police Reform Right: A Blueprint for Understanding the Present Moment", PIMA County, Criminal Justice Reform Unit, August 2020.

menés sur la dynamique de la réforme de l'institution policière ont mis l'accent sur plusieurs points centraux qui sont incontournables pour une réforme efficace et effective de celle-ci. Ainsi, les principales propositions sont surtout organisées autour des réformes technocratiques, des efforts de démocratisation et du rôle de la police dans son ensemble [63]. Ces éléments sont cruciaux. En outre, Sabine Kurtenbach et Nadine Ansorg notent que « *toute tentative de réforme de la police doit s'attaquer au racisme structurel qui est évident dans de nombreux domaines de la société, y compris l'éducation, la santé ou la justice* » [64].

Une réforme structurelle et durable de la police doit également tenir compte de l'évolution sociale de la société et les nouveaux enjeux en présence notamment les crises économiques, les demandes de justice sociale et le chômage de masse. Dans cette perspective, les politiques de sécurité « *doivent adopter une approche globale mettant l'accent sur la prévention de la violence et l'inclusion sociale des communautés jusqu'ici marginalisées* » [65]. Cela demande donc une approche en amont du problème. Ainsi « *la qualité future de la police dépendra de la volonté politique au niveau local, étatique et national de reconnaître qu'il n'existe pas de citoyens de seconde ou de troisième classe, et que chaque citoyen a droit à un traitement équitable et respectueux dans le cadre de l'État de droit lorsqu'il est confronté à la police* »[66]. L'État doit mettre en œuvre des politiques publiques efficaces en matière de sécurité, de protection sociale et éducative afin de garantir à chaque individu la jouissance de son droit à la vie, à la sécurité de sa personne, à la justice sociale et au bonheur dans la mesure où la finalité des actions publiques de l'État est d'assurer le bien-être et l'intégrité des personnes et de leurs biens [67]. Ainsi, il est hors de doute que la finalité des obligations positives de l'État soit également d'assurer le bien-être

---

[63] *Ibid.*, p. 23.

[64] KURTENBACH Sabine and ANSORG Nadine, "What the US can learn from the Global South about police reform", *USApp – American Politics and Policy Blog*, 02 Jul 2020.

[65] *Ibid.*, p. 3.

[66] *Ibid.*, p. 3.

[67] TORRE-SHAUB Marta, « Bien-être de l'homme et bien-être de l'environnement : un jeu de miroirs ? », in TORRE-SHAUB Marta (dir.), *Le bien-être et le droit*, Paris, Publication de la Sorbonne 2016, pp. 55-74.

collectif, que ce soit dans un environnement sain ou dans un climat social apaisé [68].

[68] STEICHEN Pascale, « Le bien-être au cœur du droit à un environnement sain, l'apport de la jurisprudence de la CEDH », in TORRE-SHAUB Marta (dir.), *Le bien-être et le droit*, Paris, Publication de la Sorbonne 2016, pp. 41-54.

Conclusion

L'émotion joue un rôle considérable dans les sociétés contemporaines. Car, « *ni irrationnelles ni naturelles ni universelles, les émotions sont des faits sociaux, des constructions culturelles* » [69]. En tant que constructions culturelles, les émotions collectives que suscitent tel événement ou telle action donnée participent ou peuvent participer à la modification et la transformation des normes juridiques et des pratiques institutionnelles instituées. Elles constituent de puissantes forces alternatives mobilisées et renforcées par les médias et les réseaux sociaux. Nous avons pu relever dans cet article deux domaines en particulier où les émotions constituent des facteurs d'évolution, de création du droit ou modification des pratiques institutionnelles. D'abord au niveau du droit des risques et des catastrophes naturelles. Ensuite au niveau du droit international des droits de l'homme. L'émotion apparaît comme un outil efficace de transformation des rapports sociaux et du droit. Autre chose que nous avons appris, c'est que pour faire face aux risques extrêmes actuels – changement climatique, pandémies de type COVID-19, mutations et nouvelles aspirations sociales – le législateur contemporain doit faire preuve d'innovation et d'imagination pour permettre au droit de s'adapter et de saisir ces questions dans une dimension objective et prospective. Le développement d'un cadre juridique cohérent et performant est fondamental à la fois dans la gouvernance des catastrophes naturelles mais aussi dans la mise en œuvre des politiques publiques structurelles de protection de la population en matière de risques extrêmes.

Le droit contemporain doit être plus pragmatique que dogmatique dans la mesure où les rapports sociaux sont de plus en plus conflictuels et les nouvelles demandes et aspirations sociales sont très incertaines. S'agissant de la protection des droits fondamentaux et les demandes de justice sociale, seul le droit est en mesure de garantir une protection juridique sur le long terme. Il est le seul à pouvoir assurer et garantir une réelle stabilité sociale. Le droit doit être souple et flexible afin de prendre en compte l'individu et ses imperfections dans son cadre d'action. Monsieur le Professeur Brunot Oppetit note à ce sujet que le

---

[69] AMBROISE-RENDU Anne-Claude, DEMARTINI Anne-Emmanuelle, ECK Hélène, EDELMAN Nicole, *Emotions contemporaines - XIXe-XXIe siècles,* Paris, Armand Colin, Coll. « Recherches », 2014.

droit est entendu comme une règle acceptée par tous, car produite par tous. Le droit ne prescrit plus une conduite, mais des limites à l'action, en sorte que la liberté de chacun soit respectée. Dans une société contractuelle centrée sur l'individu, la règle de droit constitue le moyen rationnel de fonder et de mettre en œuvre un ordre social. Tel apparait le droit moderne dans la filiation de la philosophie des Lumières et des droits de l'homme [70]. Posé ainsi, vaut mieux avoir un droit qui évolue et prend en compte les émotions collectives qu'un droit qui ignore et méprise l'opinion publique et les émotions sociales.

[70] OPPETIT Bruno, *Droit et modernité*, PUF, 1998. Cité par Rémy Libchaber, « Impossible rationalité de l'Ordre juridique », in BUREAU Dominique et al., *Études à la mémoire du professeur Bruno Oppetit*, Paris, LexisNexis, 2010.

Les enjeux juridiques de la détection faciale des émotions

Gaël BURRONI

> « *La violence de cette passion altère toutes les parties. Le sourcil s'élève par le milieu ; les muscles sont marqués, pressés l'un contre l'autre, et baissés vers le nez, qui se retire en haut, aussi-bien que les narines ; les yeux sont forts ouverts, la paupière supérieure cachée sous le sourcil, le blanc de l'œil environné de rouge ; la prunelle, égarée, paraît fuir vers un objet ; les narines s'élèvent ; les lèvres s'élèvent aussi, et la bouche reste à demi ouverte* » [1].

Déjà à son époque, à travers ces quelques lignes, Charles Le Brun [2] dépeignait celles des expressions faciales qui seraient inhérentes à un sentiment de grande frayeur, reproduisant cet exercice pour toutes les « passions de l'âme »[3]. Ainsi, dans la continuité des travaux de René Descartes, les développements de Charles Le Brun avaient vocation à démontrer l'existence d'un lien de causalité entre les émotions, d'une part, et les expressions faciales, d'autre part.

Il l'a fait par les traits de son crayon et à travers ses conférences, avec un talent certain mais des résultats au moins partiellement contestés. Parce que si Le Brun percevait l'art plus utilement à travers sa fonction pédagogique qu'à l'aune de sa vocation esthétique, les résultats de ses travaux ont été critiqués par de nombreux auteurs et notamment par Charles Darwin, qui a repris certains passages de ses textes « comme exemple des étranges insanités qui ont été écrites sur la question » [4].

Cependant, la critique demeurait relative : reconnaissant à l'expression faciale des émotions un caractère universel, les travaux de Charles Darwin s'inscrivaient dans cette même démarche qui consistait à sceller le lien alors affirmé entre expressions et émotions. Dès lors, de manière générale et depuis qu'elle se pose jusqu'à récemment, la question du lien entre les émotions et les expressions faciales a toujours fait l'objet

---

[1] Charles LE BRUN, *Les expressions des passions de l'âme*, J. Audran, Paris, 1727, p. 4.
[2] Célèbre artiste peintre du XVIIème siècle.
[3] René DESCARTES, *Les Passions de l'âme*, Henry Le Gras, Paris, 1649.
[4] Charles DARWIN, *The Expression of the Emotions in Man and Animals*, John Murray, London, 1872, pp. 4-5.

d'un certain consensus, confirmé par les travaux plus récents du psychologue américain Paul Ekman [5].

La scientificité de ce présupposé n'a été remise en cause que très récemment [6] alors que, dans le même temps et à l'ère des technologies avancées, certains acteurs publics et privés s'en sont emparés – sans attendre les réponses d'un débat à peine ouvert –, les premiers à des fins sécuritaires et les seconds à des fins économiques.

Plus encore, si Le Brun dessinait à grands traits les profils émotionnels qu'il se tentait à catégoriser, les émotions sont aujourd'hui analysées à travers des images, dont la qualité s'améliore sans cesse, et des vidéos, qui permettent d'inclure une variable temporelle dans la reconnaissance des émotions, l'évolution des expressions étant censée permettre une analyse plus fidèle des émotions ressenties par la personne dont les traits sont observés [7].

Surtout, les émotions ne sont plus seulement analysées par l'œil humain, mais plus largement par des technologies dites de *« facial coding »* [8], qu'il s'agisse de garantir la sécurité des transports en commun en détectant les émotions des usagers – comme la Ville de Nice a voulu l'expérimenter [9] –, ou d'analyser l'engagement émotionnel d'un panel de consommateurs lorsqu'ils visionnent un message publicitaire – comme le propose l'entreprise Realeyes [10].

---

[5] Paul EKMAN, *Emotions Revealed: Recognizing Faces and Feelings to Improve Communication and Emotional Life*, Holt McDougal, 2007.

[6] M. EL ZEIN, V. WYART, J. GREZES, « Pervasive influence of idiosyncratic associative biases during facial emotion recognition », Scientific Reports, édition en ligne du 11 juin 2018. Consulté sur : https://www.ncbi.nlm.nih.gov/pmc/articles/PMC5996038

[7] P. LEMBERGER, « Lorsque le deep learning met vos émotions à nu », 20 avril 2018, Site weave.eu, Consulté sur : https://weave.eu/deep-learning-service-de-linformatique-affective/

[8] Définitions marketing – « L'encyclopédie illustrée du marketing ». Consulté sur : https://www.definitions-marketing.com/definition/facial-coding/

[9] A. SAVIANA, « Nice, *safe city* ou cauchemar orwellien », Marianne, 15/02/2019. Consulté sur : https://www.marianne.net/societe/nice-safe-city-ou-cauchemar-orwellien

[10] X. BISEUL, « Ces IA qui détectent les émotions pour optimiser les ventes », JDN, 08/10/19. Consulté sur : https://www.journaldunet.com/solutions/dsi/1446796-ces-ia-qui-detectent-les-emotions-pour-optimiser-les-ventes/

Certes, depuis qu'elles existent, les entreprises du numérique ont toujours cherché à exploiter les émotions de leurs utilisateurs : ainsi l'entreprise Facebook personnalise-t-elle ses contenus plus encore qu'auparavant depuis l'introduction de ses « émojis » qui expriment la joie, la tristesse, l'étonnement, la colère et le rire, en complément de son traditionnel « like » [11].

Cependant, la technologie ne se contente plus de constater la démarche des utilisateurs qui d'eux-mêmes et de manière active souhaiteraient partager leurs émotions avec les membres de leur réseau social.

La détection faciale des émotions va plus loin : elle pose la question de la séparation du corps et de l'esprit avec une telle acuité qu'elle emporte dans son sillage un certain nombre de défis dont la profondeur et l'intensité demeurent sans précédent.

Elle pose la question, plus large encore, de la protection des libertés individuelles, à l'égard des autorités mais également des entreprises du secteur privé. Au profit de celles-ci, elle produit une asymétrie « par laquelle quelques privilégiés savent tout sur nous alors que nous ne savons rien d'eux » et qui, ce faisant, « émousse la pensée critique et l'exercice conscient de la liberté » [12]. Une telle asymétrie pose la question plus étroite de l'équilibre des rapports économiques, tant d'un point de vue macroéconomique que d'un point de vue microéconomique. Dans cette dernière perspective, il n'est plus question seulement de protéger l'individu ou le citoyen : il s'agit aussi de protéger le marché et le consommateur face à un nouveau genre de pouvoirs privés économiques [13], qui d'ailleurs pourraient être identifiés avec plus de pertinence encore en tant que « pouvoirs privés technologiques ».

---

[11] M. WAZE, « L'intelligence artificielle au service des ventes : la détection des émotions », eMarketing, 13 février 2020, Consulté sur : https://www.e-marketing.fr/Thematique/ia-1250/Breves/intelligence-artificielle-service-ventes-detection-emotions-346842.htm

[12] Discours préparé le Pape François, lu par Monseigneur Vincenzo Paglia, lors de la rencontre avec les participants à l'assemblée plénière de l'académie pontificale pour la vie, 28 février 2020.
Consulté sur : http://www.vatican.va/content/francesco/fr/speeches/2020/february/documents/papa-francesco_20200228_accademia-perlavita.html

[13] Pour reprendre la formule employée par Farjat. V : G. FARJAT, Pour un droit économique, PUF, 2004, p. 25.

Partant, le premier enjeu attaché à la détection faciale des émotions se dessine à mesure que les limites de cette technologie sont exposées : les termes du débat doivent être clairement posés afin de pouvoir en développer une approche juridique pertinente.

L'une des premières interventions juridiques en la matière doit être attribuée au comité consultatif de la Convention 108. En effet, ce comité préconise une « limitation stricte de certaines utilisations » de la reconnaissance faciale, au nombre desquelles apparaît « la reconnaissance des affects » [14]. Cette intervention [15] a été suivie par une proposition de règlement européen sur l'intelligence artificielle [16], qui prévoit des règles de transparence pour les systèmes de reconnaissance des émotions, puis par un avis conjoint formulé en réaction à cette proposition, dans lequel le Contrôleur et le Comité européens de la protection des données se sont prononcés en faveur de l'interdiction de ces systèmes [17].

Aussi, la limitation de la détection faciale des émotions devrait être débattue à l'aune des risques qu'elle induits (**I**). Mais, avant même de penser la substance de cette limitation, il convient de déterminer en amont le critère de son application (**II**).

---

[14] Lignes directrices sur la reconnaissance faciale du Comité consultatif de la convention pour la protection des personnes à l'égard du traitement automatisé des données à caractère personnel, dite Convention 108, 28/01/2021, p. 4.

[15] Si les références de ces textes sont rappelées en introduction de cette contribution, il convient de préciser que leur publication est intervenue ultérieurement au colloque dont les minutes sont retranscrites dans le présent ouvrage.

[16] Proposition de Règlement du Parlement européen et du Conseil établissant des règles harmonisées concernant l'intelligence artificielle (législation sur l'intelligence artificielle) et modifiant certains actes législatifs de l'Union, 21 avril 2021.

[17] Comité européen de la protection des données et Contrôleur européen de la protection des données, avis conjoint 5/2021 sur la proposition de règlement établissant des règles harmonisées sur l'intelligence artificielle, 18 juin 2021, pt. 35, p. 13.

I. L'ampleur des risques induits par la détection faciale des émotions

La reconnaissance faciale émotionnelle exacerbe des risques qui lui préexistaient aussi bien qu'ils préexistaient à l'ère des données massives, sans pour autant que le RGPD ne parvienne à les appréhender de manière efficace (A).
Plus spécifiquement, parce qu'elle se contente de mettre en données un état idiosyncratique, cette technologie présente des limites qui lui sont propres (B).

A. L'EXACERBATION DE RISQUES RENOUVELÉS

De manière générale, il est communément admis que le numérique exacerbe certaines difficultés qui sont nées bien avant lui [18]. Cette affirmation est d'autant plus justifiée en matière de reconnaissance faciale émotionnelle et il s'agira d'étudier, afin de le démontrer, quelques-uns de ces risques qui sont renouvelés sinon décuplés par son recours.

Lorsqu'une entreprise analyse les émotions de ses clients, elle « entre en empathie » [19] avec eux, et elle ne s'y emploie que dans le seul dessein de maîtriser plus fermement encore la relation de consommation.

Ainsi le risque de manipulation des consommateurs prend-il une ampleur jamais observée jusqu'alors : sur la seule base d'un paramètre profondément attaché à l'intimité des personnes concernées (la mise en mouvement des muscles de leur visage), certains acteurs privés seraient capables d'analyser la réaction de ces dernières et d'adapter ainsi leurs contenus, leurs messages et leurs comportements. C'est précisément ce que propose, par exemple, la startup française Datakalab [20]. Aussi le RGPD peinerait-il à appréhender ce phénomène, tant l'exercice des droits qu'il prévoit est inefficace, et tant les informations qu'il impose pourraient être noyées dans une masse de détails parfois longs et

---

[18] E. NETTER, Numérique et grandes notions du droit privé, CEPRISCA, 02/2019, p. 335.
[19] X. BISEUL, *art. préc.*
[20] D. LOYE, « Datakalab transforme les émotions en données », Les Echos Entrepreneurs, 10/01/2019.

complexes. Même les qualifications de profilage [21] et de traitement de données biométriques [22] pourraient ne pas suffire. Elles auraient vocation à s'appliquer [23], imposant ainsi, dans certaines hypothèses, une interdiction de principe à ces opérations [24]. Mais ces interdictions font l'objet de certaines exceptions qui permettent de les contourner relativement aisément [25].

Pourtant, c'est une étape supplémentaire qui a été franchie en matière de personnalisation et il est permis de se demander, sans rentrer dans un débat juridique de fond, si cette limite n'était pas celle qu'il ne fallait pas dépasser. Au-delà même des risques inhérents à la personnalisation – comme le risque d'effet « bulle de filtres », qui enferme le consommateur dans son paradigme en lui imposant des contenus conformes à ses aspirations [26] –, cette pratique se rapproche dangereusement d'une marchandisation du corps humain, au moins indirectement et par l'intermédiaire d'un support immatériel seulement. Pour autant, une telle dimension immatérielle n'atténue en rien la vigueur des questions soulevées par ces évolutions, au contraire : d'une part, elle permet une marchandisation du corps humain permanente et

---

[21] Art 4, § 4 : « toute forme de traitement automatisé de données à caractère personnel consistant à utiliser ces données à caractère personnel pour évaluer certains aspects personnels relatifs à une personne physique, notamment pour analyser ou prédire des éléments concernant le rendement au travail, la situation économique, la santé, les préférences personnelles, les intérêts, la fiabilité, le comportement, la localisation ou les déplacements de cette personne physique ».

[22] Art 4, § 14 : « les données à caractère personnel résultant d'un traitement technique spécifique, relatives aux caractéristiques physiques, physiologiques ou comportementales d'une personne physique, qui permettent ou confirment son identification unique, telles que des images faciales ou des données dactyloscopiques ».

[23] La détection faciale des émotions consiste effectivement à utiliser des images faciales relatives aux caractéristiques physiques, physiologiques et comportementales des personnes physiques (données biométriques) dans le but d'évaluer certains aspects personnels relatifs à ces personnes physiques, leurs émotions (profilage).

[24] En principe, tous les traitements de données biométriques sont interdits (art. 9, § 1. du RGPD) ; quant au profilage, il n'est interdit que lorsqu'il donne lieu à une décision exclusivement automatisée (art. 22, § 1. du RGPD).

[25] Les articles 9, § 2 (en matière de données biométriques) et 22, § 2 (en matière de décision exclusivement automatisée, y compris le profilage) prévoient plusieurs exceptions à l'interdiction de ces traitements, dont le consentement explicite des personnes concernées.

[26] C. CASTELLUCIA, « La datapulation ou la manipulation par les données », La revue européenne des médias et du numérique, 2018-2019, n° 49.

continue ; d'autre part, elle n'est pas contraire à ce que ces technologies puissent être appliquées au sein du monde « hors ligne » – ainsi, par exemple, de l'outil développé par Kairos, qui propose d'analyser les émotions des consommateurs dès leur entrée dans une boutique physique [27].

Au regard de ces développements, il apparaît que le risque de manipulation des consommateurs est grand ; mais la réciproque n'est pas inconcevable. En effet, il est aussi un risque pour les acteurs qui utilisent ces technologies que les personnes concernées, se sachant observées, modifient leur comportement et « manipulent » ainsi les données générées sur elles. Autrement dit, la personne avertie doit faire un choix : manipuler ou se faire manipuler.

Il est toutefois des risques que les personnes concernées ne pourraient pas retourner à leur avantage mais qui sont tout autant exacerbés par le recours à ces technologies. C'est le cas, par exemple, du risque de biais raciste. Fréquemment observé en matière numérique de manière générale, il constitue peut-être une réalité plus prégnante encore lorsqu'il s'agit d'analyser les traits d'un visage humain. Une étude menée par le Docteur Lauren Rhue le confirme : appliquées aux photographies de 400 joueurs de la NBA [28], certaines de ces technologies auraient reconnu aux joueurs noirs des émotions plus négatives qu'aux joueurs blancs [29]. Si cette étude se fonde sur l'analyse des résultats produits par deux logiciels seulement [30], elle n'en témoigne pas moins du renouvellement voire de l'accentuation progressifs de difficultés plus anciennes.

[27] https://www.kairos.com/blog/emotion-analysis-in-the-real-world

[28] National Basketball Association.

[29] L. RHUE, « Racial Influence on Automated Perceptions of Emotions », November 9, 2018. Consulté sur : https://papers.ssrn.com/sol3/papers.cfm?abstract_id=328176 5).

[30] Face ++ et Microsoft Face API.

Ces problématiques sont d'autant plus avérées qu'elles se développent à l'ère d'une gouvernance algorithmique [31] qui présente un risque bien spécifique mais dont les conséquences seraient larges et pyramidales : que la pratique, dans une quête permanente d'optimisation, cherche à mesurer ce qui n'est pas mesurable [32].

C'est peut-être là que réside la principale limite de la reconnaissance faciale émotionnelle.

B. LES LIMITES INHÉRENTES À L'ALGORITHMISATION D'UN ÉTAT IDIOSYNCRATIQUE.

Si l'émotion est mesurée, l'émotion est-elle mesurable ? Voilà une question qui en soulève bien d'autres sur le plan juridique. En effet, la reconnaissance faciale émotionnelle procède de la mise en données d'un état qui est propre à chacun, qui diffère d'une personne à une autre, d'un contexte à un autre, d'une culture à une autre. Ainsi s'agirait-il de mesurer les émotions d'un individu par leur comparaison à celles d'une masse d'individus, alors même que l'analyse des émotions de ces derniers ne permettrait de dégager aucune constante, ni d'établir aucun lien de causalité tangible.

Alors que ce présupposé est au fondement des technologies développées aux fins de les analyser, les émotions ne s'exprimeraient donc pas de la même manière chez tous les individus. Elles ne seraient ni universelles, ni innées.

Ainsi, lorsque le visage d'un sportif médaillé d'or aux Jeux-Olympiques n'exprime pas la joie, cela ne signifie pas nécessairement qu'il n'en ressent pas [33]. Seulement, sa façon de l'exprimer n'est pas conforme à la représentation que certains se font de la joie, cette

---

[31] A. ROUVROY et B. STIEGLER, « Le régime de vérité numérique », *Socio*, 4, 2015, pp. 113-140.

[32] « On ne peut pas se fier à la reconnaissance de l'émotion », 24 octobre 2019, par « InternetActu » sur le site Le Monde. Consulté sur https://www.lemonde.fr/blog/internetactu/2019/10/24/on-ne-peut-pas-se-fier-a-la-reconnaissance-de-lemotion/

[33] Reconnaissance faciale : les IA ne comprennent rien à nos grimaces ! Olivier Robillard, 15 mai 2018, L'ADN INNOVATION, Entretien avec Anna Tcherkassof. Consulté sur : https://www.ladn.eu/entreprises-innovantes/transparence/reconnaissance-faciale-les-ia-ne-comprennent-rien-a-nos-grimaces/

représentation de la joie leur étant personnelle comme, d'ailleurs, la façon qu'ils ont d'exprimer la leur. Dans cette perspective, plus que les expressions faciales, c'est le contexte dans lequel elles sont exprimées qui permet de comprendre les émotions ressenties par les personnes observées [34].

En effet, le contexte permet de prendre en considération certains paramètres que la seule analyse des expressions faciale n'est pas en mesure d'appréhender : l'intensité des émotions ressenties, d'une part, et la culture de la personne qui les ressent, d'autre part.

Le contexte permet de comprendre le degré d'intensité d'une émotion : par exemple, la peur ressentie par un orateur qui s'exprime devant un parterre de spécialistes reconnus n'est pas la même que celle ressentie par celui qui doit vulgariser son expertise devant une assemblée d'enfants, tout comme la peur ressentie par un orateur expérimenté n'est pas la même que celle ressentie par un profane, peu habitué à prendre la parole en public.

Aussi, tenir compte du contexte dans lequel une émotion est exprimée, c'est prendre en considération la culture de la personne qui l'exprime : par exemple, la culture scandinave impose la retenue – l'expression des émotions est mal considérée – contrairement à la culture méditerranéenne, beaucoup plus expressive [35].
Dès lors, l'expression des émotions est propre à chaque individu, mais aussi à chacun des contextes dans lesquels ces derniers interagissent.
La différence se joue donc à deux niveaux, tout comme la dimension personnelle des émotions peut s'analyser sous deux angles : d'un côté, l'expression des émotions est propre à chaque individu ; de l'autre, chaque individu interprète les émotions des autres selon des standards qui lui sont propres.

Au regard de l'ensemble de ces considérations, il apparaît que l'expression des émotions n'est pas prototypique, de sorte que leur

---

[34] Z. CHEN and D. WHITEY, « Tracking the Affective State of Unseen Persons », Proceedings of the National Academy of Sciences, February 5, 2019.
Consulté sur : https://www.pnas.org/content/pnas/early/2019/02/26/1812250116.full.pdf

[35] « *Comprendre les émotions. Perspectives cognitives et psycho-sociales* », dir. S. KRAUTH-GRUBER, P. NIEDENTHAL, F. RIC, Mardaga, 2009, pp. 311-346.

analyse devrait demeurer inefficace tant leur manifestation est personnelle.
Pourtant, une telle inefficacité renforce les risques précédemment évoqués, en sus d'en constituer un à part entière.

Elle pourrait justifier une intervention du droit, en même temps qu'elle la compliquerait : si l'émotion est une notion propre à chacun, comment la définir en droit ? La réponse à cette question est pourtant déterminante : elle est un préalable au débat sur la substance même des orientations que le droit pourrait prendre en réaction au développement de ces technologies.

Surtout, la réponse à cette question pourrait justement résider dans la distanciation du lien présupposé entre émotions et expressions faciales : si les expressions faciales d'un individu ne communiquent pas fidèlement ses émotions, le droit ne devrait-il pas s'attacher à appréhender ces expressions, plutôt que les émotions que leur analyse prétend atteindre sans toutefois y parvenir ?

II. L'expression comme critère imparfait de l'émotion

Selon la proposition de règlement européen sur l'intelligence artificielle, « la reconnaissance ou la déduction des émotions » serait un critère suffisant pour appréhender les technologies de détection faciale des émotions [36].
Pourtant, l'émotion étant propre à chacun, elle ne saurait constituer un critère générique satisfaisant (A).
Sa manifestation est tout autant propre à chacun, mais elle donne lieu à une analyse des traits du visage qui répond au moins partiellement aux mêmes principes et à la même méthode. Ainsi, l'analyse des expressions pourrait constituer un trait d'union entre le droit et les émotions (B).

A. LA RECHERCHE D'UN CRITÈRE GÉNÉRIQUE : L'EXPRESSION COMME FIGURE ÉLOIGNÉE DE L'ÉMOTION

Le fait d'analyser les expressions d'un visage pourrait sembler constituer le critère idéal pour un droit qui cherche à appréhender les émotions.

En effet, à travers ses expressions, le sujet s'exprime. Selon un dictionnaire usuel, l'expression consiste dans « l'action d'exprimer quelque chose, de la communiquer à autrui par la parole, le geste, la physionomie, etc. » [37] Ainsi, la physionomie figurerait parmi les principaux canaux à travers lesquels le sujet est en mesure de s'exprimer. Surtout, ce qui est communiqué par la physionomie procède généralement de ce que la personne concernée réagit à une situation donnée, et c'est précisément ce dont relève l'émotion, définie par le même dictionnaire comme une « réaction affective transitoire d'assez

[36] Art. 3, § 24 de la Proposition de Règlement du Parlement européen et du Conseil établissant des règles harmonisées concernant l'intelligence artificielle (législation sur l'intelligence artificielle) et modifiant certains actes législatifs de l'Union, 21 avril 2021 : « système d'intelligence artificielle permettant la reconnaissance ou la déduction des émotions ou des intentions de personnes physiques sur la base de leurs données biométriques ».
[37] Dictionnaire Larousse, en ligne. Consulté sur : https://www.larousse.fr/dictionnaires/francais/expression/32326

grande intensité, habituellement provoquée par une stimulation venue de l'environnement » [38].

Voilà un pont intéressant qui s'érige entre les émotions et les expressions et le droit, attaché au sens des mots, ne devrait pas y rester indifférent. Seulement, si ces définitions ne sont pas erronées, elles demeurent incomplètes : certes, l'expression permet de communiquer ses émotions à autrui ; cependant, le sujet qui s'exprime le fait selon des modes et à travers des signes qui lui sont propres. Cet état de fait s'explique assez aisément : alors que les émotions sont généralement divisées en six catégories seulement – la joie, la tristesse, la colère, la peur, le dégoût et la surprise – l'activation des muscles du visage peut donner lieu à environ 250 000 expressions faciales différentes [39]. Si le rapprochement des deux notions – émotions et expressions faciales – doit se faire avec prudence, la détection faciale des émotions ne saurait non plus être assimilée à la reconnaissance faciale telle qu'elle est traditionnellement envisagée. La reconnaissance faciale vise à identifier ou authentifier une personne [40] alors que, sans nécessairement nourrir cette ambition – mais en s'y risquant parfois – la reconnaissance faciale émotionnelle aspire à détecter les émotions des personnes observées. Mais elle y prétend sans y parvenir, de sorte que le curseur devrait être placé entre deux indicateurs : les technologies de détection faciale des émotions ne relèvent ni de la reconnaissance faciale, ni du registre des émotions, elles se situent entre les deux. Elles empruntent à la reconnaissance faciale – elles analysent les traits du visage –, mais elles s'en éloignent par leur vocation affirmée – comprendre les émotions de la personne observée.

Finalement, entre les traits du visage et les émotions se situent les expressions, seule matière que la pratique parvient à appréhender efficacement lorsqu'elle prétend analyser des émotions. Ainsi, bien qu'imparfait, le fait d'analyser des expressions faciales pourrait constituer un critère suffisamment englobant pour amorcer un débat sur l'encadrement de ces technologies.

---

[38] Dictionnaire Larousse, en ligne. Consulté sur : https://www.larousse.fr/dictionnaires/francais/émotion/28829

[39] F. KHALFI. *Reconnaissance automatique des émotions par données multimodales : expressions faciales et des signaux physiologiques.* Thèse. Université Paul Verlaine - Metz, 2010.

[40] https://www.cnil.fr/fr/definition/reconnaissance-faciale

B. LA NÉCESSITÉ D'UN CRITÈRE ENGLOBANT : L'EXPRESSION COMME CRITÈRE DE L'ÉMOTION PAR DÉFAUT

Les développements précédents l'ont démontré : tout l'enjeu consiste à placer le curseur du droit suffisamment précisément pour qu'il parvienne à appréhender l'ensemble de ces technologies, sans pour autant pécher par son inefficacité.

Ainsi faut-il délimiter les contours de ces pratiques pour en faire émerger une définition susceptible de constituer un critère juridique qui serait à la fois efficace et englobant. Dès lors, plusieurs paramètres doivent être pris en considération. En effet, cette pratique consiste, de manière automatisée, dans l'intention de comprendre son état émotionnel, à observer ou à analyser les traits du visage [41] d'une personne physique, que ceux-ci soient en mouvement ou non et qu'ils procèdent de l'activation ou non des muscles du visage.

D'abord, il ne peut s'agir que d'un processus automatisé : c'est bien le caractère automatisé de cette pratique qui donne leur substance aux enjeux qu'elle soulève et c'est à ce titre qu'elle est visée. Autrement dit, il n'est pas question de s'intéresser au comportement humain et naturel qui consiste à vouloir comprendre les émotions de son interlocuteur. Une telle définition serait bien trop large et en tout état de cause inopportune.

Ensuite, ce processus doit être mis en œuvre dans l'intention de comprendre un état émotionnel. En effet, les précédents développements l'ont évoqué : bien qu'elle s'y adjoint parfois, la détection faciale des émotions se distingue de la simple reconnaissance faciale, laquelle se désintéresse des émotions pour s'attacher à sa vocation d'identification et d'authentification des individus.
Pour autant, le parallèle entre ces deux notions est omniprésent : comme la reconnaissance faciale, la détection faciale des émotions suppose d'observer ou d'analyser la physionomie d'une personne physique, laquelle est nécessairement identifiable dans les deux hypothèses.

---

[41] L'analyse des émotions peut également porter sur les expressions vocales, mais ce n'est pas l'objet de la présente contribution.

En tout état de cause, la détection faciale des émotions s'intéresse aux traits du visage humain, que ceux-ci soient en mouvement ou non. Ainsi, elle s'applique aussi bien à un visage statique – analysé grâce à une photographie unique – qu'à un visage en mouvement – analysé grâce à une vidéo ou une suite de photographies. À cet égard, la définition proposée est englobante : elle s'attache à saisir tous les usages éventuels de ces technologies.

Au regard de l'ensemble de ces considérations, il apparaît que le droit, pour appréhender la détection faciale des émotions, devrait s'intéresser aux expressions faciales plus qu'aux émotions considérées isolément, que ces expressions ne communiquent pas nécessairement mais que certains acteurs prétendent analyser par ce biais.

Cependant, l'absence d'expression, n'est-ce pas déjà une émotion ? La voie empruntée pourrait devenir particulièrement glissante, si bien qu'une telle démarche serait sujette à caution, aussi bien d'un point de vue scientifique que juridique.

En effet, pour répondre à cette problématique, la définition proposée devrait privilégier une approche à la fois positive et négative. Ainsi, la détection faciale des émotions consisterait à appréhender tant les expressions que l'absence d'expression. Dès lors, la détection faciale des émotions s'intéresse aux traits du visage, mais elle s'y intéresse peu importe que ceux-ci procèdent de l'activation ou non des muscles du visage.

Droit d'auteur et émotion

Fabrice SIIRIAINEN

La thématique que je [1] vais aujourd'hui vous présenter s'insère dans une réflexion en cours sur le thème plus large « subjectivité et propriété intellectuelle ». Elle ne prétend pas à l'exhaustivité. Il ne s'agit que de réflexions personnelles ouvertes à la discussion.

Dans le droit de la propriété intellectuelle, derrière le discours convenu et répété à l'envie des juristes dit « intellectualistes », figure toute une part d'impensé [2] (qu'on pourrait ranger dans la catégorie des *a priori* qui est chère à mon ami Jean-Sylvestre Bergé). Celle-ci est en réalité parfois assumée, consciente, volontaire car … bien convenante ! Quoi de plus confortable et surtout sécurisant en effet qu'une certitude non questionnable ?

Parmi cet impensé de la propriété intellectuelle, il y a notamment la place de la subjectivité dans le droit de la propriété intellectuelle. L'accès à l'appropriation par le droit de la propriété intellectuelle n'est-il pas empreint de subjectivisme ? Et n'en va-t-il pas de même de l'appréciation de la contrefaçon dans bien des cas ?

C'est dire que, lorsque mon ami Yves Strickler a proposé le thème de l'émotion pour ce colloque, j'ai immédiatement répondu présent, sans pour autant réellement mesurer ce à quoi je m'engageais, n'ayant en réalité jamais pensé à envisager la propriété intellectuelle et plus particulièrement le droit de la propriété littéraire et artistique, réduit ici à sa composante principale qu'est le droit d'auteur (mais il y aurait sûrement beaucoup à dire concernant l'émotion et les artistes-interprètes [3]) sous le prisme précis de l'émotion (qui n'est pas réductible à la subjectivité mais est, il nous semble, une manifestation de la subjectivité).

J'entendrai, au sens de la présente contribution, l'émotion dans un sens particulier (l'on sait que le terme est polysémique), en lien avec le

[1] Le style oral de l'intervention été maintenu.

[2] Au sens de très peu questionné par la doctrine.

[3] L'émotion dans l'interprétation : originalité de celle-ci ?

thème traité : celui du sentiment ressenti devant une œuvre de l'esprit, ou encore celui procuré par une œuvre de l'esprit, ou celui dont procède une œuvre de l'esprit. C'est uniquement dans ce sens restreint (qui est l'un des sens attribués au terme « émotion ») que l'émotion sera envisagée ici.

En réalité je pensais, lorsque j'ai répondu à l'appel à communication pour le présent colloque, me limiter à m'exprimer sur un arrêt assez récent (à l'époque) de la CJUE [4], ayant refusé la protection par le droit d'auteur à la saveur d'un fromage, arrêt qui m'avait laissé assez dubitatif.

Mais, comme parfois lorsque l'on se met sérieusement à penser à un sujet, mes premières intuitions se sont finalement révélées partiellement fausses, à tout le moins insuffisantes ; elles ont été largement dépassées et, à ma grande surprise, aborder le droit d'auteur par le prisme de l'émotion m'a offert de réviser ma perception de certaines notions de celui-ci et ainsi découvrir un volet de l'impensé par la doctrine et la jurisprudence du droit d'auteur qui n'est autre … que l'émotion.

J'ai donc considérablement élargi l'approche de mon sujet.

On me pardonnera, j'espère, de parler ici un peu de moi-même en exergue : parmi les émotions les plus belles dans ma vie il faut ranger celles ressenties à jouer au piano des œuvres de Chopin, Debussy, Szymanowski, Rachmaninov, Scriabine … et de tant et tant d'autres : Mozart Brahms, Schumann, Schubert, Ravel, Evans… Il faudrait en réalité tous les citer si je prends comme référent le fait qu'ils ont provoqué chez moi, à un moment, une grande émotion à déchiffrer ou interpréter leur musique. L'émotion produite par la musique, cet art si abstrait et d'une indicible beauté avec les mots du langage parlé, est incomparable. Sans parler de la littérature, qui m'a formé et accompagné toute ma vie… C'est pour cela que, alors étudiant, j'avais choisi de m'orienter vers le droit de la propriété littéraire et artistique (comme tant d'autres spécialistes de cette discipline je pense…) : connaître le droit protégeant de tels vecteurs ou messagers émotionnels que sont les œuvres de l'esprit. Un droit qui continue de protéger

---

[4] CJUE, gde ch., 13 novembre 2018, aff. C-310/17, *Levola Hengelo BV vs Smilde Foods BV*.

quelque chose de ces personnes que furent ou sont ces compositeurs et qui font aujourd'hui mon bonheur, notre bonheur à beaucoup [5].

Le droit de la propriété littéraire et artistique peut être perçu notamment comme un droit protecteur de l'émotion produite par l'art [6], car les œuvres de l'esprit sont généralement des vecteurs d'émotion et l'objet du droit de la propriété littéraire et artistique est de protéger ces œuvres tout autant que d'inciter à leur création ou exécution.

Or, il semble que le droit d'auteur ait une position ambivalente sur l'émotion : indifférent ici, voire discriminant, il est protecteur là de celle-ci...

Il importe en effet au juge de se montrer indifférent à l'émotion produite par une œuvre pour décider si elle est protégée par le droit d'auteur (I). Pourtant, les juges de la Cour de Luxembourg se sont fondés exclusivement sur l'émotion (au sens retenu dans la présente contribution) pour fonder le rejet de la protection demandée d'une saveur alimentaire : dans ce cas l'émotion n'est pas indifférente, elle est discriminante ! (II) Mais le droit d'auteur, une fois acquis sur une œuvre de l'esprit, permet de protéger l'émotion qu'un auteur a voulu communiquer à travers son œuvre, grâce au droit au respect de l'œuvre qui est une prérogative du droit moral (III).

---

[5] Mais aussi un droit fortement économique… Mais cela, je ne devais le découvrir que plus tard.

[6] Même si tout art n'est pas destiné forcément à produire une émotion. L'art conceptuel par exemple, semble volontairement tourné vers le concept et non pas l'émotion.

I. L'émotion indifférente

Le droit d'auteur dans la conception française dite personnaliste cherche paradoxalement à éviter toute emprise ou influence de l'émotion sur l'accès à la protection d'une création de l'esprit par le droit d'auteur. Il s'agit là en réalité sûrement de préserver (au moins en apparence) une certaine forme d'objectivité dans l'accès à la protection.

Le dispositif légal ne fait ainsi aucune référence à l'émotion pour caractériser une œuvre de l'esprit.
Sera protégée, selon la doctrine et la jurisprudence, toute création intellectuelle perceptible par les sens et qui est originale au sens où elle reflète la personnalité de son créateur ou à tout le moins traduit des choix libres et personnels à celui-ci.

On soulignera au passage que la définition traditionnelle de l'originalité (« empreinte de la personnalité de l'auteur dans son œuvre ») ne fait pas sens en elle-même : comment en effet prétendre connaître la personnalité d'un auteur au point de la reconnaître dans son œuvre ? La référence à la personnalité de l'auteur est alors plus incantatoire que réellement pertinente. Surtout, elle traduit une certaine sacralisation de l'auteur dans son œuvre conforme à la tradition personnaliste.

Lorsque les juges caractérisent l'originalité par l'empreinte de la personnalité de l'auteur, ils ne font aucune référence explicite à l'émotion produite par l'œuvre.

Je n'ai ainsi trouvé qu'une seule référence à l'émotion dans la jurisprudence rendue à propos de l'originalité [7] : dans un litige soumis au Tribunal de grande instance de Nanterre, les juges ont admis l'originalité de photographies en se référant aux critères classiques du choix du sujet, de l'éclairage et du cadrage et de la « singularité » de la mise en scène (ou composition). Au cas particulier, le Tribunal a pensé renforcer sa motivation en invoquant les mérites artistiques de la photographie ainsi que la « reconnaissance publique » qui accueillit les clichés. Le Tribunal évoque alors « *l'empreinte émotionnelle personnelle* » de l'auteur.

---

[7] TGI Nanterre, 10 mars 1993, *Erwitt c/ Sté des Brasseries Kronenbourg,* RIDA 1993, n° 157, p. 343, obs. A. Kerever.

On ne peut s'empêcher de se demander s'il n'existait pas, intuitivement, une part de vérité profonde dans cette motivation des juges du Tribunal de Nanterre lorsqu'ils qualifiaient l'originalité d'« *empreinte émotionnelle personnelle* ».

Il reste qu'il s'agit d'une décision totalement isolée.

L'indifférence du droit d'auteur à l'émotion (au sens, rappelons-le du sentiment éprouvé par le public en présence de l'œuvre, de celui dégagé par l'œuvre et qui est attribué à l'auteur) dans l'accès à la protection tient probablement pour beaucoup au caractère éminemment subjectif de celle-ci (« probablement » car il n'y a, à notre connaissance, aucune réflexion doctrinale spécifique à cette question) ; cette indifférence s'explique également par le fait que certaines œuvres de l'esprit au sens du droit d'auteur ne véhiculent aucun message émotionnel (encore que, pour certaines...) : il s'agit selon l'expression d'André Lucas de la « petite monnaie du droit d'auteur », à savoir les œuvres utilitaires (telles le design, l'architecture, les cartes géographiques etc.), mais aussi les « logiciels » et les bases de données (œuvre a-émotionnelles par excellence).

En toute hypothèse, le dispositif légal semble formellement organiser la neutralisation des émotions (ou de l'absence d'émotion) du juge à l'égard d'une création (pour lui conférer ou lui dénier la protection) au profit d'une approche strictement rationnelle de l'œuvre : seule la forme de cette dernière, qui doit être décrite avec précision et objectivité est prise en compte. Pas son contenu émotionnel, lequel est évidemment relatif.

Cela se traduit dans le dispositif légal avant tout par l'interdiction faite au juge de prendre en compte le mérite [8] lorsqu'il s'interroge sur la possibilité pour une création d'être qualifiée d'œuvre de l'esprit (le juge n'est pas érigé en critique d'art), ce dont il est déduit également l'impossibilité de prendre en compte le caractère immoral d'une œuvre pour l'écarter de la protection (le juge n'est pas plus ici un censeur) [9].

---

[8] Art. L. 112-2 CPI.

[9] La sanction de l'immoralité relève du droit de la censure ou du droit pénal, voire de la responsabilité civile.

À travers le rejet de la prise en compte du mérite de l'auteur par le droit d'auteur, mais aussi bien entendu dans l'indifférence du genre, de la forme d'expression ou de la destination de l'œuvre [10] dans l'accès à la protection (ce qui fait que des créations n'étant destinée à exprimer une quelconque émotion sont protégeables), on peut lire l'exclusion de la prise en compte éventuelle du message émotionnel de l'œuvre par le juge pour décider si une création mérite d'être protégée par le droit d'auteur. C'est bien compréhensif car comme nous l'avons rappelé plus haut, toutes les créations d'un auteur ne sont pas chargées d'émotion. Et quand bien même l'œuvre générerait de l'émotion, celle-ci est personnelle à chacun : celle du juge en réaction à l'œuvre ne peut être érigée en critère légal d'accès à la protection.

On notera toutefois que lorsqu'une œuvre d'art est totalement insusceptible de faire passer un message émotionnel, tel par exemple un tableau monochrome, ou bien un *ready-made*, la protection de celle-ci par le droit d'auteur est discutée (ou carrément déniée) : on dira alors le cas échéant qu'elle n'est pas originale au sens où elle ne s'exprime pas dans une forme traduisant la personnalité de l'auteur. Bien que toute référence à l'émotion soit absente dans cette motivation, il se pourrait ici que ce soit en dernière instance l'absence d'émotion qui soit alors substantiellement (ou inconsciemment) prise en compte, sans le dire bien sûr, pour rendre douteuse la protection par le droit d'auteur...

En revanche, si une création est susceptible de susciter chez son public une émotion, malgré que son auteur ne puisse à l'évidence ressentir une émotion (on pense là spécifiquement à une œuvre réalisée par une intelligence artificielle), ne pourrait-on considérer que celle-ci est accessible à la protection par le droit d'auteur -ce qui pose néanmoins la question de la qualité d'auteur de celle-ci [11] ?
Ce serait alors s'éloigner de la conception personnaliste du droit d'auteur pour passer, peut-être, à une conception de l'œuvre plus tournée vers sa réception par le public (la forme n'est pas celle personnelle à l'auteur mais celle susceptible d'être considérée comme originale par le public parce que suscitant une émotion chez ce dernier).

---

[10] Art. L. 112-2 CPI.

[11] Et un animal, cet être vivant qui est doté selon le Code civil, de sensibilité, ne pourrait-il faire passer une émotion dans une « création » et être assimilé à un auteur ?

On s'aperçoit ainsi que la présence d'une émotion n'est peut-être pas si indifférente que cela dans l'accès à la protection par le droit d'auteur… Mieux même : l'indifférence au message émotionnel procuré par l'œuvre peut laisser la place à une émotion érigée assez explicitement en cause de rejet de la protection : l'émotion est alors discriminante.

II. L'émotion discriminante

Une œuvre dont la forme ne relève que de l'émotion (au sens où nous l'entendons ici) n'est pas protégeable par le droit d'auteur. C'est ce que dit en substance l'arrêt de la grande chambre de la CJUE en date du 13 novembre 2018 [12] : dans cette affaire, une société fabriquant aux Pays-bas un fromage dénommé Heksenkaas (fromage à tartiner à la crème fraîche et aux fines herbes) se plaignait de ce qu'un autre fromage dénommé Witte Wievenkaas, fabriqué par une autre entreprise, contrefaisait le goût du Heksenkaas. Autrement dit, le premier fromage, dont le goût serait protégé selon le requérant par un droit d'auteur, était contrefait par un autre fromage.
La CJUE va cependant dénier toute protection par le droit d'auteur à la saveur d'un produit alimentaire :
« 41. En effet, d'une part, les autorités chargées de veiller à la protection des droits exclusifs inhérents au droit d'auteur doivent pouvoir connaître avec clarté et précision les objets ainsi protégés. Il en va de même des particuliers, notamment des opérateurs économiques, qui doivent pouvoir identifier avec clarté et précision les objets protégés au profit de tiers, notamment de concurrents. D'autre part, la nécessité d'écarter tout élément de subjectivité, nuisible à la sécurité juridique, dans le processus d'identification de l'objet protégé implique que ce dernier puisse faire l'objet d'une expression précise et objective.
42. Or, la possibilité d'une identification précise et objective fait défaut en ce qui concerne la saveur d'un produit alimentaire. En effet, à la différence, par exemple, d'une œuvre littéraire, picturale, cinématographique ou musicale, qui est une expression précise et objective, l'identification de la saveur d'un produit alimentaire repose essentiellement sur des sensations et des expériences gustatives qui sont subjectives et variables puisqu'elles dépendent, notamment, de facteurs liés à la personne qui goûte le produit concerné, tels que son âge, ses

[12] CJUE, gde ch., 13 novembre 2018, aff. C-310/17, précitée.

préférences alimentaires et ses habitudes de consommation, ainsi que de l'environnement ou du contexte dans lequel ce produit est goûté.
43. En outre, une identification précise et objective de la saveur d'un produit alimentaire, qui permette de la distinguer de la saveur d'autres produits de même nature, n'est pas possible par des moyens techniques en l'état actuel du développement scientifique » [13].
La forme gustative semble ainsi réduite à l'émotion produite par le goût, laquelle n'est pas identifiable avec précision d'une part, et varie d'une personne à l'autre, d'autre part.

La Cour de cassation française a une attitude similaire à l'égard de la forme olfactive, lorsqu'elle rejette la protection par le droit d'auteur des fragrances : la chambre commerciale de la Cour de cassation dans un arrêt du 10 décembre 2013[14] leur dénie toute protection au motif que la forme sensible d'une fragrance n'est pas identifiable dans une forme sensible avec une précision suffisante pour permettre sa communication.

Les sens dits mécaniques (vue, ouïe, toucher) sont ainsi mieux pris en compte par le droit d'auteur que les sens qualifiés de chimiques (goût et odorat) assimilés en quelque sorte à une pure émotion (au sens retenu par nous), laquelle apparaît insuffisamment saisissable avec précision et objectivité.

La forme réduite à une émotion (au sens retenu par nous) est ainsi rejetée de la protection … parce qu'elle n'est pas une forme au sens du droit de la propriété littéraire et artistique.

Cela ne laisse pas de nous interroger.

---

[13] *Idem.*
[14] Cass. com, 10 déc. 2013, n° 11-19872 : « *Mais attendu que le droit d'auteur ne protège les créations dans leur forme sensible, qu'autant que celle-ci est identifiable avec une précision suffisante pour permettre sa communication ; que la fragrance d'un parfum, qui, hors son procédé d'élaboration, lequel n'est pas lui-même une œuvre de l'esprit, ne revêt pas une forme présentant cette caractéristique, ne peut dès lors bénéficier de la protection par le droit d'auteur ; que le moyen n'est pas fondé* ».

La perception du goût et de l'odorat ne sont-elles qu'émotion -donc sans forme identifiable avec précision- alors que la perception auditive, visuelle ou tactile permettraient objectivement d'identifier une forme avec une certaine précision ?

Sur quoi se fonde « scientifiquement » une telle différence de traitement (énoncée au point 42 de la décision de la CJUE) qui a des répercussions importantes du point de vue juridique ?

N'est-ce pas un pur « *a priori* » qu'il conviendrait peut-être de questionner ?

L'autre argument, celui consistant à dire à qu' « *une identification précise et objective de la saveur d'un produit alimentaire, qui permette de la distinguer de la saveur d'autres produits de même nature, n'est pas possible par des moyens techniques en l'état actuel du développement scientifique* » semble à première vue irréfutable. Il en va de même des fragrances. Mais depuis quand le juge, lorsqu'il établit l'originalité d'une œuvre (un dessin, une musique, un fauteuil, une sculpture etc…) ou compare deux œuvres, recourt-il à des « moyens techniques » ? Tout au plus le recours à un expert peut s'avérer nécessaire concernant certaines œuvres (les logiciels). N'est-il pas possible ici aussi (saveurs) de recourir à un expert pour comparer deux saveurs ou deux odeurs ?

Certes, en cas de contrefaçon prétendue de deux saveurs (comme de deux odeurs), il conviendrait de les comparer, ce qui ne serait pas simple mais semble rester du domaine du possible.

En définitive, la saveur ou l'odeur ne s'offrent-t-elles pas à nous comme s'offre une peinture, une sculpture, une musique, un texte, etc. ? C'est-à-dire par une perception sensorielle conduisant à produire le cas échéant chez nous une émotion.

C'est donc semble-t-il plus notre incapacité à exprimer avec des mots d'une manière précise et objective le contenu d'une saveur ou d'une odeur (qui est de l'ordre du ressenti, voire de l'émotionnel) que l'aspect subjectif de sa perception qui écarte celle-ci de la protection par le droit d'auteur.

Mais n'existe-t-il pas une autre raison, plus substantielle, justifiant un rejet des saveurs de la protection par le droit d'auteur ? En effet, peut-on imaginer l'appropriation par le droit d'auteur d'éléments (saveurs ou senteurs) liés directement à l'alimentation ? L'art culinaire, issu de traditions, et indispensable à l'alimentation ne doit-il pas rester en dehors de la sphère des droits exclusifs, comme une sorte de patrimoine commun ?

Nous le pensons. Mais il convient de rappeler que le dispositif légal [15] ne pose aucune exclusion spécifique à l'alimentation. Les causes de l'exclusion dans le droit positif doivent donc s'entendre de celles posées par la jurisprudence et qui sont en lien avec le caractère émotionnel de la forme dont la protection est recherchée.

En définitive, il semblerait que l'émotion (au sens retenu ici), si elle semble indifférente dans l'accès à la protection par le droit d'auteur, joue en réalité parfois un rôle (positif ou négatif) dans celle-ci, malgré sa tentative de neutralisation par le dispositif légal.

Une fois la protection acquise, l'émotion reprend en quelque sorte ses droits et … se voit protégée comme nous allons maintenant l'expliquer.

III. L'émotion protégée

Nous allons envisager de quelle manière particulière le droit d'auteur protège le message émotionnel d'une œuvre de l'esprit (une fois celle-ci admise à la protection).

Il sera ici question du « droit moral » qui a pour objet de protéger moralement l'auteur à travers son œuvre et plus particulièrement du droit au respect de l'œuvre qui protège celle-ci contre toute atteinte à son intégrité ou son esprit [16].

À travers la prérogative du droit moral appelée « droit au respect », toute modification physique, matérielle, de l'œuvre (de son apparence) ou tout changement de contexte ou dénaturation du message de celle-ci (de son « esprit ») par une personne autre que l'auteur et sans le

[15] Art. L. 112-2 CPI.
[16] Art. L. 121-1 CPI.

consentement de celui-ci est sanctionnable. C'est donc bien selon nous le message, notamment et particulièrement émotionnel, conféré par l'auteur à son œuvre qui est alors protégé contre ce qui est susceptible de l'altérer ou de le dénaturer.

Il est frappant de constater que pour les œuvres ne véhiculant aucun message émotionnel (ou qu'un très faible) le droit au respect de l'œuvre est quasiment inutile et le législateur n'hésite alors pas à le réduire (c'est le cas pour les logiciels [17]) ; et la jurisprudence fait de même concernant certaines œuvres utilitaires ou publicitaires.

La particularité est, en droit français, que la seule émotion prise en compte ici est celle de l'auteur (l'auteur est ainsi seul juge de l'atteinte à l'œuvre par dénaturation -à travers son intégrité ou son esprit-) et le juge doit s'y ranger : il y a en principe une soumission totale du juge au sentiment de l'auteur quant à l'altération du message émotionnel de son œuvre [18]. L'auteur est seul gardien d'un message émotionnel sanctuarisé dans son œuvre (au point que certains y voient un droit discrétionnaire et absolu, insusceptible d'abus par l'auteur).
Cela vient de la conception dite personnaliste dans laquelle le droit d'auteur français a été inscrit par la doctrine, particulièrement depuis la loi de 1957 : l'œuvre est assimilée à son auteur et le droit d'auteur protège l'un (l'auteur) à travers l'autre (l'œuvre). La thèse personnaliste justifie parfaitement une telle conception du droit moral lorsqu'on envisage l'œuvre de l'esprit sous le prisme de l'émotion. Tout se passe en effet, selon cette conception, comme si l'émotion produite par l'œuvre était celle de l'auteur (et ne provient donc pas du public qui la reçoit). Par exemple le fait pour un producteur de coloriser un film tourné en noir et blanc est susceptible de porter atteinte au message émotionnel que l'auteur a souhaité faire passer : l'auteur est donc fondé à s'opposer à cette colorisation en invoquant son droit moral. Qu'importe si la version colorisée peut être le cas échant préférée par le public ou à tout le moins si la perception de l'œuvre peut ne pas être altérée chez certains (comme elle peut d'ailleurs effectivement l'être pour d'autres)... Seule compte l'opinion de l'auteur.

---

[17] Art. L. 121-7 CPI.

[18] En pratique, les juges s'arrogent un certain pouvoir d'appréciation tout simplement pour éviter des abus.

La thèse personnaliste ne prend ainsi pas en compte l'émotion du destinataire de l'œuvre alors que nous ne réagissons pas tous de manière identique émotionnellement à une œuvre (on retrouve là l'argument ayant conduit à l'absence de prise en compte du mérite par le juge dans l'accès à la protection).

D'autres systèmes juridiques (notamment dans certains pays dits de tradition de copyright) tiennent compte du point de vue du destinataire de l'œuvre dans l'appréciation d'une éventuelle atteinte au droit moral : le public a-t-il été trompé [19] ? La modification est-elle de nature à porter atteinte à l'honneur ou à la considération de l'auteur aux yeux du public ?
La solution française, centrant la protection du droit moral sur la volonté de l'auteur et non pas la perception par le public de l'œuvre, est logique et cohérente : en assimilant œuvre et auteur (« Madame Bovary, c'est moi » de Flaubert), émotions de l'auteur et émotions véhiculées par l'œuvre, elle remet la protection de ces émotions dans l'œuvre uniquement dans les mains de l'auteur, seul juge de celles-ci, en faisant en quelque sorte fî de celles du public.

Pour autant, il pourrait en aller différemment en envisageant la question par le prisme de l'émotion : l'émotion suscitée par une œuvre provient, semble-t-il, pour partie de l'auteur (émetteur d'émotion) mais aussi pour partie du public (récepteur d'émotion). Une œuvre peut être incomprise par le public, ou bien mal comprise -par rapport à la volonté créatrice de l'auteur ; elle peut aussi tout simplement être perçue diversement par le public : chacun éprouvera sa propre émotion devant l'œuvre. C'est pourquoi remettre l'appréciation d'une atteinte au droit moral au seul auteur est un choix de politique juridique, un choix philosophique aussi, mais n'est qu'un choix.

En définitive, la prise en compte de l'émotion par le droit d'auteur est ambivalente mais elle existe ! Le prisme de l'émotion nous éclaire d'un jour particulier (peut-être neuf, peut-être pas…) notre droit d'auteur. Il pourrait s'agir d'une fertile grille de (re)lecture et de compréhension de certains ressorts profonds du droit d'auteur.

---

[19] Cf. notamment, B. Edelman, « Entre copyright et droit d'auteur : l'intégrité de l'œuvre de l'esprit », D. 1990, chr., p. 295 et s.

Émotion et droit de l'entreprise en difficulté

Eva MOUIAL BASSILANA

Omniprésence des émotions. C'est d'émotion que César Birotteau, figure balzacienne emblématique du commerçant failli, meurt à la fin du roman [20]. Non pas d'être en faillite, non. Mais d'avoir réussi sa réintégration judiciaire, sociale, en réglant chacun de ses créanciers. Le sens de l'honneur, la probité auront eu raison du pauvre parfumeur [21]. Cette évocation romanesque résume bien la thématique ici évoquée : « Émotion et droit de l'entreprise en difficulté ». La rencontre n'est pas que fortuite. Au contraire, l'émotion est partout dans cette matière réputée aride et technique [22]. Émotion perçue, ressentie (honte, colère, injustice, tristesse, désespoir…) mais également émotion interprétée (par le juge, l'avocat, le mandataire) et orientant les comportements (ex. : conciliateur).

Rationalité du droit et émotions. Certes, on sait qu'il est classiquement enseigné que le droit est rationalité, objectivité, et que, par hypothèse, l'émotion n'y a pas sa place. Le juriste est habitué aux fictions, au raisonnement absolu. La représentation symbolique la plus courante en Occident n'est-elle pas celle d'une justice aux yeux bandés ? Néanmoins, les nuances se matérialisent et commencent à intéresser les juristes [23].

---

[20] H. de Balzac, *César Birotteau*, 1966, La Pléiade. V. Y. Guyon, *Une faillite au XIXe siècle selon le roman de Balzac, « César Birotteau », in* Mél. Jauffret, 1974, Aix, p. 377 et s.

[21] F. Sylvos, *Histoire de la grandeur et de la décadence de César Birotteau, marchand parfumeur, adjoint au maire du deuxième arrondissement de Paris, chevalier de la légion d'honneur, etc.* http://www.v1.paris.fr/commun/v2asp/musees/balzac/furne/notices/cesar_birotteau.htm : « Mais terrassé par tant d'émotion, il meurt au jour de son triomphe. Cependant la probité de Birotteau est également l'agent de sa mort anticipée : il s'est tué à rembourser tous ses créanciers alors que ce n'est pas l'usage. *César Birotteau*, c'est d'après Balzac la « bêtise de la vertu ».

[22] Comp. le propos plus général émis par A. Papaux, *Un droit sans émotions. Iram non novit jus : esquisse des rapports entre sciences et droit*, Rev. Eur. Sc. Soc. 2009, p. 105 et s., spéc. p. 105 : « L'émotionnel ne se plaide guère en droit commercial ».

[23] V. notamment le cycle de séminaires Droit et émotions (nov. 2020-) organisé par l'IRJ de la Sorbonne, https://irjs.pantheonsorbonne.fr/evenements/seminaire-droit-et-emotion

Le droit pénal a permis régulièrement de contredire l'affirmation et, dans un autre registre, la procédure collective peut être envisagée comme organisée autour des émotions des différents acteurs. La mise à distance est réalisée à travers des formalités construites et organisées. Il est ainsi, par exemple, de la déclaration des créances pour les créanciers, qui traduit le caractère collectif de la procédure et symbolise comme un contournement du processus émotionnel entre le créancier, réclamant son dû, et le débiteur en difficulté. Des intermédiaires permettent l'évitement du conflit : mandataire, administrateur, juge-commissaire, conciliateur.
En outre, le vocabulaire est régulièrement adouci, au fil des réformes législatives, comme pour apaiser les émotions. La « faillite » a depuis longtemps cédé la place aux « restructurations » et autres « droit au rebond ».

La persistance du ressenti de la « faillite ». Pourtant, le droit n'y peut rien, l'émotion demeure face à la faillite d'une entreprise. C'est l'échec d'un(e), qui souvent retentit sur plusieurs (créanciers, fournisseurs, clients, salariés). C'est la fin d'une époque, d'un territoire entier. La faillite partage avec la mort l'idée de fin.
Le droit de l'entreprise en difficulté a bien évolué de ce point de vue, passant d'une éviction complète de l'émotion à une prise en considération. Il n'est aujourd'hui plus aberrant de parler de l'émotion du chef d'entreprise, de son mal-être accompagnant la liquidation judiciaire. De la banqueroute [24] à la justice thérapeutique, le droit français régissant les entreprises en difficulté a changé de visage. Il n'est toutefois pas certain que cela soit « passé dans les artères » de tous les chefs d'entreprise [25] qui continuent pour la majorité à vivre la procédure collective comme un échec personnel [26].

---

[24] Pour rappel, le failli pouvait écoper de trente ans de travaux forcés pour banqueroute frauduleuse sous l'empire du Code de commerce de 1807.
[25] Expression de F. Terré, *Études de psychologie juridique - Annales de l'université de Poitiers (1949)*, JCP G 2015, doc. 1407 selon lequel : « Les règles de droit issues de la société, les coutumes, les lois ont nécessairement un reflet dans l'individu. Le droit de notre pays passe dans nos artères, dans nos muscles, dans notre esprit. Nous sommes ce que nous ont faits les coutumes séculaires, ce que nous fait aussi le dressage de lois plus passagères. Le droit modèle l'homme ; il le déforme, à l'occasion. Ainsi, se crée un homme juridique, bien différent de l'homme naturel ».
[26] V. sur cette question, C. Magras Vergez, *La constance des stigmates de la faillite*, th. LGDJ, 2019.

Covid-19. Le contexte sanitaire lié à la pandémie de Covid-19 qui sévit depuis janvier 2020 dans le monde entier a mis encore davantage en lumière les difficultés des entreprises. Certains secteurs touchés par les fermetures administratives (confinement, couvre-feu, interdictions d'ouverture) ont suscité l'émotion de l'opinion publique et, par contrepoint, ont provoqué des réponses spectaculaires [27] de la part des pouvoirs publics.

Plan. Les émotions sont omniprésentes dans les procédures collectives, dans la construction du droit comme dans la personne qui y est soumise. Longtemps occultées, ces émotions semblent aujourd'hui perçues et, d'une certaine manière, combattues par les différents acteurs. Aux émotions de la faillite (I), il semble qu'il faille également envisager la faillite des émotions (II).

I. Les émotions de la faillite

Pluralité d'émotions. – Si la faillite d'un concurrent peut générer de la joie chez certains, c'est surtout d'émotions négatives qu'il va s'agir lorsqu'une entreprise est l'objet d'une procédure collective. Injustice, colère, honte, outrage, abandon, perte, souffrance, sont autant d'émotions ressenties dans le cadre d'une faillite.
Celles du chef d'entreprise bien sûr, mais aussi celles de ses créanciers, et surtout des salariés de l'entreprise pour qui liquidation rime avec licenciement, chômage, précarisation. Le droit de la faillite peut être qualifié de structurellement émotionnel (A), en ce que ses évolutions sont souvent des réactions à des émotions ressenties. Plus singulier encore, il donne à voir une construction mutuelle par une sorte d'encadrement du processus émotionnel du failli (B).

A. LE PROCESSUS ÉMOTIONNEL DU DROIT DE LA FAILLITE

L'émotion, source de droit. – C'est un lieu commun de constater que nombre de lois relatives au droit de l'entreprise en difficulté ont été adoptées sous le coup de l'émotion. Ainsi de la loi n° 2014-384 du 29 mars 2014 dite *Florange* qui oblige les grandes entreprises souhaitant fermer un établissement et procéder à un licenciement collectif d'en informer les salariés et de chercher un repreneur. La

[27] F.-X. Lucas, *Traitement de choc pour le droit de la faillite*, LEDEN juin 2020, p. 1.

récente liquidation de *Bridgeston* ayant défrayé la chronique avec l'annonce de la fermeture de son site de Béthune (863 salariés) a ravivé les vieux réflexes : le législateur a évoqué un « renforcement de la loi Florange ».

Déjà, le Code de commerce de 1807 est connu pour sa partie relative à la faillite adoptée dans l'urgence après plusieurs scandales financiers et de nombreuses banqueroutes. La volonté de moraliser le commerce affichée par Napoléon est restée dans les mémoires et l'on perçoit déjà la pression de l'opinion publique de l'époque et, donc, de l'émotionnel. Les pouvoirs publics, et particulièrement le législateur, sont forcément guidés par l'émotion, tant l'entreprise cristallise l'interaction humaine. Les salariés sont en première ligne mais également les partenaires, d'autres entreprises, d'autres emplois. Rien n'est anodin dans ces situations. On se souvient de la loi du 10 juin 1994 venant modifier la loi *Badinter* du 25 janvier 1985 sous la pression des banques, courroucées du « sacrifice » de leurs droits organisé par ladite loi de 1985, notamment en tant que titulaires de sûretés réelles. Cette même loi *Badinter* qui avait tenté de répondre à l'apparition du chômage de masse lié aux premiers chocs pétroliers et avait voulu « sauver » l'entreprise à tout prix.

Enfin, les textes « Covid » pris depuis le printemps 2020 [28] illustrent la réaction d'un législateur en proie à une crise économique inédite liée à la gestion de la crise sanitaire. Ces textes ont été pris dans l'urgence et visent à simplifier, accélérer, protéger les entreprises. Les mécanismes de prévention (conciliation) ont été renforcés, la cristallisation de l'état de cessation des paiements du 12 mars au 24 août [29] a permis à certaines entreprises de temporiser, le prêt garanti par l'Etat a permis à d'autres de réorganiser leur trésorerie. L'occasion a également été saisie de rendre l'effacement des dettes professionnelles accessibles à l'entrepreneur personne physique en surendettement [30].

---

[28] E. Mouial Bassilana, *Entreprises en difficulté en temps de Covid-19*, BJS fév. 2021, édito, p. 1. Sur l'ord. du 20 mai 2020 plus particulièrement, v. le dossier (sous la dir. de M.-H. Monsèrié-Bon) *in* BJE juill. 2020, n° 117y3, p. 71.

[29] Ord. n° 2020-341 du 27 mars 2020.

[30] Loi n° 2020-734 du 17 juin 2020 relative à diverses dispositions liées à la crise sanitaire, à d'autres mesures urgentes ainsi qu'au retrait du Royaume-Uni de l'Union européenne, publiée au Journal officiel du 18 juin 2020 ayant modifié les articles L. 741-2 et L. 742-22 du Code de la consommation. V. sur ce point F. Macorig-Venier, *Le traitement des dettes professionnelles des débiteurs surendettés après la loi du 17 juin 2020 : du progrès, mais peut mieux faire*, *BJE* sept. 2020, p. 48.

B. LE PROCESSUS ÉMOTIONNEL DU FAILLI

Construction mutuelle. – Le terme de « faillite » vient du latin *fallere* signifiant tromper. L'idée de malhonnêteté du commerçant puis, plus largement, du chef d'entreprise ayant failli reste très ancrée, encore aujourd'hui en droit français, malgré les législations successives tendant à dédramatiser et à faire du droit de « l'entreprise en difficulté ». Le bonnet vert et le pilori sont toujours en filigrane dans les mentalités [31]. La honte l'emporte encore souvent sur le désir de prévenir les difficultés et, de manière générale, une autre grille de lecture de la procédure collective, d'ordre psychologique, peut être envisagée, qui révèle diverses phases émotionnelles possibles, lesquelles viennent expliquer les difficultés juridiques ensuite rencontrées. Comment le droit de l'entreprise en difficulté appréhende-t-il les émotions et comment les secondes influencent-elles la mise en œuvre du premier ?

Espoir et/ou déni. – Il peut d'abord être observé une attitude de déni largement partagée par les débiteurs, c'est-à-dire ce qui est généralement défini en psychologie comme une stratégie inconsciente de gestion émotionnelle aboutissant au refus de reconnaître et d'accepter la réalité d'une perception traumatisante. Plus positivement, on parlera de l'espoir animant tout entrepreneur. La figure du chef d'entreprise qui se persuade de « lendemains qui chantent » et refuse de voir que la situation de son activité se dégrade est bien connue des spécialistes de droit des entreprises en difficulté. Cet espoir ou déni a des conséquences très concrètes, telles que le retard dans le dépôt de bilan, l'absence d'anticipation des difficultés. Le Code de commerce réprimande en quelque sorte cette gestion émotionnelle ; par exemple avec son article L. 653-3, I par lequel le tribunal peut sanctionner par la faillite personnelle le débiteur pour « avoir poursuivi abusivement une exploitation déficitaire qui ne pouvait conduire qu'à la cessation des paiements ». L'usage de l'adverbe « abusivement » révèle que le législateur a bien conscience que le choix entre l'optimisme inhérent à tout esprit d'entreprise et l'entêtement coupable n'est pas évident.

---

[31] Sur les sanctions de l'ancien droit, v. E. Mouial Bassilana, *1807-2007, De la faillite à la sauvegarde*, Journal des sociétés fév. 2007, p. 30 et s.

Seul l'abus dans la poursuite est alors envisagé et donnera lieu à une appréciation forcément casuistique par le tribunal [32].

Colère et dépression. – Ensuite, les émotions négatives que sont la colère ou la dépression peuvent expliquer certains comportements du débiteur en difficulté. On songe aux fautes de gestion qui, lorsqu'elles sont intentionnelles, peuvent parfois trouver leur source dans ces états émotionnels. Colère contre l'administration fiscale, l'Urssaf et autres créanciers, qui peuvent aboutir à des non-paiements, ou plus généralement à des fautes de gestion.
Dans certains cas, dans le cadre d'une liquidation judiciaire, une action en responsabilité pour insuffisance d'actif pourra venir sanctionner pareille attitude, sur le fondement de l'article L. 652-1 du Code de commerce. L'observation de la jurisprudence peut aisément se faire à travers la grille de lecture émotionnelle précédemment évoquée. Pour la dépression et ses symptômes (léthargie, passivité, renoncement, etc.), on notera le défaut d'activité ou de diligence à la tête de la société [33] ; une surveillance insuffisante [34], une comptabilité absente ou irrégulière qui ne permet pas d'apprécier la réalité économique de l'entreprise [35] ou encore l'absence de déclaration de cessation des paiements [36]. Ce dernier comportement n'est pas intrinsèquement fautif. Des distinctions sont à faire selon qu'il y ait mauvaise foi, simple négligence, voire, volonté de redresser la situation. A cet égard, la Cour de cassation a rendu récemment un arrêt important en approuvant l'absence de responsabilité pour insuffisance d'actif d'un dirigeant n'ayant pas déclaré la cessation des paiements pendant quinze mois mais qui avait tout tenté pour sauver l'entreprise [37].

---

[32] A. Cerf-Hollender, *Sanctions professionnelles – Faillite personnelle et autres mesures d'interdiction*, J.-Cl. Procédures collectives, fasc. 2910. E. Mouial Bassilana, Rép. Com. Dalloz, v° *Entreprise en difficulté – Responsabilités et sanctions*, n° 181.

[33] Cass. com. 31 janv. 1995, Bull. civ. IV, n° 29, RTD com. 1996. 543, obs. J.-Ph. Haëhl, pour le non-respect des obligations légales de tenue d'assemblées générales et d'établissement des comptes. Cass. com. 16 oct. 2001, RJDA 3/2002, n° 288, pour l'absence de libération du capital compte tenu de la situation de la société.

[34] Cass. com. 31 janv. 1995, n° 92-21548, BJS avril 1995, n° 109, p. 341, note A. Couret.

[35] CA Paris, 25 oct. 2002, RJDA 2/2003, n° 172.

[36] Au sein d'une jurisprudence abondante, v. par ex., Cass. Com. 8 déc. 1998, n° 94-22055 ; RTD com. 1999, p. 983, obs. C. Mascala.

[37] Cass. com. 3 fév. 2021, n° 19-20.004, F-PB, BJS avril 2021, à paraître, note E. Mouial Bassilana.

Pour la colère, la jurisprudence a par exemple relevé une gestion imprudente [38] ; des dépenses inconsidérées malgré l'endettement de la société [39] ; ou encore des manœuvres pour transférer les risques financiers des autres sociétés du groupe à la société soumise à la procédure collective sans aucune contrepartie [40].

Négociation et acceptation. – Des émotions plus positives peuvent également être envisagées comme explicatives de comportements du débiteur, désireux de régler ses difficultés. L'importance des émotions lors des négociations est bien connue des conciliateurs dans le cadre de l'entreprise en difficulté (article L. 611-4 et s. du code de commerce) et des médiateurs en général. Si les sciences de gestion s'intéressent de près à la question [41], en revanche, elle est éloignée des préoccupations du juriste. Pourtant, les praticiens du droit sont confrontés quotidiennement à cette gestion émotionnelle, à ces biais cognitifs et affectifs [42], et la réussite de leur mission tient souvent tant à leurs qualités humaines qu'à leurs qualités de juristes. La signature de nombreux actes juridiques est conditionnée par ces émotions. L'intégration de leur gestion lors de la formation des praticiens semble devoir être renforcée car elle n'est bien souvent réalisée que sur le terrain, sans que les facultés ou les écoles n'y aient suffisamment contribué. Une approche praxéologique des émotions, c'est-à-dire leur appréhension par les praticiens du droit en tant qu'accomplissements pratiques fournirait des pistes intéressantes [43].

En outre, l'acceptation par le débiteur est fondamentale pour la réussite d'une procédure collective, notamment de sauvegarde ou de

---

[38] Cass. com. 19 mars 1996, RJDA 7/1996, n° 976, pour le choix d'investissements inadaptés ou excessifs compte tenu des possibilités de financement.

[39] Cass. Com. 8 oct. 2003, n° 00-20070.

[40] Cass. com. 27 juin 2006, n° 05-11690 ; JCP E 2007, 1117, note Ch. Delattre.

[41] V. par ex. B. Deschamps et T. Lamarque, *Les émotions du repreneur lors des négociations de transfert externe d'entreprise*, *Finance Contrôle Stratégie*, 23-3, 2020. L. Bobot, *L'intelligence émotionnelle est-elle un atout dans la négociation commerciale ?*, Management et Avenir 2010, n° 31, p. 407 et s. https://journals.openedition.org/fcs/6117?lang=fr

[42] B. Deschamps et S. Geindre, *Les effets perturbateurs des biais cognitifs et affectifs dans le processus de décision de reprendre une PME*, Management et Avenir 2011, n° 47, p. 15 et s.

[43] J. Colemans, *Ce que les émotions font faire aux professionnels du droit : jalons pour une approche praxéologique des expressions émotionnelles dans la sphère judiciaire*, SSI 2015, vol. 54, p. 525 et s.

redressement. En effet, plus vite le débiteur accepte sa situation et le fait qu'il ne peut surmonter ses difficultés [44], plus le sauvetage de son entreprise sera réalisable. C'est tout l'esprit animant la mise en place en 2005 de la procédure de sauvegarde pour le débiteur qui n'est pas encore en cessation des paiements.

II. La faillite des émotions

Lutte contre les émotions. – Le droit de l'entreprise en difficulté semble amorcer ces derniers temps un mouvement de prise en compte, voire de lutte contre l'émotion. Cela passe d'une part, depuis quelques années, par la reconnaissance « officielle » de la souffrance du chef d'entreprise (A) ; d'autre part, par la mise en place d'un système de prédiction des difficultés dénué de toute émotion (B).

A. LES ÉMOTIONS INTÉGRÉES AUX DIFFICULTÉS : L'ACCOMPAGNEMENT PSYCHOLOGIQUE DU CHEF D'ENTREPRISE

Souffrance du chef d'entreprise. – Le « burn-out » du chef d'entreprise suscite moins d'émotion dans l'opinion publique que celui du salarié, alors on en parle moins, voire pas du tout [45]. Le nombre de suicides de chefs d'entreprise est pourtant élevé, tout comme celui des dépressions lourdes. Ces situations dramatiques risquent fort d'augmenter avec la déferlante redoutées de faillites à venir [46].

---

[44] Critère de l'ouverture d'une sauvegarde énoncé par l'article L. 620-1, al. 1 du Code de commerce : « Il est institué une procédure de sauvegarde ouverte sur demande d'un débiteur mentionné à l'article L. 620-2 qui, sans être en cessation des paiements, justifie de difficultés qu'il n'est pas en mesure de surmonter. Cette procédure est destinée à faciliter la réorganisation de l'entreprise afin de permettre la poursuite de l'activité économique, le maintien de l'emploi et l'apurement du passif. »

[45] V. toutefois P. Froelich, *Sort du débiteur personne physique – Vivre en procédure collective. Rémunérations, subsides, activité salariée, in* Personnes physiques et procédures collectives, Rev. proc. coll. janv. 2013, dossier 4, p. 63. C. Delattre, *La souffrance du chef d'entreprise face à la défaillance de son entreprise*, BJE juil. 2015, p. 201. B. BAUJET et *alii*, *La souffrance morale des entrepreneurs*, Cah. dr. ent. mars 2016, entretien 2. E. Mouial Bassilana, Rép. Dr. Com., *v° Entreprise en difficulté – Avant-propos*, Dalloz, n° 61.

[46] V. l'interview sur ce point de B. Brunis, président du Medef 93+94, *« Il faut tout faire pour éviter la vague de suicides »*, Petites Affiches, 26 janv. 2021, p. 3 : « C'est un fait que les patrons n'acceptent que très rarement de parler de leurs difficultés. Leur lot, c'est la solitude. Mais entre les grèves, les Gilets jaunes, le Covid, ils ont

En 2013, un greffier de tribunal de commerce et un psychologue clinicien ont créé le dispositif APESA (Aide psychologique aux entrepreneurs en souffrance aigue) [47] présenté aux entretiens de la sauvegarde dès 2016 [48]. Par le biais de réseaux locaux de praticiens, tout chef d'entreprise en difficulté qui en éprouve le besoin pourra bénéficier d'une prise en charge psychologique, rapide, gratuite et confidentielle par des psychologues spécialisés dans l'écoute et le traitement de la souffrance morale des entrepreneurs. À ce jour, plus de 60 juridictions ont adhéré à ce dispositif. Afin de le déployer encore davantage, une charte a été élaborée au Tribunal de commerce de Saintes. Chaque juridiction qui souhaite déployer le dispositif doit respecter des principes énoncés dans la charte. Ils concernent, notamment la formation des professionnels, la confidentialité ou encore la gratuité des accompagnements proposés [49].

Système de « sentinelles ». – Des praticiens en lien avec les chefs d'entreprise (associations, incubateurs, chambres des métiers et de l'artisanat (CMA), avocats, experts-comptables, mandataires-judiciaires) déclenchent l'alerte avec l'accord du débiteur, auprès d'un réseau de psychologues formés aux bases du droit de l'entreprise en difficulté. Cette interaction entre droit et psychologie est cruciale. Elle répond à un véritable besoin exprimé par les chefs d'entreprise eux-mêmes. Ainsi, la Banque de France a conclu une convention de partenariat avec APESA afin que les correspondants TPE départementaux puissent faire connaitre le dispositif aux dirigeants d'entreprises et les orienter vers des spécialistes [50]. De même les initiatives se développent, de plateformes d'écoute, d'accueil des chefs d'entreprise, qui mêlent conseils juridiques et accompagnement psychologique [51].

évolué dans un contexte plus que difficile ces dernières années. Ces entrepreneurs en souffrance seront, sans aucun doute, l'une des grosses problématiques de 2021. »

[47] V. le site www.apesa-france.com. *Adde,* M. Binnié, *« La justice n'est plus désormais le lieu du non-lieu de l'être »*, BJE mai 2018, p. 176.

[48] 11e édition des Entretiens de la sauvegarde, lundi 25 janvier 2016.

[49] https://www.apesa-france.com/charte-apesa/

[50] *Une convention entre la Banque de France et Apesa France*, Rev. proc. coll. Janv. 2017, alerte 11.

[51] V. par ex. le Centre d'information sur la prévention des difficultés des entreprises (CIP 92) inauguré en octobre 2017 et présidé par un juge honoraire du tribunal de commerce de Nanterre : *Les Hauts-de-Seine inaugurent leur Centre d'information sur la prévention des difficultés des entreprises*, BJE nov. 2017, p. 395.

Savoir repérer le chef d'entreprise submergé par des émotions négatives devient une compétence nécessaire pour les praticiens du droit. Il est nécessaire de s'intéresser aux émotions qui jusque-là, pensait-on, ne relevaient certainement pas du droit et des juristes. L'université pourrait à son échelle contribuer à cette évolution par l'intégration d'heures de cours dans les formations qui seraient dédiées à cette sensibilisation à la dimension émotionnelle des procédures collectives.

B. LES ÉMOTIONS DÉCONNECTÉES DES DIFFICULTÉS : LE RECOURS À L'INTELLIGENCE ARTIFICIELLE

Le recours à l'algorithme ou la mise à l'écart de l'émotion. – Les algorithmes seraient neutres car dénués d'émotions. Y recourir serait donc un gage d'efficacité économique et de raréfaction des erreurs. Dans une approche purement cartésienne, il apparaît que la prise de décision humaine est forcément plus émotionnelle que celle d'un ordinateur. Or, « la capacité d'exprimer et de ressentir des émotions est indispensable à la mise en œuvre des comportements rationnels » [52]. D'une capacité de mémoire limitée, le cerveau de l'humain utilise des repères émotionnels [53] qui vont servir à la prise de décision. Pour des raisons purement physiologiques, le cerveau humain n'est pas capable de calculer toutes les probabilités avant sa prise de décision pour parvenir à la décision la plus efficace tant telle situation. Le souci de mise à l'écart de toute émotion inciterait donc à s'en remettre à un calcul purement mathématique de probabilités. Cet avenir aux accents orwelliens [54] occupe beaucoup les esprits actuellement en illustrant les dérives d'un monde où la volonté de maîtrise a atteint un degré tel que toute humanité est annihilée par le droit [55]. Cette menace à l'esprit, le développement de l'intelligence artificielle mérite garde-fous et vigilance du droit. Une savante combinaison entre intelligence

---

[52] Le neurologue Antonio R. Damasio a mis en lumière l'importance des émotions dans le processus décisionnel. in *L'erreur de Descartes – La raison des émotions*, Odile Jacob,1994.

[53] D. Van Hoorebeke, *L'émotion et la prise de décision*, Revue française de gestion 2008, n° 182, p. 33 et s.

[54] G. Orwell, *1984*, Gallimard, 2004 (1ère éd. 1949).

[55] V. notamment au sein d'une abondante littérature, A. Garapon et J. Lassègue, *Justice digitale*, Puf, 2018. C. O'Neil, *Algorithmes – La bombe à retardement*, Les Arènes, 2018. E. Sadin, *La vie algorithmique – Critique de la raison numérique*, L'échappée, 2015. – *L'intelligence artificielle ou l'enjeu du siècle – Anatomie d'un antihumanisme radical*, L'échappée, 2018.

émotionnelle et intelligence artificielle n'est toutefois pas à exclure et le terrain des entreprises en difficulté pourrait être un bon laboratoire d'observation.

Signaux Faibles. – En effet, avant le début de la crise actuelle, les pouvoirs publics avaient lancé une initiative qui peut s'observer comme une manière de « désincarner » les difficultés d'entreprise et d'exploiter efficacement des outils de prédiction des difficultés.
« En s'appuyant sur l'intelligence artificielle et une démarche partenariale inédite rassemblant plusieurs acteurs publics, Signaux Faibles permet d'identifier le plus en amont possible les entreprises fragiles afin de leur proposer les solutions d'accompagnement adaptées à leurs besoins » [56]. Signaux Faibles, start-up d'État, est ainsi présentée comme mettant l'intelligence artificielle au service des entreprises fragiles en permettant de détecter le risque de défaillance d'une entreprise à dix-huit mois. Le mécanisme repose sur le traitement, par le biais d'algorithmes basés sur des mécanismes d'apprentissage, des données relatives aux entreprises dont disposent les différents services de l'État et organismes de sécurité sociale. Ces résultats sont censés, par la suite, « être partagés dans la plus stricte confidentialité » et « aux seules fins de détecter d'éventuelles fragilités des entreprises, au sein d'une plateforme numérique collaborative uniquement ouverte aux différents partenaires précités ». La mise en application du processus a été éclipsée par la crise du Covid-19 mais cela ne doit pas faire baisser le niveau de vigilance. Le droit doit rester au service de la personne humaine. Or, une « entreprise » en difficulté, ce sont des personnes vivantes en difficulté. Toute gestion automatisée ne devra donc jamais être qu'un complément à l'accompagnement humain.

[56] Signature de la convention de déploiement Signaux Faibles : vers une meilleure anticipation des difficultés des entreprises, DGE Communiqué de presse du 3 avr. 2019, RPC juill. 2019. Alerte 24.

Structures éditoriales du groupe L'Harmattan

L'Harmattan Italie
Via degli Artisti, 15
10124 Torino
harmattan.italia@gmail.com

L'Harmattan Hongrie
Kossuth l. u. 14-16.
1053 Budapest
harmattan@harmattan.hu

L'Harmattan Sénégal
10 VDN en face Mermoz
BP 45034 Dakar-Fann
senharmattan@gmail.com

L'Harmattan Cameroun
TSINGA/FECAFOOT
BP 11486 Yaoundé
inkoukam@gmail.com

L'Harmattan Burkina Faso
Achille Somé – tengnule@hotmail.fr

L'Harmattan Guinée
Almamya, rue KA 028 OKB Agency
BP 3470 Conakry
harmattanguinee@yahoo.fr

L'Harmattan RDC
185, avenue Nyangwe
Commune de Lingwala – Kinshasa
matangilamusadila@yahoo.fr

L'Harmattan Congo
67, boulevard Denis-Sassou-N'Guesso
BP 2874 Brazzaville
harmattan.congo@yahoo.fr

L'Harmattan Mali
ACI 2000 - Immeuble Mgr Jean Marie Cisse
Bureau 10
BP 145 Bamako-Mali
mali@harmattan.fr

L'Harmattan Togo
Djidjole – Lomé
Maison Amela
face EPP BATOME
ddamela@aol.com

L'Harmattan Côte d'Ivoire
Résidence Karl – Cité des Arts
Abidjan-Cocody
03 BP 1588 Abidjan
espace_harmattan.ci@hotmail.fr

Nos librairies en France

Librairie internationale
16, rue des Écoles
75005 Paris
librairie.internationale@harmattan.fr
01 40 46 79 11
www.librairieharmattan.com

Librairie des savoirs
21, rue des Écoles
75005 Paris
librairie.sh@harmattan.fr
01 46 34 13 71
www.librairieharmattansh.com

Librairie Le Lucernaire
53, rue Notre-Dame-des-Champs
75006 Paris
librairie@lucernaire.fr
01 42 22 67 13

www.ingramcontent.com/pod-product-compliance
Lightning Source LLC
LaVergne TN
LVHW011310061026
849535LV00005B/1481
* 9 7 8 2 3 4 3 2 4 4 5 4 9 *